中国石油炼油化工技术丛书

大型乙烯成套技术

主　编　张来勇

副主编　孙长庚　王　勇　杨庆兰　魏　弢

石油工業出版社

内 容 提 要

本书重点介绍了中国石油重组改制以来，尤其是“十二五”和“十三五”期间，在乙烯技术领域取得的重要科技创新成果和成功经验，提供了适用于乙烯产业不同发展目标、不同发展阶段的技术路线。同时，对乙烯技术发展方向进行了展望。

本书可供石油化工领域特别是与乙烯工业相关的科研、设计、规划、生产技术人员使用，也可作为高等院校相关专业师生的参考用书。

图书在版编目（CIP）数据

大型乙烯成套技术 / 张来勇主编 .—北京：石油工业出版社，2022. 3

（中国石油炼油化工技术丛书）

ISBN 978-7-5183-4979-1

Ⅰ. ①大… Ⅱ. ①张… Ⅲ. ①乙烯-化工生产 Ⅳ. ①TQ221. 21

中国版本图书馆 CIP 数据核字（2021）第 247205 号

出版发行：石油工业出版社
（北京安定门外安华里 2 区 1 号　100011）
网　址：www. petropub. com
编辑部：（010）64523825　图书营销中心：（010）64523633
经　　销：全国新华书店
印　　刷：北京中石油彩色印刷有限责任公司

2022 年 3 月第 1 版　2022 年 6 月第 2 次印刷
787×1092 毫米　开本：1/16　印张：15
字数：375 千字

定价：150. 00 元
（如出现印装质量问题，我社图书营销中心负责调换）

《中国石油炼油化工技术丛书》

编　委　会

专　家　组

《大型乙烯成套技术》
编　写　组

主　　编： 张来勇

副 主 编： 孙长庚　王　勇　杨庆兰　魏　弢

编写人员：（按姓氏笔画排序）

丁聚庆　门亚男　马立新　马超凡　王　瑜　王　翥
王方舟　王为亮　王伟旭　王国峰　王积欣　王雪梅
王焱鹏　尤世强　车春霞　牛旭东　田　亮　田　聪
代永清　付大春　白　硕　白天相　白悦函　白海波
吉京华　曲文晶　朱为明　刘　璐　刘朋标　刘建国
刘树青　刘振华　孙利民　孙淑兰　苏燕兵　杨　忝
杨桂春　杨哲元　李一强　李中央　李文堂　李玉鑫
李杨天慧　李春燕　李骏蒙　李锦辉　吴德娟　妥少辉
应兴荣　辛　江　沈　洋　宋　磊　宋学明　张　石
张　昆　张　怡　张　峰　张　涛　张　静　张晓晨
张霄航　陈　卓　陈　婷　武新宇　范吉全　范君妤
易　坷　岳国印　金倬伊　郑雨欣　赵　唯　赵　猛
赵玉龙　胡仲才　胡晓丽　相　荣　姜　南　娜日思
贺　丁　秦京伟　顾芷玉　徐境泽　郭克伦　唐　峰
唐学军　展学成　黄　莺　黄佳平　曹媛维　曹新波
常成维　常晓昕　梁士锋　彭振宇　董胜业　韩　愈
韩　鹏　景启嫡　程　洋　焦　畅　舒小芹　鲁文华
湛世辉　温　噐　谢　元　靳长友　路　毅　路聿轩
戴　丹　鞠林青　魏　毅　魏凤梅　魏铁锋

主审专家： 杜建荣　胡　杰

丛书序

创新是引领发展的第一动力，抓创新就是抓发展，谋创新就是谋未来。当今世界正经历百年未有之大变局，科技创新是其中一个关键变量，新一轮科技革命和产业变革正在重构全球创新版图、重塑全球经济结构。党的十八大以来，以习近平同志为核心的党中央坚持创新在我国现代化建设全局中的核心地位，把科技自立自强作为国家发展的战略支撑，面向世界科技前沿、面向经济主战场、面向国家重大需求、面向人民生命健康，深入实施创新驱动发展战略，不断完善国家创新体系，加快建设科技强国，开辟了坚持走中国特色自主创新道路的新境界。

加快能源领域科技创新，推动实现高水平自立自强，是建设科技强国、保障国家能源安全的必然要求。作为国有重要骨干企业和跨国能源公司，中国石油深入贯彻落实习近平总书记关于科技创新的重要论述和党中央、国务院决策部署，始终坚持事业发展科技先行，紧紧围绕建设世界一流综合性国际能源公司和国际知名创新型企业目标，坚定实施创新战略，组织开展了一批国家和公司重大科技项目，着力攻克重大关键核心技术，全力以赴突破短板技术和装备，加快形成长板技术新优势，推进前瞻性、颠覆性技术发展，健全科技创新体系，取得了一系列标志性成果和突破性进展，开创了能源领域科技自立自强的新局面，以高水平科技创新支撑引领了中国石油高质量发展。“十二五”和“十三五”期间，中国石油累计研发形成 44 项重大核心配套技术和 49 个重大装备、软件及产品，获国家级科技奖励 43 项，其中国家科技进步奖一等奖 8 项、二等奖 28 项，国家技术发明奖二等奖 7 项，获授权专利突破 4 万件，为高质量发展和世界一流综合性国际能源公司建设提供了强有力支撑。

炼油化工技术是能源科技创新的重要组成部分，是推动能源转型和新能源创新发展的关键领域。中国石油十分重视炼油化工科技创新发展，坚持立足主营业务发展需要，不断加大核心技术研发攻关力度，炼油化工领域自主创新能力持续提升，整体技术水平保持国内先进。自主开发的国Ⅴ/国Ⅵ标准汽柴油生产技术，有力支撑国家油品质量升级任务圆满完成；千万吨级炼油、百万吨级乙烯、百万吨级 PTA、“45/80”大型氮肥等成套技术实现工业化；自主百万吨级乙烷制乙烯成套技术成功应用于长庆、塔里木两个国家级示范工程项目；“复兴号”高铁齿轮箱油、超高压变压器油、医用及车用等高附加值聚烯烃、ABS 树脂、丁腈及溶聚丁苯等高性能合成橡胶、PETG 共聚酯等特色优势产品开发应用取得新突破，有力支撑引领了中国石油炼油化工业务转型升级和高质量发展。为了更好地总结过往、谋划未来，我们组织编写了《中国石油炼油化工技术丛书》（以下简称《丛书》），对 1998 年重组改制以来炼油化工领域创新成果进行了系统梳理和集中呈现。

《丛书》的编纂出版，填补了中国石油炼油化工技术专著系列丛书的空白，集中展示了中国石油炼油化工领域不同时期研发的关键技术与重要产品，真实记录了中国石油炼油化工技术从模仿创新跟跑起步到自主创新并跑发展的不平凡历程，充分体现了中国石油炼油化工科技工作者勇于创新、百折不挠、顽强拼搏的精神面貌。该《丛书》为中国石油炼油化工技术有形化提供了重要载体，对于广大科技工作者了解炼油化工领域技术发展现状、进展和趋势，熟悉把握行业技术发展特点和重点发展方向等具有重要参考价值，对于加强炼油化工技术知识开放共享和成果宣传推广、推动炼油化工行业科技创新和高质量发展将发挥重要作用。

《丛书》的编纂出版，是一项极具开拓性和创新性的出版工程，集聚了多方智慧和艰苦努力。该丛书编纂历经三年时间，参加编写的单位覆盖了中国石油炼油化工领域主要研究、设计和生产单位，以及有关石油院校等。在编写过程中，参加单位和编写人员坚持战略思维和全球视野，密切配合、团结协作、群策群力，对历年形成的创新成果和管理经验进行了系统总结、凝练集成和再学习再思考，对未来技术发展方向与重点进行了深入研究分析，展现了严谨求实的科学态度、求真创新的学术精神和高度负责的扎实作风。

值此《丛书》出版之际，向所有参加《丛书》编写的院士专家、技术人员、管理人员和出版工作者致以崇高的敬意！衷心希望广大科技工作者能够从该《丛书》中汲取科技知识和宝贵经验，切实肩负起历史赋予的重任，勇作新时代科技创新的排头兵，为推动我国炼油化工行业科技进步、竞争力提升和转型升级高质量发展作出积极贡献。

站在“两个一百年”奋斗目标的历史交汇点，中国石油将全面贯彻习近平新时代中国特色社会主义思想，紧紧围绕建设基业长青的世界一流企业和实现碳达峰、碳中和目标的绿色发展路径，坚持党对科技工作的领导，坚持创新第一战略，坚持“四个面向”，坚持支撑当前、引领未来，持续推进高水平科技自立自强，加快建设国家战略科技力量和能源与化工创新高地，打造能源与化工领域原创技术策源地和现代油气产业链“链长”，为我国建成世界科技强国和能源强国贡献智慧和力量。

杨继钢

2022 年 3 月

丛书前言

中国石油天然气集团有限公司（以下简称中国石油）是国有重要骨干企业和全球主要的油气生产商与供应商之一，是集国内外油气勘探开发和新能源、炼化销售和新材料、支持和服务、资本和金融等业务于一体的综合性国际能源公司，在国内油气勘探开发中居主导地位，在全球 35 个国家和地区开展油气投资业务。2021 年，中国石油在《财富》杂志全球 500 强排名中位居第四。2021 年，在世界 50 家大石油公司综合排名中位居第三。

炼油化工业务作为中国石油重要主营业务之一，是增加价值、提升品牌、提高竞争力的关键环节。自 1998 年重组改制以来，炼油化工科技创新工作认真贯彻落实科教兴国战略和创新驱动发展战略，紧密围绕建设世界一流综合性国际能源公司和国际知名创新型企业目标，立足主营业务战略发展需要，建成了以“研发组织、科技攻关、条件平台、科技保障”为核心的科技创新体系，紧密围绕清洁油品质量升级、劣质重油加工、大型炼油、大型乙烯、大型氮肥、大型 PTA、炼油化工催化剂、高附加值合成树脂、高性能合成橡胶、炼油化工特色产品、安全环保与节能降耗等重要技术领域，以国家科技项目为龙头，以重大科技专项为核心，以重大技术现场试验为抓手，突出新技术推广应用，突出超前技术储备，大力加强科技攻关，关键核心技术研发应用取得重要突破，超前技术储备研究取得重大进展，形成一批具有国际竞争力的科技创新成果，推广应用成效显著。中国石油炼油化工业务领域有效专利总量突破 4500 件，其中发明专利 3100 余件；获得国家及省部级科技奖励超过 400 项，其中获得国家科技进步奖一等奖 2 项、二等奖 25 项，国家技术发明奖二等奖 1 项。中国石油炼油化工科技自主创新能力和技术实力实现跨越式发展，整体技术水平和核心竞争力得到大幅度提升，为炼油化工主营业务高质量发展提供了有力技术支撑。

为系统总结和分享宣传中国石油在炼油化工领域研究开发取得的系列科技创新成果，在中国石油具有优势和特色的技术领域打造形成可传承、传播和共享的技术专著体系，中国石油科技管理部和石油工业出版社于 2019 年 1 月启动《中国石油炼油化工技术丛书》（以下简称《丛书》）的组织编写工作。

《丛书》的编写出版是一项系统的科技创新成果出版工程。《丛书》编写历经三年时间，重点组织完成五个方面工作：一是组织召开《丛书》编写研讨会，研究确定 11 个分册框架，为《丛书》编写做好顶层设计；二是成立《丛书》编委会，研究确定各分册牵头单位及编写负责人，为《丛书》编写提供组织保障；三是研究确定各分册编写重点，形成编写大纲，为《丛书》编写奠定坚实基础；四是建立科学有效的工作流程与方法，制定《〈丛书〉编写体例实施细则》《〈丛书〉编写要点》《专家审稿指导意见》《保密审查确认单》和《定稿确认单》等，提高编写效率；五是成立专家组，采用线上线下多种方式组织召开多轮次专家审稿会，推动《丛书》编写进度，保证《丛书》编写质量。

《丛书》对中国石油炼油化工科技创新发展具有重要意义。《丛书》具有以下特点：一是开拓性，《丛书》是中国石油组织出版的首套炼油化工领域自主创新技术系列专著丛书，填补了中国石油炼油化工领域技术专著丛书的空白。二是创新性，《丛书》是对中国石油重组改制以来在炼油化工领域取得具有自主知识产权技术创新成果和宝贵经验的系统深入总结，是中国石油炼油化工科技管理水平和自主创新能力的全方位展示。三是标志性，《丛书》以中国石油具有优势和特色的重要科技创新成果为主要内容，成果具有标志性。四是实用性，《丛书》中的大部分技术属于成熟、先进、适用、可靠，已实现或具备大规模推广应用的条件，对工业应用和技术迭代具有重要参考价值。

《丛书》是展示中国石油炼油化工技术水平的重要平台。《丛书》主要包括《清洁油品技术》《劣质重油加工技术》《炼油系列催化剂技术》《大型炼油技术》《炼油特色产品技术》《大型乙烯成套技术》《大型芳烃技术》《大型氮肥技术》《合成树脂技术》《合成橡胶技术》《安全环保与节能减排技术》等 11 个分册。

《清洁油品技术》：由中国石油石油化工研究院牵头，主编何盛宝。主要包括催化裂化汽油加氢、高辛烷值清洁汽油调和组分、清洁柴油及航煤、加氢裂化生产高附加值油品和化工原料、生物航煤及船用燃料油技术等。

《劣质重油加工技术》：由中国石油石油化工研究院牵头，主编高雄厚。

主要包括劣质重油分子组成结构表征与认识、劣质重油热加工技术、劣质重油溶剂脱沥青技术、劣质重油催化裂化技术、劣质重油加氢技术、劣质重油沥青生产技术、劣质重油改质与加工方案等。

《炼油系列催化剂技术》：由中国石油石油化工研究院牵头，主编马安。主要包括炼油催化剂催化材料、催化裂化催化剂、汽油加氢催化剂、煤油及柴油加氢催化剂、蜡油加氢催化剂、渣油加氢催化剂、连续重整催化剂、硫黄回收及尾气处理催化剂以及炼油催化剂生产技术等。

《大型炼油技术》：由中石油华东设计院有限公司牵头，主编谢崇亮。主要包括常减压蒸馏、催化裂化、延迟焦化、渣油加氢、加氢裂化、柴油加氢、连续重整、汽油加氢、催化轻汽油醚化以及总流程优化和炼厂气综合利用等炼油工艺及工程化技术等。

《炼油特色产品技术》：由中国石油润滑油公司牵头，主编杨俊杰。主要包括石油沥青、道路沥青、防水沥青、橡胶油白油、电器绝缘油、车船用润滑油、工业润滑油、石蜡等炼油特色产品技术。

《大型乙烯成套技术》：由中国寰球工程有限公司牵头，主编张来勇。主要包括乙烯工艺技术、乙烯配套技术、乙烯关键装备和工程技术、乙烯配套催化剂技术、乙烯生产运行技术、技术经济型分析及乙烯技术展望等。

《大型芳烃技术》：由中国昆仑工程有限公司牵头，主编劳国瑞。介绍中国石油芳烃技术的最新进展和未来发展趋势展望等，主要包括芳烃生成、芳烃转化、芳烃分离、芳烃衍生物以及芳烃基聚合材料技术等。

《大型氮肥技术》：由中国寰球工程有限公司牵头，主编张来勇。主要包括国内外氮肥技术现状和发展趋势、以天然气为原料的合成氨工艺技术和工程技术、合成氨关键设备、合成氨催化剂、尿素生产工艺技术、尿素工艺流程模拟与应用、材料与防腐、氮肥装置生产管理、氮肥装置经济性分析等。

《合成树脂技术》：由中国石油石油化工研究院牵头，主编胡杰。主要包括合成树脂行业发展现状及趋势、聚乙烯催化剂技术、聚丙烯催化剂技术、茂金属催化剂技术、聚乙烯新产品开发、聚丙烯新产品开发、聚烯烃表征技术与标准化、ABS 树脂新产品开发及生产优化技术、合成树脂技术及新产品展望等。

《合成橡胶技术》：由中国石油石油化工研究院牵头，主编龚光碧。主要包括丁苯橡胶、丁二烯橡胶、丁腈橡胶、乙丙橡胶、丁基橡胶、异戊橡胶、苯乙烯热塑性弹性体等合成技术，还包括橡胶粉末化技术、合成橡胶加工与应用技术及合成橡胶标准等。

《安全环保与节能减排技术》：由中国石油集团安全环保技术研究院有限公司牵头，主编闫伦江。主要包括设备腐蚀监检测与工艺防腐、动设备状态监测与评估、油品储运雷电静电防护，炼化企业污水处理与回用、VOCs 排放控制及回收、固体废物处理与资源化、场地污染调查与修复，炼化能量系统优化及能源管控、能效对标、节水评价技术等。

《丛书》是中国石油炼油化工科技工作者的辛勤劳动和智慧的结晶。在三年的时间里，共组织中国石油石油化工研究院、寰球工程公司、大庆石化、吉林石化、辽阳石化、独山子石化、兰州石化等 30 余家科研院所、设计单位、生产企业以及中国石油大学（北京）、中国石油大学（华东）等高校的近千名科技骨干参加编写工作，由 20 多位资深专家组成专家组对书稿进行审查把关，先后召开研讨会、审稿会 50 余次。在此，对所有参加这项工作的院士、专家、科研设计、生产技术、科技管理及出版工作者表示衷心感谢。

掩卷沉思，感慨难已。本套《丛书》是中国石油重组改制 20 多年来炼油化工科技成果的一次系列化、有形化、集成化呈现，客观、真实地反映了中国石油炼油化工科技发展的最新成果和技术水平。真切地希望《丛书》能为我国炼油化工科技创新人才培养、科技创新能力与水平提高、科技创新实力与竞争力增强和炼油化工行业高质量发展发挥积极作用。限于时间、人力和能力等方面原因，疏漏之处在所难免，希望广大读者多提宝贵意见。

前言

从 20 世纪 60 年代初兰州石化建设的国内第一套乙烯装置起，截至 2020 年底，中国石油运营 15 套不同规模和技术的乙烯装置。经过不断改进和创新，在原料多元化、技术、催化剂和关键装备国产化及节能减排方面等进行了大量卓有成效的工作，尤其是经过几代技术人员的不懈努力和奉献，开发出系列裂解炉、多种分离工艺及配套催化剂，形成了中国石油大型乙烯成套技术。不仅引领了行业的技术发展，而且提升和促进了国内乙烯关键装备的制造水平和能力，为我国乙烯工业的发展做出积极贡献。为全面总结中国石油重组改制以来，特别是“十二五”和“十三五”期间在乙烯技术上取得的创新成果，展示中国石油科技自主创新能力和成功经验，组织编写了《大型乙烯成套技术》这本专著，以飨读者。本书是《中国石油炼油化工技术丛书》分册之一。

本书主要介绍了国内外乙烯生产的工艺技术和关键装备，并重点围绕中国石油自有乙烯特色技术进行系统阐述，提供了适用于乙烯产业不同发展目标、不同发展阶段的技术路线，并对技术发展方向进行了展望。

本书主编单位为中国寰球工程有限公司，参编单位有中国石油大庆石化公司、中国石油石油化工研究院。本书共七章，第一章由杨庆兰、郭克伦和张来勇等编写；第二章由辛江、李春燕、孙长庚、杨庆兰和易坷等编写；第三章由李锦辉、王雪梅、白海波、刘振华、杨桂春和岳国印等编写；第四章由车春霞、常晓昕和谢元等编写，第五章由魏弢、魏铁峰和刘树青等编写；第六章由王积欣、牛旭东、魏凤梅等编写；第七章由孙长庚、赵唯和张来勇等编写。全书由张来勇、孙长庚、杨庆兰、王勇、辛江和郭克伦统稿，最终由张来勇定稿。

本书编写过程中得到了主审专家胡杰和杜建荣以及审稿专家胡友良、段伟的大力支持和帮助。集团公司科技管理部副总经理杜吉洲、集团公司高级专家于建宁，石油工业出版社相关领导和编辑给予了大力指导和支持；此外，匡卓贤、常楠和张红兰对本书的编写和出版也给予了一定的帮助。在此一并表示衷心的感谢！

本书涉及专业领域宽、技术性强，由于编者水平有限，书中难免有不妥之处，敬请读者批评指正！

目录

第一章 绪 论

乙烯作为最重要的石化产品，其衍生物占全部石化产品的75%以上，广泛用于农业、交通、建筑、纺织、国防等众多领域，服务于国民经济的方方面面。国际上将乙烯生产能力作为衡量一个国家石油化工发展水平的重要标志。

当今世界正面临百年未有之大变局。新一轮科技革命正在打破科学技术的固有边界，催生新产业变革，全球经济结构将在重塑中重生。乙烯作为石油和化学工业的主要支柱产业，是有机化工和合成材料等领域的重要贡献者。乙烯产业的高质量发展呼唤新技术、新路线在广泛的市场竞争中推陈出新，快速迭代。解决原料、技术与需求间的匹配和推进高质量发展成为创新的主要着力点。

我国自20世纪60年代起，一直在开展乙烯技术的研究，并对部分引进的小型乙烯装置进行了局部改造和扩能，同时也在相关加氢催化剂方面开展了研究并取得一定成果。但在半个多世纪的时间里，始终没有形成包括裂解技术、分离技术和关键装备设计制造技术的完整乙烯成套技术。“十二五”前国内建设的35套乙烯装置全部采用引进技术。为促进我国石化产业发展，作为乙烯产业重要参与者和贡献者的中国石油设立了“大型乙烯装置工业化成套技术开发”重大科技专项，并承担了“十二五”国家科技支撑计划课题“百万吨级乙烯成套工艺技术、关键装备研发及示范应用”，围绕“成套工艺技术、关键装备技术、工程化技术、配套催化剂”，开发形成了具有自主知识产权、独具特色的涵盖裂解技术、分离技术、配套催化剂和关键设备的乙烯技术生态体系，为持续构建乙烯产业高质量发展新格局提供不竭动力，圆了几代石化人乙烯技术国产化的梦想！

第一节 国内外乙烯技术现状

石油烃高温裂解生产烯烃的技术早在20世纪20年代就已经开始研究，1941年新泽西标准石油公司在美国巴吞鲁日建成了全球第一套管式裂解炉(箱式炉)蒸汽裂解装置，开创了以乙烯装置为龙头的石油化工历史。经过近百年的发展，全球乙烯总产能超过1.9×10⁸t/a。虽然有多种生产乙烯的方法，但95%以上的乙烯仍然是通过蒸汽裂解方式获得，而且在未来一段时间内蒸汽裂解依旧是乙烯生产的主要方式。

随着技术进步、原料和市场的变化，乙烯产能分布也不断变化。全球乙烯工业从早期以北美、西欧为主的格局改变为目前以亚太为主，北美次之，中东、西欧随后的格局。单套乙烯装置的能力也不断提升，20世纪40年代，单套乙烯装置平均生产能力仅有1×10^4t/a；50年代为5×10^4t/a；60年代之后，随着美国突破管式炉高温裂解技术，成功掌握垂直悬吊式管式高温裂解炉、顺序深冷分离流程、大型离心式压缩机等工艺和制造技术，使得单套乙烯装置能力大幅提升；60 年代中期到 70 年代，乙烯装置规模达到 45×10^4t/a；截至 2020 年底，单套乙烯装置规模已达到 150×10^4t/a 以上。乙烯装置规模的大型化促进了大型裂解炉的发展，70 年代初，单台裂解炉的生产能力一般为$(3\sim6)\times10^4$t/a；90 年代末为 10×10^4t/a；通过采用共用对流段的双辐射室设计，使得单台裂解炉产能持续提升，目前建成的石脑油裂解炉最大乙烯产能已达 25×10^4t/a，最大的乙烷裂解炉乙烯产能可达35×10^4t/a[1-3]。

最初乙烯生产是以油田气中的乙烷、丙烷为原料，随着烯烃需求的增长，裂解原料开始向多元化发展。20 世纪 60 年代后，裂解原料主要为乙烷、石脑油；70 年代裂解原料又扩大到煤油、轻柴油以及重柴油，但石脑油是主要的裂解原料；到 80 年代，石脑油在乙烯裂解原料中约占 70%；90 年代后期，随着中东地区油田轻烃产量大幅增加及乙烯工业的发展，乙烷在裂解原料结构中的比例大幅提升；近年来，随着北美页岩气产量的增长，乙烷在裂解原料中的占比进一步增大[4-5]。

在新中国成立后的十几年时间里，我国乙烯工业曾是一片空白，乙烯产量近乎为零，90%以上的石油化工产品依靠进口。20 世纪 50 年代末，兰州石化合成橡胶厂引进苏联 0.5×10^4t/a方箱炉裂解制乙烯工艺，1962 年该装置建成投产，开启了中国以乙烯装置为龙头的石油化工历史。70—90 年代，我国乙烯工业快速发展，一批引进的乙烯装置建成投产。经过历代乙烯人的不懈努力，克服重重困难，破除深层技术问题，2012 年 10 月中国石油大庆石化新建的 60×10^4t/a 乙烯装置顺利开车，宣告中国跻身少数几个独立掌握大型乙烯成套技术国家的行列，我国乙烯工业正由生产大国向生产强国迈进。截至 2020 年底，中国乙烯产能为 3518×10^4t/a，其中石油烃蒸汽裂解产能为 2609×10^4t/a，乙烯产能仅次于美国，居世界第二位，成为乙烯工业发展最快的国家；到 2025 年，中国乙烯产能将超过 5000×10^4t/a，成为全球最大的乙烯生产国[6-9]。

除蒸汽裂解制乙烯外，根据各国和地区资源禀赋不同，甲醇制烯烃、乙醇脱水制乙烯、催化裂解制烯烃、原油直接制乙烯等技术也得到不同程度的发展与应用。

一、国内外蒸汽裂解制乙烯技术

蒸汽裂解制乙烯技术通常分为裂解技术和分离技术两大部分。除中国外，美国凯洛格·布朗·路特公司(KBR)、鲁姆斯公司(Lummus)和原斯通 & 韦伯斯特公司(S&W)，法国德希尼布集团(Technip)，德国林德公司(Linde)也都拥有自己特色鲜明的乙烯技术，各专利商在裂解技术和分离技术上都有自己的特点。

裂解技术是将石油烃等原料在高温条件下发生断链、脱氢、缩合等等化学反应的过程，是强吸热过程，其产物裂解气，除乙烯、丙烯等目标产品外，还含氢气、甲烷、碳四、碳五等直至终馏点超过 800℃的石油烃馏分的混合物，不同的裂解原料其裂解气组成不同，同一种原料在不同的操作条件下裂解气组成也会发生变化。裂解反应过程在裂解炉辐射段炉管中发生，裂解过程易在辐射段炉管内壁形成焦层，严重影响反应吸热，因此裂解炉需要定期进行烧焦操作。这个周期被称为运行周期(清焦周期)。裂解炉可视作一台反应装置，是乙烯装置的核心装备，主要由辐射段(包括辐射炉管和燃烧器)、对流段和汽水系统(含裂解气急冷换热器、汽包等)三部分组成。高温、短停留时间和低烃分压是提高乙烯产品收率的三大核心要素，国内外所有的裂解技术均围绕着这三个要素进行。对于同样的裂解原料，各乙烯专利商在高温和低烃分压上技术差别不大，所不同的是辐射段炉管的形式和尺寸，以及原料在管内的停留时间，这些不同点导致裂解收率和运行周期存在差异。运行周期是裂解炉运行的重要参数之一，各专利商都十分重视延长运行周期技术的开发，中国石油的雨滴型强化传热技术因其良好的运行效果和使用寿命，在其开发成功后的短时间内迅速得到中国石油内、外用户的认可，并得以广泛应用。国外的 Technip 公司，国内的中国石化也都拥有各自的辐射段炉管强化传热技术。

乙烯装置的分离是将裂解组分逐级分离的过程，典型的分离工艺流程有：顺序分离流程(含顺序“渐近”分离技术)、前脱乙烷分离流程和前脱丙烷分离流程；根据加氢进料中的氢气是否分离，进料中炔烃加氢所处位置的不同，又有前加氢和后加氢之分。顺序分离流程的特点是裂解气混合组分的第一个分离塔为脱甲烷塔，首先把甲烷分离出来，再将脱甲烷塔釜液混合组分按照由轻到重的次序进行分离。前脱乙烷分离流程的特点是裂解气混合组分的第一个分离塔是脱乙烷塔，脱乙烷塔顶为碳二及更轻组分，塔釜为碳三及更重组分，两股物流分别再按照由轻到重的次序进行分离。前脱丙烷分离流程与前脱乙烷原理相同，裂解气混合组分的第一个分离塔是脱丙烷塔，脱丙烷塔顶为碳三及更轻组分，塔釜为碳四及更重组分，两股物流分别再按照由轻到重的次序进行分离。20 世纪 80 年代前后，各乙烯专利商基本形成了自己的代表流程，如美国 Lummus 公司、S&W 公司和法国 Technip 采用顺序分离流程，美国 KBR 公司采用前脱丙烷前加氢流程，德国 Linde 公司采用前脱乙烷前加氢流程。自 20 世纪末，随着碳二前加氢催化剂的性能改进，前加氢工艺在节能、方便操作等方面的优点日趋明显。对于以石脑油等液体为原料的乙烯装置，S&W 公司已改为前脱丙烷前加氢流程，Lummus 公司也推荐采用前脱丙烷前加氢流程，我国的两大乙烯专利商——中国寰球工程有限公司(HQC，简称寰球公司)和中国石化工程建设公司(SEI)主推前脱丙烷前加氢流程[2,10-13]。

裂解炉能耗占乙烯装置的 80%以上，裂解炉能否高效运行将直接影响到乙烯装置的经济效益。多年来，各家专利商均围绕提高裂解炉烯烃收率、降低原料消耗、延长运行周期等进行研究。为提高裂解炉热效率、降低能耗，辐射段炉膛衬里通常采用耐火隔热砖、陶瓷纤维模块、陶瓷纤维毯等。随着环保节能意识的增强，纳米板等新材料得到推广应用，以更好地降低炉墙外表面温度，进而减少裂解炉燃料消耗。为减少大气污染，实现低 NO_x 排放，促进了低 NO_x 燃烧器技术的发展，组合使用空气分级燃烧、燃料分级燃烧以及烟气再循环技术，以降低 NO_x 排放。在高温裂解气余热回收方面，为了尽可能地多回收高品位热量生产更多的超高压蒸汽，裂解气急冷换热器根据不同的裂解原料设置一级或多级余热回收。为降低原料组成、操作温度和稀释蒸汽比等因素对裂解炉乙烯收率的影响，裂解炉在线优化控制系统也逐渐得到推广应用，通过实时测控原料组成，结合裂解气在线分析结果，及时调整所需的原料量、稀释蒸汽比和操作温度，以实现裂解深度控制的实时优化，获取更高的目标产品收率。对于分离技术，各家专利商均形成了自己的特色技术，随着研究的深入和装备制造能力的提升，各种分离工艺相继又有一些新的单元技术工业化，并融入各自的分离流程中。从节能和降低投资的角度来看，大部分流程采用了乙烯热泵，将低压乙烯精馏与乙烯压缩机有机结合，节省了部分设备，且在低压下乙烯和乙烷的相对挥发度较高压下变大，易于分离降低能耗。在脱甲烷塔等低温塔器上，大部分采用顶置式冷凝器，避免使用低温冷泵，以节能和降低投资。

经过多年的技术发展，蒸汽裂解制乙烯技术已经十分成熟，各专利商均已形成各自的特色技术，未来蒸汽裂解生产乙烯技术的发展方向仍是向低能耗、低投资、高原料适应性、高产品收率和长运行周期方向发展。

二、其他乙烯生产技术

随着化工行业的发展，市场对乙烯产品需求持续增加，非蒸汽裂解制乙烯技术也获得市场的青睐，国内外一些公司和研究机构开展了以非石油烃或石油加工中的重质油为原料生产烯烃的技术研究，并取得良好成果，代表性的有已实现工业化的甲醇制烯烃(MTO)技术和原油直接制烯烃技术等。

1. 甲醇制烯烃

甲醇制烯烃(MTO)主要工艺是利用煤炭或天然气资源制取甲醇，再以甲醇为原料利用流化催化反应获得以乙烯和丙烯为主要产品的烯烃混合物(乙烯丙烯比约为1：1)，混合物经过逐级分离，得到乙烯和丙烯产品。通过该工艺实现了由煤炭或天然气经甲醇向基本有机化工原料的转化，是煤化工或天然气化工向石油化工延伸发展的新途径[15-16]。

20世纪70年代，美孚公司(Mobil)在ZSM-5催化剂研制过程中偶然发现该催化剂能将甲醇转化为烃类产物，由此开启了甲醇制烯烃工艺的研究浪潮。国内外多家大型石化公司、科研院所都在开展MTO技术的研究。2010年，采用中科院大连化物所DMTO技术建成的世界首套百万吨级的商业化装置“神华包头180×10^4t甲醇制60×10^4t烯烃项目”成功投产、运营，掀起了MTO技术开发的热潮。国内外典型的MTO技术有UOP/Hydro公司的MTO技术、埃克森美孚公司(ExxonMobil)的MTO技术、中科院大连化物所的DMTO技术、中国石化上海石油化工研究院的SMTO技术以及中国国家能源集团的SHMTO技术等。

甲醇制烯烃的分离流程与石油烃蒸汽裂解制乙烯相似，可采用油吸收工艺，也可采用深冷分离工艺，目前大多采用油吸收的分离工艺，乙烯专利商都具备设计该分离流程的能力。中国是世界上甲醇制烯烃技术应用最多的国家，其乙烯产能已经超过600×10^4t/a。作为非蒸汽裂解生产烯烃的技术代表，甲醇制烯烃技术(MTO)推动了国内乙烯产能的增长。

2. 原油直接制乙烯

近年来，石化产业由燃料型向化工型转移的趋势日趋明显，各大能源公司纷纷开始布局以应对这一变化，通过对传统炼化工艺集成创新或直接颠覆传统炼油工艺流程，将炼化一体化项目升级至原油制化学品(COTC)项目。ExxonMobil公司和沙特阿美公司(Saudi Aramco)的技术具有代表性。ExxonMobil公司的技术是将轻质原油预热后在乙烯裂解炉辐射段和对流段之间的闪蒸罐进行闪蒸，闪蒸出来的轻质组分直接进入裂解炉辐射段进行裂解生产乙烯等化学品，重质组分送炼油装置进行加工或作为燃料油直接出售。2014年，ExxonMobil公司在新加坡建成100×10^4t/a乙烯装置并启用投产，成功实现了原油裂解制烯烃技术的工业化。Saudi Aramco公司的技术是将原油直接送到加氢裂化装置，先脱硫并将高沸点组分转化为低沸点组成。经过分离后，瓦斯油及更轻的组分送入传统的蒸汽裂解装置进行裂解，重组分则进入Saudi Aramco公司自主研发的深度催化裂解装置[2,17]。

3. 催化裂化制烯烃

在以燃料油为主要产品的炼油企业中，乙烯一直是催化裂化装置的副产物，随着燃料市场的过剩，燃料型炼厂向化工型炼厂转化步伐加快，将低碳烯烃作为催化裂化目标产物的技术研究增多，形成了一些利用催化裂化工艺生产乙烯的新技术。

乙烯是催化裂化中间产物二次反应的结果。当把乙烯作为催化裂化目标产物时，催化裂化的操作条件也将发生根本性变化，高反应温度、低烃分压操作是多产乙烯的共同特点。目前，用于多产乙烯的催化裂化技术主要包括以下技术。

1）催化裂解 DCC(Deep Catalytic Cracking)技术

该技术是中国石化石油化工科学研究院(以下简称石科院)在连续反应和再生技术的基础上开发的重质原料油催化裂解技术，原料包括减压瓦斯油(VGO)、减压渣油(VTB)、脱沥青油(DAO)等，产品主要为低碳烯烃、液化石油气(LPG)、汽油、中间馏分油等，其特点为反应温和、停留时间较长及采用固体酸择形分子筛催化剂。该技术分为 DCC-Ⅰ和 DCC-Ⅱ两种。DCC-Ⅰ技术是在提升管加密相床层反应器中，以五元环高硅沸石 ZRP 分子筛为催化剂，在较为苛刻的操作条件下最大限度地生产丙烯。DCC-Ⅱ技术采用具有高活性和高重油裂化能力的 CIP 系列为催化剂，在提升管反应器中最大限度地生产异构烯烃和丙烯[18-19]。2011 年，石科院借鉴 DCC 技术开发了增强型催化裂解技术(DCC-Plus)，该技术克服了 DCC 技术不能兼顾低碳烯烃的产率与干气和焦炭的选择性的缺点，其丙烯、丁烯和汽油的产率提高，干气和焦炭等副产品产率降低。

2）催化热裂解 CPP(Catalytic Pyrolysis Process)技术

石科院的 CPP 工艺是以石蜡基重油为原料，应用流化催化裂化技术，选用分子筛催化剂，获取乙烯和丙烯。CPP 催化剂采用氧化镁、镁/ZRP-3 分子筛作为主要活性组分，为提高热裂化产物乙烯的产率，反应在较高的温度下进行，同时采用较低的烃分压。

当采用大庆蜡油或大庆常压渣油为原料时，采用 CPP 工艺的乙烯产率可以达到 22%以上[20]。

3）重油直接裂解制乙烯 HCC(Heavy-oil Contact Cracking Process)技术

HCC 技术是采用催化裂化的流态化“反应—再生”工艺技术，在高反应温度(提升管出口温度为 700~750℃)和短接触时间(小于 2s)的条件下，通过性能良好的催化剂，实现重油(大庆常压渣油)直接裂解制乙烯，并兼顾丙烯、丁烯和轻质芳烃(BTX 等)产率的催化热裂解工艺[5,21]。

2000 年，抚顺石化建设了 1.8×10^4t/a HCC 工业化试验装置。流化催化裂化系统使用配套开发的 LCM-5 催化剂，由中国石化洛阳工程公司开发设计，气体分离系统由寰球公司开发设计，装置成功试运，生产出聚合级的乙烯、丙烯等产品。反应系统在进料系统防结焦，催化剂汽提脱氧、脱氮氧化物，高剂油比流化，多级旋分脱催化剂，在常规催化裂化以生产油品为主向高温裂解生产富含烯烃的裂解气综合技术上有所创新；裂解气精制分离系统在急冷、氧和氮氧化物精制脱除、微量氮氧化物分析和分离工艺流程优化等方面形成了多项特有技术。HCC 工业化试验积累了大量经验和试验数据，由于裂解气急冷结焦影响长周期运行等因素导致试验装置停运[16]。HCC 技术开发和工业化试验成果为采用流化催化的 MTO 甲醇制烯烃等技术的开发提供了技术基础。

4) KBR公司的K-COT™工艺技术

与CPP、HCC不同，K-COT™工艺是采用轻烃原料生产低碳烯烃的催化裂化技术。该工艺于2006年在南非Sasol公司实现了工业化，建设了年产25×10^4t丙烯、15×10^4t乙烯的装置。K-COT™工艺以全馏程石脑油为原料，采用专用分子筛催化剂和KBR公司的流化床反应器，丙烯乙烯质量比接近1∶1。2010年，SK公司采用该工艺在韩国蔚山建成了世界上第一套商业示范装置，烯烃产能为4×10^4t/a。国内延长石油集团于2011年签约引进K-COT™技术，建设的一套进料规模40×10^4t/a的装置已于2017年开车。

此外，针对提升管反应器存在的气固颗粒浓度径向分布不均、返混、停留时间长等问题，气固接触时间超短的下行床获得研究机构的关注。清华大学魏飞教授团队开发的下行床催化裂解技术(DCP)，于2003年在济南炼厂完成15×10^4t/a的工业试验。此后，又开发了“多级逆流下行床催化裂解(MDCP)”技术。

4. 乙醇脱水制乙烯

乙醇脱水制乙烯是生产乙烯的传统方法，20世纪60年代，巴西、印度、中国、巴基斯坦和秘鲁等国家相继建成了乙醇脱水制乙烯的工业装置。但随着石油烃裂解技术的发展，其成本难以与烃类蒸汽裂解相竞争，只在乙醇价格较低且附近并无乙烯供应的地区，尚有乙醇脱水制乙烯的工业装置。但针对此项技术的研究一直没有中断，近年来随着生物质乙醇技术和合成气制乙醇技术发展，乙醇脱水制乙烯有望再次获得关注[2,14]。

在催化剂作用下的乙醇脱水过程，其反应温度为300~450℃，乙醇转化率可达96%~99%，乙烯选择性可达96%~98%。

国内外多家公司可提供乙醇脱水制乙烯及其副产品技术，国外的Halcon/SD、Lummus和Petrobras等公司都基于各自的催化剂开发出了乙醇脱水制乙烯工艺技术。Halcon/SD公司先后开发了绝热和等温固定床工艺，Lummus公司则采用列管式等温反应器和流化床反应器工艺。2010年9月，巴西Braskem石化公司的20×10^4t/a绿色乙烯装置建成投产，该装置以甘蔗乙醇(采用蔗糖发酵)为原料生产乙烯。我国乙醇脱水制乙烯技术尚处于小规模生产阶段。国内研究乙醇脱水制烯烃的研究单位有天津大学、中国石化上海石油化工研究院(以下简称上海石化研究院)、南京工业大学、清华大学、北京化工大学、中国科学院大连化学物理研究所(以下简称中科院大连化物所)等。上海石化研究院拥有以JTⅡ型催化剂为核心的6000t/a乙醇脱水制乙烯成套技术工艺包，先后在多家企业成功应用。

第二节　中国石油乙烯技术概况

作为“十二五”国家科技支撑计划和中国石油重大科技专项的依托项目，大庆石化120×10^4t/a扩建工程新建60×10^4t/a乙烯装置于2012年10月5日一次开车成功，装置能耗、物耗等主要技术经济指标达到国际同类装置的先进水平，实现了我国大型乙烯成套技术的自主设计、自主建设，有力推动了国内关键装备制造能力的提升，有助于降低工程建设投资，提高产品市场竞争力和经济效益。该技术可用于新建乙烯装置，还可用于优化现有乙烯装置，对企业实现节能减排，绿色低碳生产，提高行业整体技术水平具有重要作用。

一、乙烯成套技术

自20世纪60年代，我国就开始着手组织乙烯技术的研发工作，70年代在化学工业部组织下，化工部化工设计公司(寰球公司前身)和化工部北京化工研究院(现中国石化北京化工研究院)联合开展石油烃蒸汽裂解技术的开发，北京化工研究院负责裂解反应评价实验，寰球公司负责建立乙烯裂解反应模型、编制计算软件和设计工作，公司专门设立了计算模拟室开展乙烯流程模拟计算，并与北京化工研究院共享了编制的裂解炉计算程序。1994年，寰球公司利用自己的裂解炉和分离流程模拟技术，完成了盘锦天然气化工厂(北方华锦化学工业集团有限公司前身)乙烯和抚顺石化乙烯扩能改造，将盘锦乙烯由11.5×10^4t/a扩能到16×10^4t/a，抚顺乙烯由11.5×10^4t/a扩能到14×10^4t/a以上，1996年为盘锦乙烯设计完成了一台6×10^4t/a的裂解炉。盘锦乙烯改造项目获得1999年全国优秀设计金奖。2000年，寰球公司利用自己的分离技术完成了抚顺石化重油裂解制乙烯(HCC)工业化实验装置的2×10^4t/a乙烯分离的工程设计，装置产出聚合级乙烯产品。到2008年，先后完成了11套装置能力从12×10^4t/a至100×10^4t/a的新建和改扩建乙烯装置的工程设计，随着乙烯工程项目的执行，裂解反应和分离计算模型进一步升级和完善，并在多个乙烯装置得到了验证。寰球公司不仅具备技术开发、设计和建设能力，而且对关键设备拥有集成创新能力，形成了较为完整的自有乙烯技术。

中国石油天然气股份有限公司石油化工研究院(以下简称石化院)从20世纪60年代进行乙烯裂解原料评价，积累了大量裂解性能评价数据，到90年代末期，与清华大学联合开发出裂解性能评价技术，并编制了EPSOS软件，用于工厂操作优化。石化院也开展了乙烯装置配套催化剂的研发工作，陆续开发了碳二、碳五和裂解汽油加氢等催化剂，并成功应用于国内乙烯装置。

大庆石化操作管理过两种不同工艺流程的乙烯装置，拥有4种不同类型的裂解炉，因而具有独到的、丰富的乙烯装置操作、维护和运行管理经验。

中国石油从研究、设计和生产各个方面积累和形成了丰富的经验和研发能力，为大型乙烯技术开发奠定了良好的基础。

1. 裂解技术

HQCF®是中国石油开发的具有新型辐射段炉管的乙烯裂解炉，包括以液化石油气、石脑油、加氢尾油、柴油等为原料的液体进料裂解炉[轻质炉HQCF®-L(L)Ⅱ、重质炉HQCF®-L(H)Ⅱ]和以乙烷、丙烷为主要原料的气体进料乙烯裂解炉(4程管裂解炉HQCF®-GⅣ、6程管裂解炉HQCF®-GⅥ)等4个基本炉型，液体裂解炉和气体裂解炉的单台最大规模均达到20×10^4t/a，并形成单台4×10^4t/a、6×10^4t/a、8×10^4t/a、10×10^4t/a、15×10^4t/a、18×10^4t/a和20×10^4t/a系列。截至2021年初，该裂解炉技术已应用到新建或改造项目中的41台裂解炉上，强化传热炉管技术应用于自有裂解炉和其他专利商裂解炉共54台。

裂解技术的主要特点是：裂解反应产物预测与实际运行数据相吻合，偏差小；带有雨滴型强化传热元件的辐射炉管传热效果好，停留时间短，乙烯收率高，清焦周期长，能耗低；辐射段炉膛与对流段、辐射段炉管内与外的双耦合设计，使裂解炉设计精度高，热效率高；裂解炉可以处理不同的原料，每种原料都可在最优的条件下裂解，操作灵活性好。

2. 分离技术

按照所加工原料的性质，中国石油的分离技术已经覆盖了前脱乙烷、前脱丙烷和顺序分离3种流程。上述分离技术分别应用于大庆乙烯、国家能源集团宁夏煤业、广东石化乙烯、兰州石化下属榆林石化和独山子石化下属塔里木石化乙烷制乙烯等装置上。根据急冷、压缩、冷分离、热分离等工段特点，开发出急冷油减黏技术、急冷系统热回收技术、裂解原料增湿技术、“捕焦+气浮+聚结”的油水分离技术、裂解气压缩机防结垢技术、非清晰分馏技术、贫油效应技术、乙烯开式热泵技术、丙烯开式热泵技术等特色技术。

分离技术有如下主要特点：采用两级急冷油和两级急冷水循环的热回收系统，降低了装置能耗；急冷水塔内油水分离器结构简单，分离效果好，投资低，易操作；裂解气五段压缩，有利于降低裂解气出口温度，减少段间换热器结焦风险；三段碱洗一段水洗，脱除裂解气中酸性气体效果好；碳二前加氢与压缩机五段形成热泵，可稳定反应器流量，降低绿油生成量；通过低压脱丙烷及时脱出绿油，保证装置运行稳定；低温塔的冷凝器设置在塔顶，可省掉低温回流泵，减少设备和投资，降低能耗；简洁式冷箱工艺流程，有助于降低冷箱的制造难度，避免工艺管线的往返，减小系统阻力；采用低压乙烯、丙烯分离与压缩机相结合的开式热泵系统，提高烯烃和烷烃的相对挥发度，节省投资，降低能耗；利用夹点技术，合理利用余热，提高有效能效率。

3. 催化剂技术

“十三五”期间，石化院开发出碳二前加氢催化剂、单段床碳四馏分选择加氢脱除丁二烯的催化剂、碳四炔烃选择加氢回收丁烯催化剂、裂解汽油一段加氢催化剂、裂解汽油二段加氢催化剂、煤基裂解汽油加氢催化剂并成功应用。

采用载体改性、优化催化剂配方及制备方法，开发出了低表面酸性、高分散度、低成本的新型碳二前加氢催化剂。其性能与相应进口先进催化剂相当，并具有较高抗一氧化碳、氢气波动能力。采用双峰孔径分布的催化剂载体、多组分共浸渍工艺、催化剂表面修饰等关键技术，改进了LY-C2-02型碳二后加氢催化剂的性能，进一步提高了催化剂的加氢活性和选择性。催化剂在辽阳石化20×10^4t/a乙烯装置成功应用，加氢除炔性能优异，各项指标完全满足两段床碳二加氢装置的要求，运行性能明显优于装置原用催化剂及合同指标。

采用有机相负载方法替代传统的水相负载，并辅以超声辐射进行负载的新技术，改进了新型碳三加氢催化剂，完成了工业侧线试验，具备工业应用条件。制备的催化剂抗原料波动性强，综合性能优异。

通过采用优化载体成型工艺及添加给电子助剂等措施，对裂解汽油一段钯系LY-9801D催化剂进行了改性研究，提高了催化剂的加氢活性和抗杂质性能，并成功应用于兰州石化、上海石化、扬子石化等企业；利用整形工艺调整催化剂尺寸，提高了催化剂的使用性能，减少了工业装填过程中的沟流、偏流现象。

解决了裂解汽油一段镍系LY-2008催化剂工业生产中存在的技术问题，形成了完善的催化剂生产控制指标；圆满完成了LY-2008催化剂在独山子石化全馏分裂解汽油加氢装置和大庆石化中间馏分裂解汽油装置的工业试验，工业运行结果显示催化剂加氢性能优于装置在用的同类进口剂水平；完善了镍系催化剂器内初活性钝化工艺，并开发出器外初活性抑制钝化新技术；实现了LY-2008催化剂在抚顺石化、四川石化百万吨级大乙烯的推广应用。

通过采用载体热改性、化学改性及活性组分高分散浸渍液配制新技术，提高了裂解汽油二段LY-9802催化剂的加氢选择性和抗结焦性能；利用整形工艺调整催化剂尺寸，提高了催化剂的使用性能，提高了工业装填密度。完成了裂解汽油二段催化剂降低成本试验，在催化剂成本降低10%以上的条件下，催化剂的整体性能达到原催化剂水平，并成功应用于兰州石化、福建联合石化等企业。

4. 乙烯配套工艺

为了最大化利用乙烯装置裂解汽油、裂解碳四等副产品，除了乙烯成套技术外，中国石油还开发了裂解汽油加氢技术、丁二烯抽提技术、甲基叔丁基醚(MTBE)/1-丁烯技术、芳烃抽提技术及高压湿式废碱氧化技术。

二、成果应用与技术提升

1. 成果应用

中国石油“大型乙烯装置工业化成套技术”开发成功并经过不断优化提升，历时14年，形成了主要成果32项、授权专利128件、专有技术20项。

形成了多系列乙烯规模的裂解炉，并适应从乙烷、乙丙烷混合气体、轻烃、石脑油、加氢尾油到柴油等复杂原料的裂解技术；分离工艺流程覆盖了前脱丙烷前加氢、前脱乙烷前加氢和顺序分离3种流程，以及乙烷原料增湿技术、非清晰分馏分离技术、尾气中乙烯高效回收技术、乙烯和丙烯双热泵技术、原料氧化物预脱除技术等特色技术；开发出15个牌号加氢催化剂。上述成果有力地支撑了中国石油及国内其他企业的乙烯项目建设，促进了国内乙烯的技术进步，提升了国内乙烯生产企业的核心竞争力。

中国石油和化学工业联合会组织院士和专家对大型乙烯装置成套技术进行了成果鉴定。鉴定委员会认为：“该成果总体达到国际先进水平，其中裂解炉和乙烯回收分离工艺关键技术达到国际领先水平”。

该成套技术获得2016年度国家科学技术进步奖二等奖。此外，还获得2015年度中国石油科学技术进步特等奖、2019年中国石油工程建设协会科学技术进步一等奖等20多项奖励。发明专利《具有强化传热的换热管》获得2018年度国家优秀专利奖；发明专利《减少再沸器结垢的双塔脱丙烷工艺》和《大型乙烯装置的乙烯深冷分离方法》分别获得省部级专利金奖和优秀奖等多项奖励。

自2012年10月首套示范装置在大庆石化投产以来，先后在国能宁煤、独山子石化、长庆乙烷制乙烯、塔里木乙烷制乙烯、广东石化、兰州石化等企业成功应用，截至2021年初，该技术已转让11套，乙烯总产能近600×10^4t/a，投产装置产生的利润超过130亿元。采用该技术为建设单位节约大量引进专利、专有技术和工艺包、专有设备及催化剂等费用，缩短了乙烯装置的工程建设周期，提升了企业的盈利能力。

系列裂解馏分加氢催化剂已在国内24家企业的36套装置上成功应用，已覆盖中国石油、中国石化、中国海油、中国化工、国家能源集团、兵器工业总公司等国内乙烯企业。与同类进口催化剂相比，该系列催化剂具有选择性高、抗杂质性能强、稳定性能高、价格低等特点，性能达到国际先进水平，具有很强的市场竞争力和良好的应用前景。

2. 技术提升

自主乙烯成套技术在大庆石化60×10^4t/a乙烯装置上获得成功应用后，根据市场需求和技术发展方向，研发团队持续致力于技术提升，裂解原料从石脑油和液化石油气拓展到煤基费托合成石脑油原料，柴油、加氢尾油等重质原料和乙烷、丙烷等气体原料；乙烯装置规模从 60×10^4t/a、80×10^4t/a 到 140×10^4t/a，并形成了强化传热炉管、急冷换热器等关键设备。

1）煤基原料

在 2014 年应用的国能宁煤煤化工副产品深加工综合利用项目 100×10^4t/a 烯烃装置，裂解原料是由煤制油装置生产的石脑油和液化石油气，部分原料中含有醇、醚、酮等含氧有机化合物，裂解后影响下游产品品质，需要采取措施进行脱除，经过计算和试验研究，开发出了萃取加精馏的复合脱除工艺，保证了产品的性能要求，首次实现了煤基石脑油裂解制乙烯的应用，单台裂解炉的规模达到 18×10^4t/a。

煤基石脑油原料比炼厂石脑油轻，链烷烃多，为最大限度地回收裂解气余热副产超高压蒸汽，开发了石脑油裂解炉第二急冷换热器。同时为提高原料利用率，获取最大产品产量，开发出 6 程炉管的乙烷裂解炉，并设置第二级和第三级管壳式裂解气急冷换热器提高蒸汽产量，第二急冷换热器首次采用了挠性管板技术，避免了厚管板造成的应力开裂问题；乙烯装置利用了煤制油装置副产富含丙烯的部分液化石油气原料，使装置丙烯产量高于传统乙烯装置，同时因为原料相对偏轻，急冷水的热量不能满足丙烯精馏的热量需求，为了降低能耗，团队开发了丙烯热泵流程，将开式丙烯热泵技术首次应用于乙烯装置。这些技术的实施，形成了中国石油独特的煤基原料制乙烯的成套技术。循环乙丙烷裂解炉运行周期达到 150 天。

同时，自主开发的裂解汽油加氢技术和高温废碱氧化技术也在该工程得到应用，这些技术均达到了理想的设计效果，为企业创造了较好的经济效益。

2）重质液体原料

2016—2017 年应用于山东玉皇乙烯装置，裂解原料均是以柴油和石脑油为主，由于柴油原料组分重，难以汽化，需要较高的稀释蒸汽比和较高的蒸汽温度，为此，开发了两次注汽的裂解技术，完成了不同规模的重质原料裂解炉设计。针对重质原料裂解气组分重的特点，开发了急冷油塔旋风分离技术，将裂解气的焦粉和胶质组分从系统中分离出来，降低了急冷油黏度。

3）乙烷原料

中国石油利用国内自有天然气分离出的乙烷作为裂解原料，采用自主技术分别建设了长庆 80×10^4t/a 乙烷制乙烯项目和塔里木 60×10^4t/a 乙烷制乙烯项目。在这个过程中又开发了 15×10^4t/a 和 20×10^4t/a 乙烯的大型气体裂解炉，以及流程简洁、设备数量少、综合能耗低的前脱乙烷前加氢的高效分离技术。

由于乙烷裂解气组成比液体原料裂解气组成轻，需对工艺流程进行调整，特别是在急冷区，因裂解气中重质组分变少，不再需要设置急冷油塔，需在急冷水塔中将焦粉和重油从急冷水中分离出来。这样，工艺水的净化尤为关键，为此，开发出了“捕焦+气浮+聚结”的净化分离技术，多重措施保证出水指标。根据乙烷原料组分轻、洁净的特点，借鉴了合成氨装置饱和塔的设计理念，用增湿塔替代原稀释蒸汽发生和混合系统，通过乙烷与工艺水的直接接触，可降低装置能耗 10kg(标准油)/t(乙烯)，形成了独有的原料增湿技术。深冷区采用两级膨胀机制冷，实现裂解气的逐级预冷和尾气中乙烯的高效回收，降低制冷机组的功耗。经过装置的投料运行，证明了这些技术的可靠性和先进性。

4）装置大型化

正在建设的中国石油广东石化乙烯装置采用中国石油自主技术，进一步提升了大型塔器、钢结构和管道的设计水平，形成了 140×10^4t/a 的超大型乙烯装置设计技术。

5）关键设备

如前所述，中国石油的乙烯成套技术在原料适应性、产品规模和流程设置方面都得到了广泛的应用和提升，在这个过程中，一些关键设备因其良好的使用效果，不仅在自身成套技术被应用，还广泛应用于其他乙烯专利商的技术中，其中强化传热辐射段炉管以其运行周期长、清焦次数少的优良性能，应用于替换利用 S&W、Linde 等国外专利技术建设的裂解炉管；裂解气一级、二级、三级急冷换热器，应用于引进技术的新建乙烯项目，替代国外进口设备；二级急冷换热器用于替换利用国外专利技术建设的裂解炉的二级急冷换热器。这些设备对企业增产、节能、降低投资、降低操作人员劳动强度等做出了重大贡献。

参 考 文 献

[1] Nichols L. Ethylene in evolution：50 years of changing markets and economics[J]. Hydrocarbon Processing，2013(4)：27-30.

[2] 胡杰，王松汉．乙烯工艺与原料[M]. 北京：化学工业出版社，2018.

[3] 王松汉．乙烯装置技术与运行[M]. 北京：中国石化出版社，2009.

[4] 钱家麟．管式加热炉[M]. 北京：中国石化出版社，2003.

[5] Bowen C P，Jones D F. Mega-olefin plant design：reality now[J]. Hydrocarbon Processing，2008(4)：37-45.

[6] 赵文明．“十四五”乙烯行业高质量发展策略研究[J]. 化学工业，2020，38(2)：10-20.

[7] 任旸，瞿辉．从零起步到全球第二大乙烯生产国[J]. 中国石化，2019(9)：48-51.

[8] 王红秋，郑铁丹．我国乙烯工业强劲增势未改[J]. 中国石化，2019(1)：27-30.

[9] 王强．我国乙烯工业发展之路[J]. 乙烯工业，1999(1)：1-4，11.

[10] 王子宗，何细藕．乙烯装置裂解技术进展及其国产化历程[J]. 化工进展，2014，33(1)：1-9.

[11] 王子宗．乙烯装置分离技术及国产化研究开发进展 [J]. 化工进展，2014，33(3)：523-537.

[12] 陈滨．石油化工工学丛书：乙烯工学[M]. 北京：化学工业出版社，1997.

[13] 邹仁鋆．石油化工裂解原理与技术[M]. 北京：化学工业出版社，1981.

[14] 瞿国华．乙烯蒸汽裂解原料优化[J]. 乙烯工业，2002，14(4)：61-65.

[15] 王茜，李增喜，王蕾．甲醇制低碳烯烃技术研究进展[J]. 工程研究——跨学科视野中的工程，2010，2(3)：191-199.

[16] 张海桐，赵宣．低碳烯烃生产技术综述[J]. 化学工业，2014，32(6)：17-21.

[17] 张伟清．原油制化学品领域的最新进展[J]. 石油炼制与化工，2018，49(10)：19.

[18] 王大壮，王鹤洲，谢朝钢，等．重油催化热裂解(CPP)制烯烃成套技术的工业应用[J]. 石油炼制与化工，2013，44(1)：56-59.

[19] 李佳，周如金．我国重质油催化裂解制低碳烯烃技术现状[J]. 当代化工，2015，44(12)：2802-2804.

[20] 谢朝钢，汪燮卿．催化热裂解(CPP)制取烯烃技术的开发及其工业试验[J]. 石油炼制与化工，2001，32(12)：7-10.

[21] 沙颖逊，崔中强，王龙延，等．重油直接裂解制乙烯的 HCC 工艺[J]. 石油炼制与化工，1995(6)：9-14.

第二章　乙烯工艺技术

乙烯工艺技术主要由裂解技术和分离技术组成。本章首先简要介绍了国内外专利商裂解和分离技术的进展，随后从中国石油裂解技术和分离技术两个方面，对乙烯成套技术进行详细的介绍。中国石油裂解技术可适用于乙烷、丙烷、石脑油、煤基石脑油、加氢尾油、柴油等各种复杂原料，分离技术已覆盖前脱丙烷前加氢流程、前脱乙烷前加氢流程和顺序分离流程。根据裂解产物的组成特点，选择合理的分离流程，采用特色分离技术，实现装置安全、平稳、长周期、低能耗运行。此外，还介绍了中国石油汽油加氢、废碱氧化、丁二烯抽提等乙烯配套工艺技术，可为用户提供全套乙烯技术服务。

第一节　国内外技术进展

目前，国内外拥有完整乙烯技术的专利商有 Lummus 公司、Technip 集团[包括原斯通 & 韦伯斯特(S&W)和原荷兰国际动力技术公司(KTI)]、KBR 公司、Linde 公司、寰球公司和中国石化工程建设公司，本节对各家乙烯技术分别进行介绍[1-5]。

一、Lummus 公司的乙烯技术

Lummus 公司早在 1940 年就已开始乙烯工厂的研究和设计工作，其开发的 SRT(Short Residence Time，短停留时间)型裂解炉，从早期的 SRT-Ⅰ型发展到后来的 SRT-Ⅵ型、SRT-Ⅶ型等，据报道，近期开发的 SRT-Ⅹ型炉，单台炉乙烯产能可达到 25×10^4t/a。其后分离流程以顺序分离流程最为知名，曾在国内乙烯市场占据重要地位，其开发出二元制冷、三元制冷、全低压深冷流程等特色技术。

1. SRT 型裂解炉

SRT 型裂解炉炉体为传统门型结构，对流段布置在辐射段侧上方，对流段顶部设置烟道、引风机和烟囱。

1）辐射段炉管

SRT 型裂解炉在辐射段炉管构型方面，为了适应“高温、短停留、低烃分压”的需要，由早期的多程炉管发展为现在的双程炉管，炉管总长由 60 多米逐渐缩减到 20 多米，相应的停留时间也缩短至 0.2s 左右，提高了烯烃收率和选择性。SRT-Ⅰ型裂解炉采用多程等径辐射炉管，从 SRT-Ⅱ型裂解炉开始，SRT 型裂解炉均采用分支变径辐射炉管。随着炉型的改进，辐射炉管的程数逐步减少。SRT 型裂解炉炉管的特点为炉管管径大，炉管处理量大。对于分支变径管结构，入口管采用小口径并联，炉管单位体积的比表面积大，相应提高了

入口段的吸热量，加快了辐射段入口段物料升温速率，将热负荷更多转移到入口段，降低出口段的热负荷，使沿管长的物料温度和管壁温度趋于平缓，可适当提高裂解温度。出口管采用较大管径，使烃分压降低，提高乙烯收率，且延长运行周期。SRT型裂解炉不同炉管构型的对比见表2-1。

表2-1 SRT型裂解炉不同炉管构型的对比

炉 型	SRT-Ⅰ	SRT-Ⅱ	SRT-Ⅲ
炉管排列	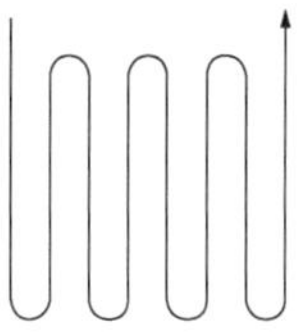	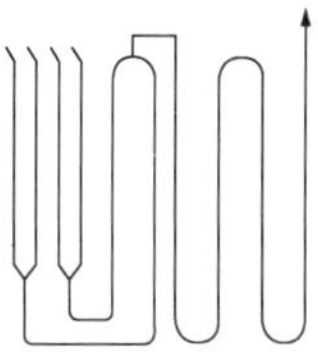	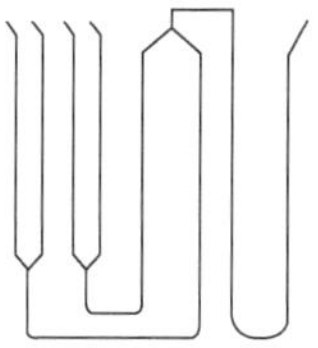
程数	8P	6P	4P
炉管组数，台	4	4	6
炉 型	SRT-Ⅳ	SRT-Ⅴ	SRT-Ⅵ
炉管排列	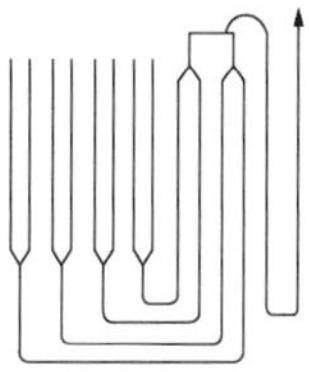	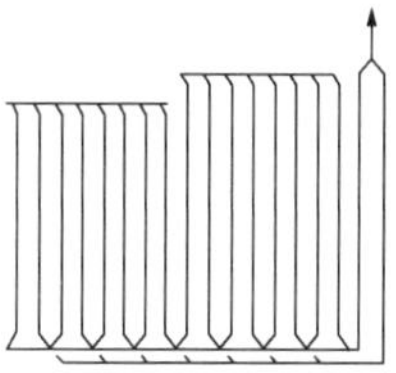	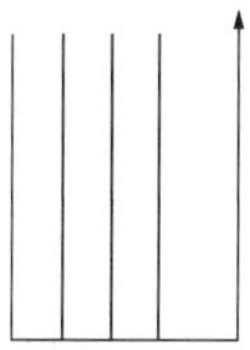
程数	4P(8-4-1-1)	2P(16-2)	2P(4-1)
炉管组数，台	4~6	4~6	16~24

2）对流段

SRT-Ⅰ~Ⅲ型裂解炉对流段内设置原料、稀释蒸汽、锅炉给水、混合原料预热盘管。从SRT-Ⅳ型裂解炉开始，对流段增设高压蒸汽过热段，相应地取消了高压蒸汽过热炉。稀释蒸汽一般采用一次注入的方式，但当裂解炉裂解重质原料时，需要采用二次注入稀释蒸汽的方案。

3）燃烧器

早期的SRT型裂解炉多采用侧壁无焰烧嘴，为适应裂解炉烧油的需要，多采用侧壁烧嘴和底部烧嘴联合供热的烧嘴布置方案，底部烧嘴最大供热量可占总负荷的85%。SRT-Ⅵ型裂解炉全部采用底部烧嘴供热方案，进一步降低投资，并减少检维修的工作量。

4）裂解气急冷换热器

SRT型裂解炉急冷换热器形式由早期采用的传统急冷锅炉发展到浴缸式急冷锅炉、快速急冷锅炉等多种急冷换热器形式。SRT-Ⅵ型裂解炉推荐采用浴缸式急冷锅炉，也可以选择传统型急冷锅炉。

2. 分离技术

对于常规石脑油流程，Lummus公司的分离技术常选用顺序分离的工艺路线，但Lummus公司也开发出了前脱丙烷前加氢后分离工艺。其分离部分的特色技术如下。

1）二元及三元制冷

与传统使用的单一制冷剂的冰机不同，Lummus公司的二元及三元制冷是将两种或三种制冷剂混合在一起，经压缩升压、冷却冷凝后，对液体节流获得较低温度。二元制冷的制冷剂有两种：一种是采用甲烷/乙烯混合组分作为制冷介质，可以为工艺用户提供-140~-45℃级位的制冷剂；另一种是采用甲烷/丙烯为制冷介质，可为工艺用户提供-140~30℃级位的制冷剂。三元制冷的制冷介质为丙烯、乙烯和甲烷的混合物，其可提供的冷量级位与传统制冷流程中的丙烯制冷、乙烯制冷和甲烷制冷组合相当，可以为工艺用户提供-140~30℃级位的制冷剂。Lummus公司将二元/三元制冷技术应用于低压脱甲烷系统。

二元及三元制冷技术的优势是减少制冷机的设备台数，降低了装置投资，但对混合制冷剂配比要求严格。

2）全低压深冷流程

传统的高压脱甲烷在3.0~3.8MPa下操作，裂解气压缩机多采用5段压缩，Lummus公司推出的全低压深冷技术，裂解气只需压缩到1.5~2.0MPa就进入深冷系统，裂解气压缩机只需要3段2缸。由于低压下甲烷对乙烯的相对挥发度加大，脱甲烷塔的回流比降低，可节省塔顶冷凝负荷。同时因深冷系统在低压下操作，设计压力降低。

二、S&W公司的乙烯技术

S&W公司的管式裂解炉很早就进行了工业化，早期大多使用西拉斯裂解炉，1966年在西拉斯裂解炉基础上发展了USC(Ultra Selective Conversion，超选择性转化)型裂解炉。其后分离技术早期采用顺序分离流程，在20世纪80年代后期，开始推广前脱丙烷前加氢的工艺技术路线，目前S&W公司归属于德西尼布能源公司(Technip Energies)，其乙烯技术的主要特点如下。

1. USC型裂解炉

USC型裂解炉通常采用两个辐射段共用一个对流段的布置，对流段位于两个辐射室的正上方。对流段上部设置烟道、引风机和烟囱。

1）辐射段炉管

USC型裂解炉的特点之一是它的辐射段炉管，由于采用的炉管管径较小，因而单台裂解炉炉管数较多(12~224组)。USC型裂解炉的主要特点包括：热强度高，停留时间短，超选择性裂解；单排管双面辐射，炉管受热均匀；采用多组小管径炉管可增加比表面积；采用变管径结构，从进口到出口管径逐程增加，有利于降低烃分压。USC型裂解炉采用的U形、W形和M形炉管构型中，U形为两程，W形为4程，M形为6程。裂解液体原料时，通常采用U形炉管；裂解气体原料时，通常采用W形或M形炉管。USC型裂解炉不同炉管构型的对比见表2-2。

表 2-2　USC 裂解炉炉管构型对比

管　　型	U 形	W 形	M 形
炉管排列			
程数	2P(1-1)	4P(1-1-1-1)	6P(1-1-1-1-1-1)
停留时间，s	0.15~0.25	0.3~0.4	0.5~0.6

2）对流段

对流段通常采用 4 组或 8 组(处理能力大时采用)进料，对流段内设有烃进料预热、锅炉给水预热、稀释蒸汽过热、超高压蒸汽过热以及原料和稀释蒸汽混合预热等各类盘管。对于气体原料，通常采用一次蒸汽(不过热)注入方式；对于液化石油气(LPG)和轻烃，通常采用一次蒸汽(过热)注入方式；而对于柴油、加氢尾油等重质原料，则采用二次蒸汽注入方式，此时二次蒸汽需经过过热。

3）燃烧器

为简化燃料系统的配管和方便操作、控制及维修，近年来，USC 型裂解炉均采用全部底部烧嘴供热的方案。

4）裂解气急冷换热器

近年来，USC 型裂解炉主要采用 SLE(Selective Liner Exchanger，选择性线性换热器)型急冷换热器和 USX(超选择性换热)型急冷换热器，SLE 和 USX 型急冷换热器均为套管式线性换热器。SLE 型急冷换热器和 USX 型急冷换热器均为一级急冷锅炉，为进一步回收余热，根据需要配有第二急冷换热器或第三急冷换热器。

2. 分离技术

对于常规石脑油原料，S&W 公司常推荐采取前脱丙烷工艺技术路线。其独具特色的技术如下：

1）波纹塔盘(Ripple Tray)

S&W 公司的波纹塔盘是把整个布孔后筛板再压成波纹状，形成波纹筛孔塔盘，其特点是抗堵能力强，处理量大。一般情况下，S&W 公司推荐在急冷油和碱洗塔使用此塔盘。

2）S&W 分凝分馏(HRS)技术

20 世纪 90 年代初，S&W 公司和 Mobil 公司合作开发了 ARS 技术，该技术核心是深冷和脱甲烷系统的分馏分凝器(Dephlegmator)。分馏分凝器把传质与传热结合起来，以自身冷凝的液体在翅片上形成膜状流体，与上升气流逆向接触，同时进行传质和传热，起到了多级分离的作用，从而提高了气液分离效率。分馏分凝器系统分为热分馏冷凝器和冷分馏冷凝器两部分，与其现有或新增的塔器互相组合，可以降低某些现有塔的负荷，达到增产和节能的目的。分馏分凝器的节能效果主要表现为可以降低乙烯机的负荷，降低幅度因进料气组成和工艺流程而异。

后来，取消了热分馏冷凝器，采用板翅式换热器和分离罐代替，其优点是分馏冷凝器冷箱总体积减小，投资降低，且分离效果与 ARS 技术相差不大，可将尾气中的乙烯损失降至 500mL/m³ 以下。

三、Technip 公司的乙烯技术

Technip 公司的裂解炉技术采用早期 KTI 公司开发的裂解炉型。KTI 公司从 1973 年开发出梯度动力学裂解炉(Gradient Kinetic Furnace)GK-Ⅰ和 GK-Ⅱ后，又相继开发了 GK-Ⅲ、GK-Ⅳ、GK-Ⅴ和 GK-Ⅵ型裂解炉，辐射段炉管由 6-1 型双程管发展到 2-1 型双程管。Technip 公司的分离流程为顺序流程。

1. GK 型裂解炉

GK 型裂解炉底部为辐射段，上部配置对流段，对流段顶部设置烟道、引风机和烟囱。

1）辐射段炉管

当裂解循环乙烷、丙烷等气体原料时，采用 SMK 型裂解炉；当裂解轻柴油、加氢尾油等重质原料时，通常采用 GK-Ⅲ、GK-Ⅴ、GK-Ⅵ型炉管。从 GK-Ⅰ到 GK-Ⅴ、GK-Ⅵ型裂解炉，管程数逐渐减少，炉管长度缩短，辐射炉管的反应停留时间逐渐缩短。

针对 GK 型裂解炉，开发出 SFT(Swirl Flow tube，旋流管)技术，即在出口管使用螺旋管来提高管壁热强度，达到提高选择性、提高处理能力、减缓结焦、延长运行周期的目的。GK 型裂解炉不同炉管构型的对比见表 2-3。

表 2-3　GK 型裂解炉不同炉管构型对比

炉　　型	GK-Ⅲ	GK-Ⅴ
炉管排列	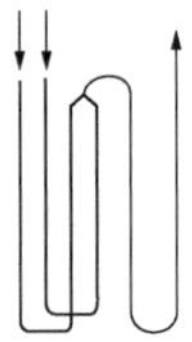	
程数	4P(2-2-1-1)	2P(2-1)
停留时间，s	0.35	0.2
炉　　型	GK-Ⅵ	SMK
炉管排列		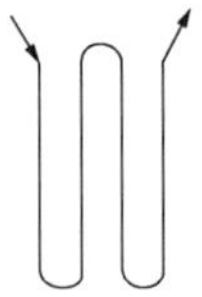
程数	2P(1-1)	4P(1-1-1-1)
停留时间，s	0.2	0.35

2）对流段

对流段通常设有原料预热、锅炉给水预热、稀释蒸汽预热以及超高压蒸汽过热和原料+稀释蒸汽混合预热。GK 型裂解炉在裂解不同原料时采用不同的对流段排布及稀释蒸汽注入方式，当裂解气体原料时采用一次稀释蒸汽注入方式；当裂解石脑油、轻柴油时也采用一次稀释蒸汽注入方式，但稀释蒸汽须在对流段进一步过热；当裂解柴油和加氢尾油重质原

料时，采用二次稀释蒸汽注入方式(一次蒸汽不过热，二次蒸汽经过过热)。

3）燃烧器

GK 型裂解炉供热系统通常采用侧壁加底部烧嘴联合供热方式，底部烧嘴的低 NO_x 型烧嘴最大供热量约占总热负荷的 70%。

4）裂解气急冷换热器

GK 型裂解炉辐射室可设置 4 组、6 组或 8 组辐射炉管，每组辐射炉管有 4 小组或 8 小组炉管，每 4 小组或 8 小组炉管出口的裂解气合并进入一台急冷锅炉。GK 型裂解炉一般采用一级线性急冷锅炉回收裂解气热量；SMK 型的气体裂解炉采用二级急冷方式，其中一级急冷锅炉采用线性双套管式。

2. 分离技术

“渐近”分离工艺技术路线为顺序分离工艺的分支，其特点与顺序分离工艺技术路线的特点相近，分离裂解气混合组分的第一个分离塔仍然是脱甲烷塔，先分离出甲烷，再将脱甲烷塔釜液混合组分按照由轻到重的次序进行分离。区别是组分分离时，关键组分进行非“清晰”分割。Technip 公司的乙烯技术采用顺序分离、中压双塔脱甲烷的简化“渐近”分离工艺。

四、Linde 公司的乙烯技术

Linde 公司从 20 世纪 60 年代开始开发裂解技术，裂解炉称为 LSCC 型(Linde-Selas-Combined Coil)，现在改称为 Pyrocrack 型。Linde 公司的后分离流程采用前脱乙烷的工艺路线。

1. Pyrocrack 型裂解炉

Pyrocrack 型裂解炉通常由两个辐射室和一个对流段构成，对流段顶部设置烟道、引风机和烟囱。

1）辐射段炉管

Pyrocrack 型裂解炉的辐射段炉管构型有 Pyrocrack 4-2 型、Pyrocrack 2-2 型和 Pyrocrack 1-1 型三种型号，不同炉管构型的选择，根据原料情况确定。一般情况下，当裂解气体原料时，通常采用程数多、管径较大、炉管较长的 Pyrocrack 4-2 或 Pyrocrack 2-2 型炉管；当裂解液体原料时，可采用两程、管径较小、炉管长度较短的 Pyrocrack 1-1 型炉管。Pyrocrack 型裂解炉不同炉管构型的对比见表 2-4。

表 2-4 Pyrocrack 型裂解炉不同炉管构型对比

炉 型	Pyrocrack 4-2	Pyrocrack 2-2	Pyrocrack 1-1
炉管排列	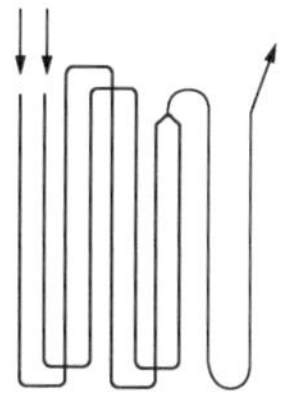	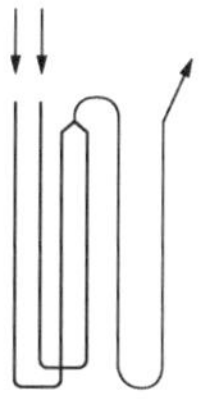	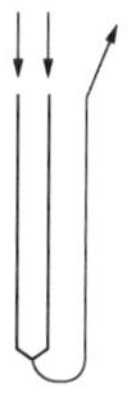
程数	6P(2-2-2-2-1-1)	4P(2-2-1-1)	2P(2-1)
停留时间，s	0.40~0.50	0.25~0.30	0.15~0.20

2）对流段

对流段通常设有原料预热、锅炉给水预热、稀释蒸汽过热、高压蒸汽过热及原料+稀释蒸汽混合预热管束，根据不同的裂解原料性质，采用不同的对流段排布方式。当原料为气体原料或轻质液体原料时，对流段采用稀释蒸汽一次注入方式；而对于加氢尾油等重质液体原料，采用稀释蒸汽两次注入方式。

3）燃烧器

Pyrocrack 型裂解炉采用底部烧嘴和侧壁烧嘴相结合的供热方式，侧壁烧嘴约占 40%，底部烧嘴约占 60%。

4）裂解气急冷换热器

Linde 公司的急冷锅炉有传统的急冷锅炉和线性急冷锅炉两种形式，近年来多采用线性急冷锅炉。裂解气体原料时，采用二级急冷方式；裂解液体原料时，采用一级急冷方式。

2. 分离技术

Linde 公司的分离技术采用前脱乙烷分离流程，与前脱丙烷前加氢工艺相比，前脱乙烷的碳二加氢反应器中少了碳三馏分，工艺中物料轻，氢气含量高。Linde 公司的乙炔加氢等温反应器采用类似于壳管式换热器的形式，将催化剂均匀装填在多根管束内，气体从管束内流过，在催化剂作用下发生加氢反应，反应放出的热量通过壳程的冷却介质及时撤走，从而使反应温度接近等温状态。与常规绝热式反应器相比，等温反应器加氢反应更稳定，绿油生成量少，但反应器制造成本高，催化剂的装填要求高，各管束催化剂的阻力降必须均匀。

五、KBR 公司的乙烯技术

KBR 公司是由 Kelloge 公司和 Brown&Root 公司合并组成的，其裂解炉技术主要是在 Kelloge 公司最早开发的毫秒裂解炉基础上形成的，后又与 ExxonMobil 公司技术合作，形成了 SCORE(SC)型裂解炉。KBR 公司是最早采用前脱丙烷前加氢工艺的专利商，至今仍在全球推荐该技术路线。

1. SC 型裂解炉

SC 型裂解炉有 SC-1、SC-2 和 SC-4 三种形式，目前我国引进的 KBR 炉型技术主要为 SC-1 型。

1）辐射段炉管

SC 型裂解炉的三种炉型 SC-1、SC-2 和 SC-4 对应三种炉管结构形式，见表 2-5。

表 2-5　SC 型裂解炉不同炉管构型对比

炉　型	SC-1	SC-2	SC-4
炉管排列			
程数	1P	2P(1-1)	4P(1-1-1-1) 6P(1-1-1-1-1-1)
停留时间，s	0.08～0.12	0.15～0.25	0.35～0.45

SC-1 炉型辐射段炉管为下进上出的单管程结构，采用小口径管，管内径为 25~43mm，直管长度为 10~13m，停留时间为 0.08~0.12s，相比其他炉型，乙烯单程收率较高。裂解原料范围较宽，从乙烷、丙烷到轻柴油(终馏点在 570℃以上)均可裂解。

SC-1 型裂解炉辐射炉管采用内梅花形内翅炉管结构。此类炉管通过改变炉管内表面积，提高了辐射炉管管壁的热强度，以满足原料短停留时间内裂解反应的吸热需求。辐射段炉管采用单管程结构，在辐射室中物料下进上出，上部直接与急冷换热器连接。

2）对流段

SC 型裂解炉对流段设置在辐射室上部，对流段设有烃进料预热、锅炉给水预热、稀释蒸汽预热、高压蒸汽过热、混合原料预热等管束。

3）燃烧器

SC 型裂解炉通常为全底部烧嘴供热方式，底部燃烧器布置在炉管两侧，使炉管受热均匀。

4）急冷换热器

对于裂解石脑油等液体原料的 SC-1 型裂解炉，采用一级急冷锅炉。对于裂解轻质原料的 SC-1 型裂解炉，采用二级急冷锅炉，为进一步吸收余热，也可设置三级急冷换热器。一级急冷锅炉采用套管式急冷器，二级和三级急冷锅炉采用管壳式急冷换热器。

2. 分离技术

对于常规石脑油等原料，KBR 公司推荐采用前脱丙烷流程，其特色技术如下[2]：

1）四段裂解气压缩机系统

在裂解气压缩机系统，KBR 公司推荐采用四段裂解气压缩机系统，与其他采用传统前脱丙烷前加氢工艺的专利商相比，其突出的特点在于将裂解气干燥器进料分离罐中由 7℃级丙烯冷剂提供冷量冷凝下来的烃凝液，通过控制阀减压后返回到裂解气压缩机三段吸入罐，有效地降低了三段吸入罐的温度，使得压缩机三段在吸入温度降低的同时，可冷凝更多的重烃凝液，三段吸入罐的凝液减压后返回到裂解气压缩机二段吸入罐，有效地降低了压缩机二段吸入温度，压缩机二/三段吸入温度的降低，就允许采用较大的压缩比，减少压缩机段数。

2）脱乙烷塔技术

KBR 公司开发的脱乙烷塔，通过在塔顶增加塔盘，碳二馏分继续在增高的塔段中分离可得到占乙烯总产量约 30%的聚合级乙烯产品，降低了乙烯塔和乙烯机系统的相应负荷，节省了乙烯制冷机的功率，同时减少了投资和能耗。

六、中国石化的乙烯技术

中国石化在 1984 年组织开展了乙烯裂解技术的研究开发工作，开发出系列 CBL 型乙烯裂解炉。CBL 型裂解炉从 CBL-Ⅰ型发展到 CBL-Ⅶ型，乙烯生产能力从最初的 2×10^4t/a 发展到目前的 20×10^4t/a，原料可以适应乙烷到加氢尾油。采用其裂解和分离技术(前脱丙烷的工艺路线)的武汉 80×10^4t/a 乙烯装置于 2013 年 6 月开车运行，为国内第二家掌握乙烯技术的企业。

1. CBL 型裂解炉

CBL 型裂解炉多采用单辐射室、单对流段结构；当单炉生产能力高于 15×10^4t/a 时，可采用双辐射室、单对流段结构。

1）辐射段炉管

对液体原料，炉管构型有 2-1 型、改进 2-1 型及 4-1 型等双程炉管，2-1 型、改进 2-1 型炉管可配置线形或 U 形急冷锅炉；对气体原料，采用停留时间适中的 4 程炉管（2-1-1-1 或 1-1-1-1）。为了有效延长运行周期，在辐射段炉管内加装了扭曲片。CBL 型裂解炉不同炉管构型的对比见表 2-6。

表 2-6　CBL 型裂解炉不同炉管构型对比

炉　型	2-1	4-1	2-1-1-1
炉管排列		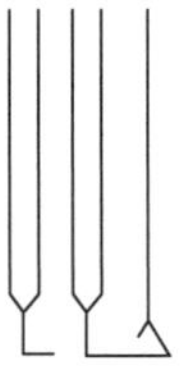	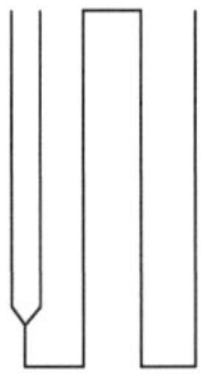
程数	2P	2P	4P

2）对流段

对流段通常设有原料预热、锅炉给水预热、稀释蒸汽过热、高压蒸汽过热及原料+稀释蒸汽混合预热管束，根据不同的裂解原料性质，采用不同的对流段排布方式。当裂解原料为轻柴油或加氢尾油等重质原料时，则采用 CBL 炉的二次注入方式；当裂解原料为石脑油等轻质原料或气相原料时，则采用一次注入方式。

3）燃烧器

最初，裂解炉采用底部烧嘴和侧壁烧嘴相结合的供热方式。目前，裂解炉也可采用全底部烧嘴供热方式。

4）裂解气急冷换热器

采用一级急冷或二级急冷形式，根据原料情况以及所采用的炉管情况，配置传统急冷锅炉或线性急冷锅炉。

2. 分离技术

中国石化的分离工艺有前脱丙烷前加氢和顺序流程两种路线，在深冷分离的乙烯尾气回收过程中应用了分馏分凝技术，其目的是利用特殊的设备实现乙烯的进一步回收。

七、中国石油的乙烯技术

1. HQCF® 裂解炉

经过了近半个世纪的开发和持续创新，中国石油开发出自己独特的乙烯成套技术。开发了四种裂解炉炉型，裂解炉单台规模形成 4×10^4t/a、6×10^4t/a、8×10^4t/a、10×10^4t/a、15×10^4t/a、18×10^4t/a 和 20×10^4t/a 乙烯的多个系列，不仅可加工处理从乙烷、丙烷、液化气到石脑油、加氢尾油等天然气分离和炼油原料，还可加工煤基合成的液化气和石脑油原料。

HQCF®裂解炉根据自主开发的自由基裂解反应计算模型和拥有发明专利的双耦合计算模型设计，根据裂解反应“高温、低烃分压、短停留时间”的特点，在出口炉管内壁均匀设置了具有全部自主知识产权的抑制结焦的强化传热元件，提高了辐射段炉管表面热强度，降低了结焦速率，延长了运行周期。在对流段设计中，优化原料预热与水汽系统过热盘管的布置，优化盘管尺寸及炉膛尺寸，充分考虑烟气的流动对传热和阻力的影响，引风机及汽包的布置充分考虑风机震动对结构的影响，水汽循环及上升管、下降管的应力等问题。离开辐射段炉管的裂解气利用自主设计的双套管式急冷换热器进行快速冷却，减少二次反应并产生超高压蒸汽，实现了国产化设计和制造，降低了投资。对轻质裂解原料，还根据需要在双套管式急冷换热器后对裂解气进行二次或三次冷却，充分回收热量，提高热利用率，实现安全运行。

1）辐射段炉管

HQCF®-LⅡ液体原料裂解炉的辐射段炉管结构为单排双程炉管，布置在炉膛正中央，燃烧器均匀分布在两侧，保证辐射段炉管周向受热均匀、沿炉膛高度方向炉管吸热量满足裂解反应的要求。辐射段炉管的入口段和出口段采用不同管径，以得到更优的热强度分布；同时为保证进料能均匀分配到每根炉管，在炉管入口处设置文丘里管。

每根辐射段炉管在底部设置两个对称的S形弯和一个U形弯，该结构使入口段、出口段均能布置在炉膛中心线上，整个炉管管系的重心落在炉膛中心的支撑点上，保证整个炉管受力均匀合理。

HQCF®-G气体原料裂解炉辐射段炉管形式分为4程和6程两种。4程和6程气体炉的入口段均采用双管程，后面逐程扩大管径，在出口段设置强化传热元件，以有效改善流体沿管壁的流动状态，提高管内壁的传热系数，降低管壁温度，延缓结焦速率，延长运行周期。

HQCF®型裂解炉辐射炉管构型参见第三章第一节裂解炉部分。

2）对流段

对流段用于最大限度地回收烟气余热，综合考虑烟气露点和裂解炉整体热效率，并兼顾满足正常、热备、清焦等工况。在结构设计上，充分考虑炉管布置对烟气流速以及换热面积的影响，炉管长度对制造及运输费用的影响，合理选择高温炉管材料，充分考虑制造及施工的可行性和操作的便利性。

3）燃烧器

为了简化燃料系统控制，方便操作和维修，HQCF®裂解炉辐射段采用全底部烧嘴供热方式。

4）裂解气急冷换热器

裂解气急冷换热器的设置与裂解原料相关，对于液体原料一般设置一级双套管式裂解气急冷换热器(CQE)；对于气体或轻质液体原料，为了最大限度地回收裂解气的余热，在第一裂解气急冷换热器后设置第二或第三急冷换热器，第二和第三急冷换热器采用管壳式结构。第二急冷换热器采用挠性管板设计，可有效解决高压差及高温差条件下的泄漏问题。

2. 分离技术

根据急冷、压缩、冷分离、热分离等工段特点，开发出急冷油减黏技术、急冷系统热回收技术、裂解原料增湿技术、“捕焦+气浮+聚结”的油水分离技术、裂解气压缩机防结垢技术、非清晰分馏技术、贫油效应技术、乙烯开式热泵技术、丙烯开式热泵技术等特色技术。

在前脱丙烷前加氢流程中，通过融入“非清晰分馏”和“贫油效应”技术，可达到节能降耗、充分回收尾气中乙烯的目的。非清晰分馏技术用在脱丙烷和脱甲烷工艺过程中，可以改善再沸器操作条件、降低部分设备材质要求，降低分离能耗和设备投资，有利于装置的长周期稳定运行，对于脱丙烷系统可降低再沸器结焦倾向。深冷分离采用“贫油效应”技术，可充分回收尾气中的乙烯，使尾气中乙烯损失降低到 150mL/m^3 以下，且有助于降低装置能耗。

在前脱乙烷前加氢流程中，采用裂解原料增湿技术，通过将乙烷和工艺水在原料增湿塔喷淋接触，使原料乙烷气体中的水含量达到饱和状态，可不再设置常规的稀释蒸汽发生系统，且比采用注入稀释蒸汽能耗降低，有利于降低投资和节省占地。自主开发的“捕焦+气浮+聚结”组合的油水分离技术分离效果好，设备实现全面国产化，节省了投资。

顺序分离流程已应用于早期的乙烯厂改造。

中国石油乙烯装置下游汽油加氢、废碱氧化、丁二烯抽提和 MTBE/1-丁烯技术等乙烯配套技术，在本章第四节详细介绍。

第二节　中国石油裂解技术

裂解技术由裂解反应、辐射传热、烟气和裂解气余热回收等部分组成，本节将从乙烯裂解原料、裂解炉工艺设计、裂解反应系统、烟气及裂解气热量回收系统等方面，对中国石油裂解技术进行介绍。

一、乙烯裂解原料

乙烯原料的来源广泛，主要包含以下几种类型：乙烷和丙烷气体原料；液化石油气、轻烃、石脑油等轻液体原料；柴油和加氢尾油等重液体原料。

1. 原料性质

1）气体原料

乙烷和丙烷是烷烃中最简单的含碳碳单键的烃类，乙烷裂解制乙烯的综合收率可高达83%，丙烷的乙烯收率在 44%左右，其丙烯收率高，富产燃料气。乙烷和丙烷裂解制乙烯具有成本低、收率高、投资少、污染小等优点。

2）轻烃原料

轻烃原料一般指液化石油气，含丙烷、正丁烷、异丁烷等，这些轻质原料可以在 30~70℃完全汽化，气相经过热后进入裂解炉对流段预热。正丁烷裂解性能优越，乙烯收率高；异丁烷裂解乙烯收率低，丙烯收率高，“双烯”收率较低；液化石油气中异丁烷含量对其裂解性能影响很大。

3）石脑油

炼厂中石脑油主要分为两类：一类为直馏石脑油，主要是原油通过常压蒸馏出来的石脑油；另一类为二次加工产生的石脑油，主要有加氢裂化石脑油、焦化石脑油、芳烃抽余油等。石脑油的裂解性能主要受到其族组成的影响，裂解性能良好的石脑油应具有高烷烃、高正构烷烃、低芳烃、低烯烃含量等特点。

（1）直馏石脑油。直馏石脑油按其馏程可分为直馏轻石脑油和直馏重石脑油两部分。直馏石脑油的性质主要取决于原油种类和性质，会存在较大差别。

（2）加氢裂化石脑油。加氢裂化石脑油的性质主要与炼油加工流程有关，加氢裂化轻石脑油烷烃含量比较多，可作为乙烯原料。

（3）加氢焦化石脑油。焦化石脑油杂质含量高，杂质主要为硫、氮，同时烯烃含量高，特别是二烯烃容易聚合，但加氢精制后的焦化石脑油中直链烷烃含量多，适合用作乙烯裂解原料。

（4）煤基合成石脑油。煤基合成石脑油是煤制油的主要产品之一，其直链烷烃含量高，硫、氮等杂质含量少，但含有一定量的含氧有机化合物，经处理后是比较好的裂解制乙烯的原料。

4）加氢尾油

加氢尾油和柴油馏分常用 BMCI 值(Bureau of Mines Correlation Index，芳烃关联指数)来表征其裂解性能，该值与馏分的平均沸点和密度相关联。原料的芳烃含量越高，其 BMCI 值越高；直链烷烃含量越高，BMCI 值越低，正己烷的 BMCI 值为 0.2，正戊烷的 BMCI 值为 -0.6。BMCI 值与乙烯收率的关系为：乙烯收率 = (33-0.24×BMCI 值)，一般认为 BMCI 值小于 18 即可作为裂解原料，这仅仅指裂解性能方面，关键还需看其经济性。轻柴油和加氢尾油的典型性质见表 2-7。

表 2-7　典型的轻柴油和加氢尾油性质

参　　数		轻柴油	加氢尾油
相对密度		0.80~0.85	0.8~0.84
馏程，℃	初馏点	180~200	280~350
	95%	300~350	420~480
芳烃关联指数(BMCI)		13~34	6~16
烷烃，%		35~65	45~70
环烷，%		15~25	15~25
芳烃，%		8~20	3~10

5）柴油

根据炼厂柴油组成，常见的直馏柴油不适合直接作为裂解原料。加氢精制或深度加氢后是否作为裂解原料，很大程度上受到原油性质的影响，通常芳烃含量高的原油所产出的直馏柴油“双烯”收率低。

2. 原料评价方法

乙烯装置的操作条件需随原料变化而进行适应性调整。乙烯原料和操作条件的优化主要有实验室评价、工业炉标定和模拟软件计算 3 种方式。实验室评价，可以准确掌握裂解性能，但由于评价周期长、费用高，难以满足日常生产需求；工业炉标定，直接针对工业裂解炉，准确性更高，但时效性较差；模拟优化软件，可以针对要使用的裂解原料快速提供操作优化方案。中国石油开发的裂解产物预测软件，不仅可以设计新的裂解炉，还可以优化裂解炉操作条件，具有多目标优化、裂解原料分子表征、反应网络智能优化等功能，已在兰州石化、四川石化和抚顺石化进行了工业应用。

3. 原料的裂解炉配置

不同原料稀释蒸汽比不同，在辐射段的最佳停留时间不同，因此，对物料性质不同的原料需要实施分储分裂，将性质相近的原料分配到一种炉型，当每种原料都用相匹配的裂解炉裂解时，才能获得较高的烯烃收率。

液体原料单分子的碳原子数普遍较多(碳数不小于 4)，裂解会产生较多的长链烯烃(丁烯及以上烯烃)和芳烃，停留时间过长会增大二次反应发生的概率，从而增大结焦速率，降低烯烃收率，缩短裂解炉运行周期。为此，液体裂解炉主要采用双程辐射炉管实现“短停留时间”。加氢尾油、柴油等重质原料较难汽化，需要的稀释比高，通常采用二次注汽方式；石脑油、液化石油气等轻质液体原料，相对容易汽化，一次注汽即可满足要求。轻质液体炉和重质液体炉的主要区别是注汽次数和注汽方式不同。

乙烷作为短链烷烃，键能大、结构稳定，需采用较长的停留时间，才能提高烷烃转化率，且其裂解产生长链烯烃和芳烃的收率低，二次反应发生概率较低，允许采用较长的停留时间，停留时间可延长到 0.4s 或 0.6s，故乙烷、丙烷等气体裂解炉采用 4 程或 6 程辐射炉管。乙烷虽然可以在液体裂解炉中裂解，但转化率低、处理量小、运行周期较短，因此对于一定规模的乙烷/丙烷裂解制乙烯，不宜采用液体炉进行裂解，应单独设置气体裂解炉。

由于气体和轻质液体原料乙烯收率高，装置运行能耗低，经济效益好，因此近年来，国内炼化一体化项目努力使乙烯装置的原料趋于轻质化，对液体原料尽量提高轻烃、石脑油等轻质原料所占的比例。

二、裂解炉工艺设计

1. 裂解工艺介绍

裂解炉按上下结构主要分为辐射段和对流段两大部分，按照主要功能分为裂解反应、烟气余热回收和裂解气余热回收三大部分。辐射段是裂解反应的核心，辐射段炉管布置在高温辐射炉膛内，原料在对流段预热后进入辐射段炉管，在辐射段炉管内继续吸收高温热量，达到反应温度后裂解生成乙烯、丙烯等产物，高温裂解气离开辐射段炉管进入裂解气余热回收系统。辐射炉膛由燃烧器提供裂解所需要的热量后，高温烟气离开辐射段到对流段，对流段用来加热裂解原料和稀释蒸汽、超高压锅炉给水、超高压蒸汽，经过多组盘管热量回收后，最终烟气温度降到 110℃ 左右排至大气。裂解气余热回收系统(又称汽水系统)由急冷换热器和汽包组成，通过回收裂解气中的热量产生超高压蒸汽。

中国石油裂解炉包括适用于重质液体和轻质液体原料的 HQCF®-G Ⅱ型双程炉管液体裂解炉，以及适用于气体原料的 HQCF®-G Ⅳ型和 HQCF®-G Ⅵ型 4 程、6 程炉管气体裂解炉。HQCF®-L Ⅱ型裂解炉炉管出口段采用强化传热技术提高运行周期，轻质液体裂解炉辐射炉管与裂解气急冷换热器内管一对一连接，对流段采用一次注汽方式；重质液体裂解炉两根辐射炉管合并后与裂解气急冷换热器一个内管连接，对流段采用二次注汽方式。

HQCF®-G Ⅳ型和 HQCF®-G Ⅵ型裂解炉为气体裂解炉，主要裂解乙烷、丙烷等气体原料，辐射段炉管形式分别为 4 程和 6 程两种，炉管的第一程均为双支管，传热面积大有利于吸热，其余后面几程为单管，采用较大管径设计，降低烃分压，提高裂解能力，并在出口管设置强化传热元件，有效延长运行周期。多程炉管为裂解原料提供适宜的停留时间，保证达到预期的转化率。

2. 裂解炉工艺计算

在裂解炉设计中，工艺计算是非常复杂且至关重要的。国内开发的裂解炉计算模型主要针对优化操作，较少针对新裂解炉的工艺计算，其中大多数模型参数必须依靠实际的工业运行数据进行拟合回归，模型的适用性和外推性均不高。为了降低难度和减少计算量，大多数计算模型和方法均采取了简化处理，因而无法满足计算的精度要求。也有些建模方法为了追求更高的精确度而采用了计算流体动力学模拟的手段，但是由于这种方法的计算量过大，单个工况的计算时间过长，因此较少用于对裂解炉所有操作工况进行工艺计算。

中国石油多年来积累了各种乙烯原料在不同操作条件下的评价数据，以及多套乙烯装置的工业运行数据。针对上述问题，以这些数据为基础，对所有相关原料的宏观物性、详细组成进行分析，研究了原料的裂解性能、自由基反应机理和结焦机理，对裂解炉辐射炉管进行组态，建立裂解动力学基元反应网络，开发出了基于自由基理论的石油烃裂解产物预测系统(HCPC)，用于裂解反应产物计算。该系统作为炉管反应计算子模块，与炉膛计算子模块结合，形成辐射段计算模型。

在此基础上，又开发出一套涵盖辐射段、对流段和裂解气余热回收系统(汽水系统)的联合计算方法(双耦合计算技术)，形成了适用于整个裂解炉计算的完整模型，可用于新建裂解炉的工艺设计和已有裂解炉的操作优化，可以极大地提高裂解炉的设计技术水平，并能改善现有裂解炉的运行状态。

在进行裂解炉的工艺计算和操作优化计算时，采用上述完整模型，实现了各个不同部分设计工作的连续性和同步性，保证了设计精度，并考虑了如下因素：

(1) 对流段的传热过程会影响横跨温度。

(2) 横跨温度则会影响辐射段内的裂解反应、燃料消耗量和拱顶温度。

(3) 燃料消耗量和拱顶温度反过来又会影响对流段各段管排内流体的温度以及最终的排烟温度。

(4) 裂解反应温度会影响超高压蒸汽的发生量，而超高压蒸汽的发生量也会影响对流段的操作条件。

在工艺计算中，将整个裂解炉分为辐射段计算模块、对流段计算模块和汽水系统计算模块。其中，辐射段计算模块又包括炉膛计算子模块和炉管反应计算子模块。对流段计算模块用来计算高温烟气与对流段管排之间的传热以及管排内流体的流动、相变和传热。炉膛计算子模块用来计算燃料的燃烧放热、高温烟气流动、高温烟气与辐射管排之间的辐射和对流传热。炉管反应计算子模块用来计算辐射炉管内复杂的自由基反应和传热过程。汽水系统计算模块用来计算急冷换热器内裂解气与锅炉给水之间的传热。双耦合计算方法将炉管反应计算子模块与炉膛计算子模块有机耦合，又将辐射段与对流段有机耦合，并与汽水系统计算模块同时迭代，一次计算可以得到裂解炉系统的全局解，而非局部解，从而可以准确描述裂解炉的运行状态。

双耦合计算方法具有以下特点：

（1）充分考虑了裂解炉的实际结构和工艺流程，可以完整描述裂解炉辐射段、对流段和汽水系统之间的耦合关联关系，通过该方法计算得到的结果可以准确描述裂解炉真实的运行状态。

（2）炉管反应计算子模块使用了平推流反应器模型，并建立了质量、动量和能量守恒方程；炉管反应模型可以根据裂解原料的宏观物性，采用数值计算的方法得到裂解原料的分子组成(某些较重分子需要使用虚拟组分代替)，并作为裂解反应的输入条件；采用自由基反应网络来精确描述烃类蒸汽热裂解过程，自由基反应网络包括 700 多种组分和 4500 多个自由基反应，可以准确得到原料的转化率、裂解产品的分布、反应吸热量和结焦状态等一系列重要参数。由于采用了上述模型，炉管反应计算子模块可以十分精确地描述炉管内流体的流动、反应和传热。

（3）炉膛计算子模块中使用了改进型的区域法，不再将辐射管排假想成一个“冷平面”，而是充分考虑了辐射管排的实际三维结构，将每一根炉管独立出来进行分区计算。可以根据炉膛和炉管的实际结构有针对性地进行区域划分，十分灵活方便。这种改进型的区域法真实反映了裂解炉的实际三维结构和尺寸，既能保证计算结果的精确度，又能将计算量保持在一个合理的范围内。

（4）对流段计算模块按照管排的详细结构进行设计，包括盘管的长度、内径、壁厚、翅片形式、翅片高度和厚度、管子之间的相对排列方式，可以准确描述高温烟气和管排之间的传热过程。

（5）汽水系统计算模块对急冷换热器和汽包的三维结构进行建模计算，可以准确计算自然循环对流的循环倍率、超高压蒸汽的发生量以及裂解气经过急冷换热器冷却后的温度等。

（6）双耦合传热计算技术通过对裂解炉炉管内反应吸热与炉膛内燃烧传热、辐射段与对流段传热、对流段与汽水系统传热都进行全炉耦合计算，获得沿炉管径长的裂解反应深度、炉管内热通量、烟气温度、炉管壁温等重要数据。

据此完成裂解炉整体设计，得到裂解炉裂解收率、超高压蒸汽产量及燃料气消耗等。

双耦合计算软件具有很多不同的计算模式，可以设定燃料气和裂解原料的流量来计算裂解原料的转化率、裂解产品的收率、排烟温度、产汽量等；也可以设定目标产品的收率和裂解原料的转化率来计算需要的燃料气量等；还可以通过灵敏度分析的方式来确定各个变量之间的关联关系，从而确定最佳的原料分配方案和最优的操作参数组合。

基于以上对裂解炉从整体到部分的分析研究，可以将裂解炉看作一个由裂解反应系统、烟气热量回收系统和裂解气热量回收系统有序结合的整体。下面将围绕这 3 个系统进行详细的介绍。

三、裂解反应系统

1. 裂解反应

正构烷烃的裂解反应主要有脱氢反应、断链反应和环化脱氢反应等，异构烷烃也主要发生脱氢和断链反应，但由于其结构各异，趋向性各不相同。下面重点介绍脱氢反应和断链反应。

脱氢反应是断裂 C—H 键的反应，裂解原料碳原子数保持不变，氢原子数减少；断链反应是断裂 C—C 键的反应，裂解原料碳原子数减少。不同烷烃脱氢和断链的难易，可以从化合物分子结构中该键键能的大小进行判断。表 2-8 为烷烃的键能数据，这些数据说明：

(1) 相同碳原子数的烷烃，C—H 键的键能大于 C—C 键的键能，从热力学角度看，断链反应比脱氢反应容易发生。

(2) 随着烷烃分子量增大，烷烃相对热稳定性逐渐降低，断链反应优势更明显。

(3) 异构烷烃支链上的 C—C 键和 C—H 键的键能比正构烷烃的 C—C 键和 C—H 键低，容易断链。

表 2-8 各种烷烃的键能数据[6]

键型		键能(D°_{298}), kJ/mol	键型		键能(D°_{298}), kJ/mol
C—H 键	$H_3C—H$	439.3±0.4	C—C 键		
	$CH_3CH_2—H$	420.5±1.3		$CH_3—CH_3$	377.4±0.8
	$CH_3CH_2CH_2—H$	422.2±2.1		$CH_3CH_2—CH_3$	370.3±2.1
	$(CH_3)_2CH—H$	410.5±2.9			
	$CH_3CH_2CH_2CH_2—H$	421.3		$CH_3CH_2CH_2—CH_3$	372.0±2.9
	$CH_3CH_2CH(CH_3)—H$	411.1±2.2		$(CH_3)_2CH—CH_3$	369.0±3.8
				$CH_3CH_2—CH_2CH_3$	363.2±2.5
	$CH_3(CH_2)_2CH_2CH_2—H$	419.2		$CH_3(CH_2)_2CH_2—CH_3$	371.5±2.9
	$CH_3(CH_2)_2CH(CH_3)—H$	415.1		$(CH_3)_3C—CH_3$	363.6±2.9
	$CH_3CH_2CH(CH_2CH_2)—H$	414.5			
	$(CH_3)_3CCH_2—H$	419.7±4.2			
	$(CH_3CH_2)C(CH_3)_2—H$	400.8			
				$CH_3(CH_2)_3CH_2—CH_3$	368.4±6.3
				$CH_3CH_2CH_2—CH_2CH_2CH_3$	366.1±3.3
				$(CH_3)_2CH—CH(CH_3)_2$	353.5±4.6
	C—H(一般)	338.72±0.11			

环烷烃裂解时，可以发生断链反应，生成乙烯、丁烯、丁二烯等烃类，也可发生脱氢反应生成环烯烃和芳烃。芳烃在裂解时发生的反应有断侧链反应、侧链的脱氢反应和脱氢缩合反应。芳烃的热稳定性很高，在一般的裂解温度下不易发生芳环开裂的反应。裂解原料经过一次反应后，所生成的氢气、甲烷在裂解温度下很稳定，而所生成的乙烯、丙烯、

丁烯、异丁烯、戊烯等在裂解温度下也会继续发生反应。较大分子的烯烃可继续裂解成较小分子的烯烃或二烯烃，较小分子的烯烃会发生加氢或脱氢反应。烯烃还会发生聚合、环化和缩合反应，所生成的芳烃在裂解温度下很容易脱氢缩合生成多环芳烃、稠环芳烃直至转化为焦。另外，烯烃如乙烯也可脱氢成乙炔，乙炔再脱氢缩合成炭。这也是随着裂解反应时间延长，乙烯、丙烯收率先上升后下降，存在收率拐点的原因。

烃类热裂解大都按自由基链反应机理进行。自由基链反应机理包括以下反应类型：

（1）链引发：反应系统中引入自由基，烷烃裂解的链引发反应主要为 C—C 键的均裂。

（2）链增长：又称链传递或链转移反应，一系列反应使反应物转化为产物，典型的链增长反应有自由基分解、自由基异构化、氢转移和自由基加成反应。

（3）链终止：自由基化合或通过歧化反应生成稳定的产物。烃类原料裂解生成乙烯和丙烯的反应平衡主要取决于反应的温度、时间和压力，尤其是取决于最高的反应温度或炉管出口温度(COT)。辐射炉管的管程和反应介质的流速决定了停留时间，烃分压是影响反应平衡的重要因素，较高的烃分压不利于生成乙烯，降低蒸汽比例或增大炉管出口压力会减小乙烯收率。在实际生产中，产品的产率分布主要通过炉管出口温度来控制。

简化的乙烷裂解自由基链反应机理如下：

链引发：

$$C_2H_6 \xrightarrow{k_1} CH_3\cdot + CH_3\cdot \tag{2-1}$$

链传递：

$$CH_3\cdot + C_2H_6 \xrightarrow{k_2} CH_4 + C_2H_5\cdot \tag{2-2}$$

$$C_2H_5\cdot \xrightarrow{k_3} C_2H_4 + H\cdot \tag{2-3}$$

$$H\cdot + C_2H_6 \xrightarrow{k_4} C_2H_5\cdot + H_2 \tag{2-4}$$

链终止：

$$2C_2H_5\cdot \xrightarrow{k_5} C_2H_4 + C_2H_6 \tag{2-5}$$

$$C_2H_5\cdot + H\cdot \xrightarrow{k_6} C_2H_6 \tag{2-6}$$

$$2H\cdot \xrightarrow{k_7} H_2 \tag{2-7}$$

式中，k_1 至 k_7 表示反应(2-1)至反应(2-7)中的反应速率常数。

第一阶段是链引发反应。乙烷分子在高温作用下断裂 C—C 键而生成两个甲基自由基($CH_3\cdot$)，反应由此开始。

第二阶段是链传递反应，又称链增长反应或链转移反应。第一阶段生成的 $CH_3\cdot$ 与系统中的 C_2H_6 反应，生成 CH_4 和乙基自由基($C_2H_5\cdot$)；$C_2H_5\cdot$ 又按反应(2-3)分解为 C_2H_4 和 $H\cdot$(氢自由基)；$H\cdot$ 再按反应(2-4)与 C_2H_6 反应，生成 H_2 和 $C_2H_5\cdot$，后者又按反应(2-3)分解为 C_2H_4 和 $H\cdot$。如此，整个过程就靠自由基的不断转变，把自由基传递下去，循环不已。反应(2-3)和反应(2-4)构成了反应链，其总效果是使乙烷分子裂解生成乙烯分子和氢分子：

$$C_2H_6 \longrightarrow C_2H_4 + H_2 \tag{2-8}$$

如果没有反应(2-4)的参与，则反应(2-3)所需的 $C_2H_5\cdot$ 就要由反应(2-1)所生成的 $CH_3\cdot$ 通过反应(2-2)才能提供，而由于有了反应(2-4)的参与，$C_2H_5\cdot$ 可直接由反应(2-4)来提供，才构成反应链的链增长阶段。

第三阶段是链终止反应。如果反应(2-3)和反应(2-4)不受阻碍地继续进行下去，则反应一经引发即可将系统中全部乙烷裂解生成乙烯。但实际上两个自由基(两个 $H\cdot$、两个 $C_2H_5\cdot$ 或 $H\cdot$ 与 $C_2H_5\cdot$)相互碰撞而发生链终止，就必须再由反应(2-1)开始一个新的反应链。

简化的丙烷裂解自由基链反应机理如下：

链引发：

$$C_3H_8 \longrightarrow CH_3\cdot + C_2H_5\cdot \tag{2-9}$$

链传递：

$$C_2H_5\cdot + C_3H_8 \longrightarrow C_2H_6 + C_3H_7\cdot \tag{2-10}$$

$$CH_3\cdot + C_3H_8 \longrightarrow CH_4 + C_3H_7\cdot \tag{2-11}$$

$$C_3H_7\cdot \longrightarrow CH_3\cdot + C_2H_4 \tag{2-12}$$

$$H\cdot + C_3H_8 \longrightarrow H_2 + C_3H_7\cdot \tag{2-13}$$

$$C_3H_7\cdot \longrightarrow H\cdot + C_3H_6 \tag{2-14}$$

链终止：

$$CH_3\cdot + C_3H_7\cdot \longrightarrow C_4H_{10} \tag{2-15}$$

$$CH_3\cdot + CH_3\cdot \longrightarrow C_2H_6 \tag{2-16}$$

上述丙烷裂解自由基链反应机理为简化反应式。

2. 炉管结焦反应

裂解原料本身所含的或裂解反应中生成的烷烃、烯烃、环烷烃、芳烃在高温下都是不稳定的，在高温裂解过程中原料烃分子都有发生分解反应成为氢气和炭的趋势。烃高温分解产生的炭具有热力学上最稳定的石墨结构。

一般而言，结焦反应机理[5]主要是各类烃在高温下裂解释放出氢气和小分子化合物，最终形成炭。但该炭是由几百个以上的碳原子稠合而成，如还有少量的氢，则成为“焦”(碳含量在95%以上)。一般认为，在较低温度下(500~900℃)结焦是通过芳烃缩合而成；而在较高温度下(900~1100℃)通过生成乙炔的中间阶段后，继续脱氢并逐渐析炭。

所生成的高分子焦炭在1000℃以上时，其氢含量可降至0.3%，在更高温度下则进一步脱氢交联，由平面结构转化为立体结构，进而转变为热力学上稳定的石墨结构。

结焦母体可能来源于原料，也可能是在热裂解过程中生成的。如果原料中含有较多芳烃或重组分，则较容易结焦。饱和烃占比较大的乙烯原料，其氢含量较大，随着裂解反应的进行，碳氢键中的氢逐渐分离成游离氢，烃分子的氢含量逐渐减小，即更多原料分子缩合成大分子量的芳烃，从而更倾向于在辐射炉管表面上发生结焦。目前主要通过选择短停留时间、高温、低烃分压、最佳稀释比的组合式裂解条件，推动反应平衡向双烯收率高、结焦反应低的方向移动。

在裂解炉运行过程中，随着操作时间的延长，炉管内壁上渐渐结焦。随着焦层厚度逐渐增加，主要引起如下后果：

一方面，由于焦层的导热系数比金属的导热系数小，因此从传热的角度来看，在焦层中的温度梯度比管壁的温度梯度大。管外壁温度相同时，结焦后炉管内的介质温度比结焦前明显降低。如图 2-1 所示，可以看到由于结焦而导致管内介质温度下降的情况。因此，为了使管内介质保持预期的裂解温度和裂解反应所需要的热通量，需要适当提高管外壁温度。当炉管金属壁温达到材料所能耐受的温度时，只能停止进料，对炉管进行清焦。因此，允许的最高管壁温度成为影响裂解炉运行周期的决定性因素。

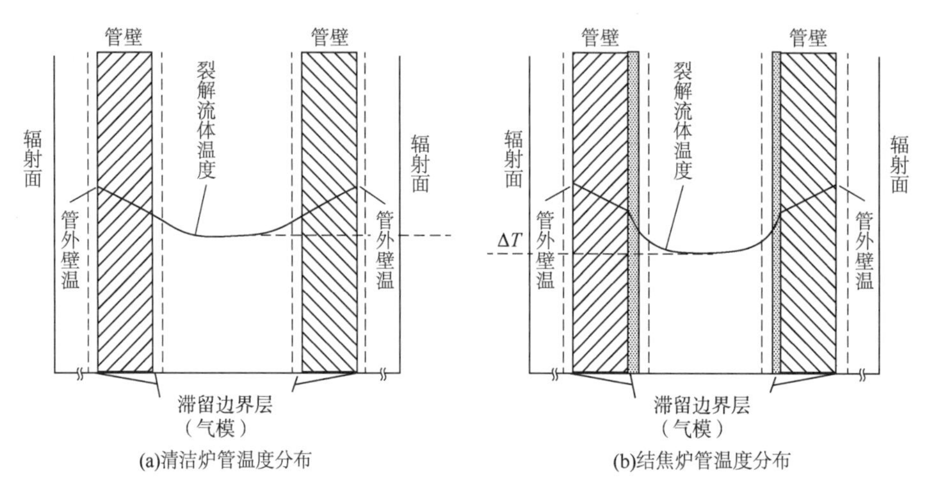

图 2-1　清洁炉管与结焦炉管的温度分布和管壁温度比较

另一方面，如图 2-2 所示，随着管内壁焦层厚度的增加，实际的管内径减小，导致管内介质线速度增大、压降增大。当出口压力相同时，入口压力必然增加，导致管内平均压力升高，裂解选择性降低，文丘里管前后绝压比同时增高。当文丘里管前后绝压比增高到接近 0.9 时，就很难实现各个炉管介质流量的均匀分配，只能停炉清焦。此时，炉管压降就成为延长运转周期的限制因素。

由此可见，对于一个既定的裂解炉来说，随着焦层厚度的增加，管壁温度升高，炉管压降增大，文丘里管前后绝压比增高，运转周期缩短。为了延长运行周期，减少清焦频率，提高装置经济效益，需尽量抑制或减缓结焦的形成。

图 2-2　裂解炉管内壁的环状结焦层图

1）减缓结焦的技术手段

根据裂解反应原理，辐射段炉管可通过扩大出口管内径降低烃分压、改善炉管内表面粗糙度、添加结焦抑制剂等传统方式减缓结焦，达到延长运行周期的目的。近年来，为进一步减缓结焦，部分公司采取了增加炉管表面涂层、选择新型炉管材料等手段减缓结焦生成。乙烯技术专利商和炉管厂商则从强化边界层传热、降低边界层温度而减缓结焦的思路研制了不同形式的强化传热炉管，达到了延长运行周期的目的。

美国 KBR 公司采用梅花形内翅片结构的轧制管，

该炉管增加了比表面积，加大了炉管表面的热通量；Technip 公司的旋流管(SFT®)技术，通过将炉管在三维空间中弯曲成螺旋管，促进管内物料的周向混合而增强传热；日本久保田(Kubta)公司的 MERT 炉管在炉管内壁添加螺旋状扰流翅片增加流体湍动来增强传热；中国石化的扭曲片炉管技术，采用分段在炉管上增加扭曲片的方式，破坏流体的流动状态，起到局部扰动流体、增加传热的作用。

中国石油发明的强化传热辐射炉管(EHTET®)专利技术[7]，将一定形状的强化传热元件离散地布置在炉管的内壁上(图 2-3)，改变流体流动状态，减小炉管内表面的滞留层厚度。一方面，可降低炉管壁温，降低结焦速率，延长炉管的使用寿命，延长运行周期，有效提高裂解炉的在线时间，降低乙烯装置的运行成本；另一方面，可提高炉管的吸热量，增大炉管的处理能力，增加乙烯产量。因此，强化传热技术在节能减排、安全生产和提高装置经济效益方面具有重要意义。

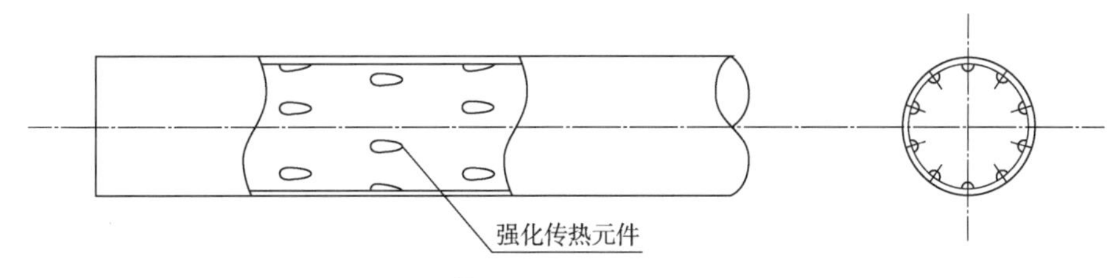

图 2-3　EHTET®技术带强化传热元件的辐射炉管

2）中国石油的强化传热辐射炉管(EHTET®)专利技术

EHTET®技术通过在辐射段炉管内壁均匀增设强化传热元件，使流体在流经管内壁局部突起部位(强化传热元件)时有效改善流动状态，形成扰流，破坏贴壁流体边界层的层流状态，减小边界层的厚度，有效增加管壁对管内介质的传热系数。同时提高管内壁的比表面积，提高了辐射管的传热效率，增加出口管壁的热通量达到增大传热的效果，强化传热炉管与光管温度分布对比情况如图 2-4 和图 2-5 所示。由图 2-4 与图 2-5 的对比可以看出，带有强化传热元件炉管内物料的温度分布明显比光管分布均匀，其滞留层更薄。

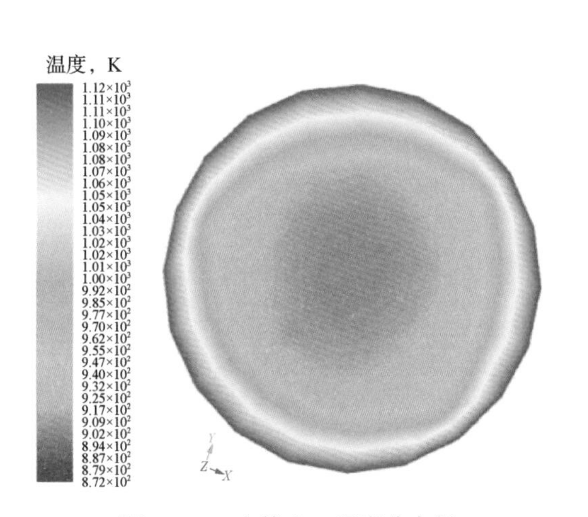

图　2-4　光管出口温度分布图

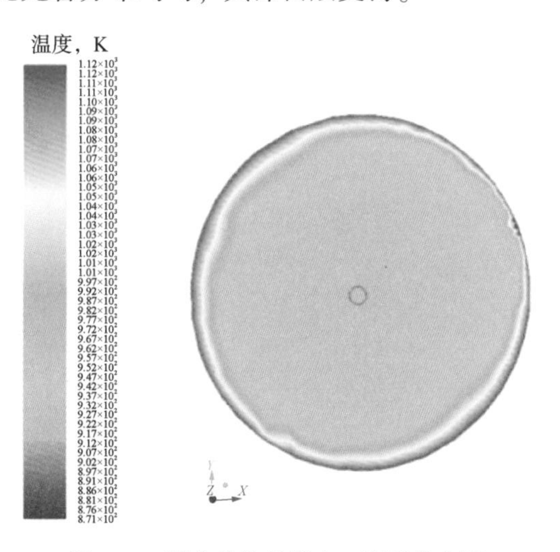

图 2-5　强化传热炉管出口温度分布图

图 2-6 是流体流经强化传热元件的速度及矢量图，从图中可以看出，流体接近元件时，元件的结构影响了流体的流动，并形成扰动，范围主要集中在元件周围，速度梯度在顶部及两侧明显变小。压力的变化与速度相对应，元件顶部及两侧压力小。由于元件的流线型结构并未形成边界层分离和流体回流的现象，因此流体压降未明显增加，对滞留层的扰动效果明显，对管内流体影响较小。

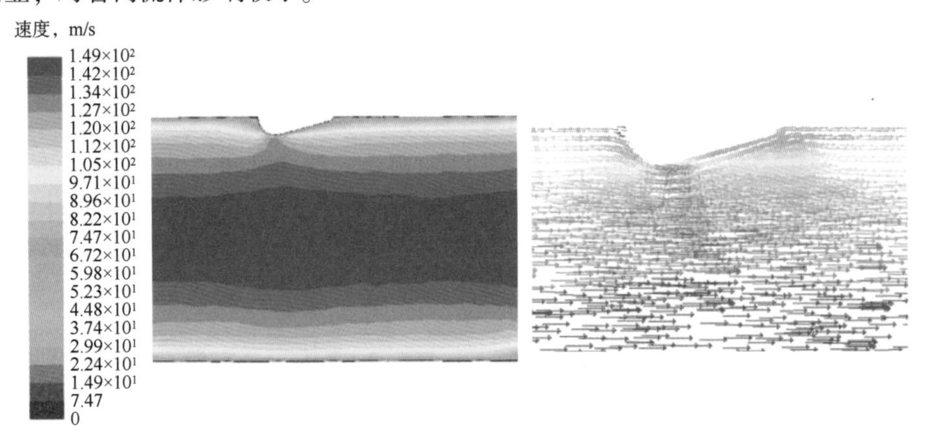

图 2-6 强化传热元件附近速度及矢量图

分别对强化传热炉管和光管的努塞尔数、努塞尔数比值、摩擦系数和摩擦系数比值进行计算，如图 2-7 所示。

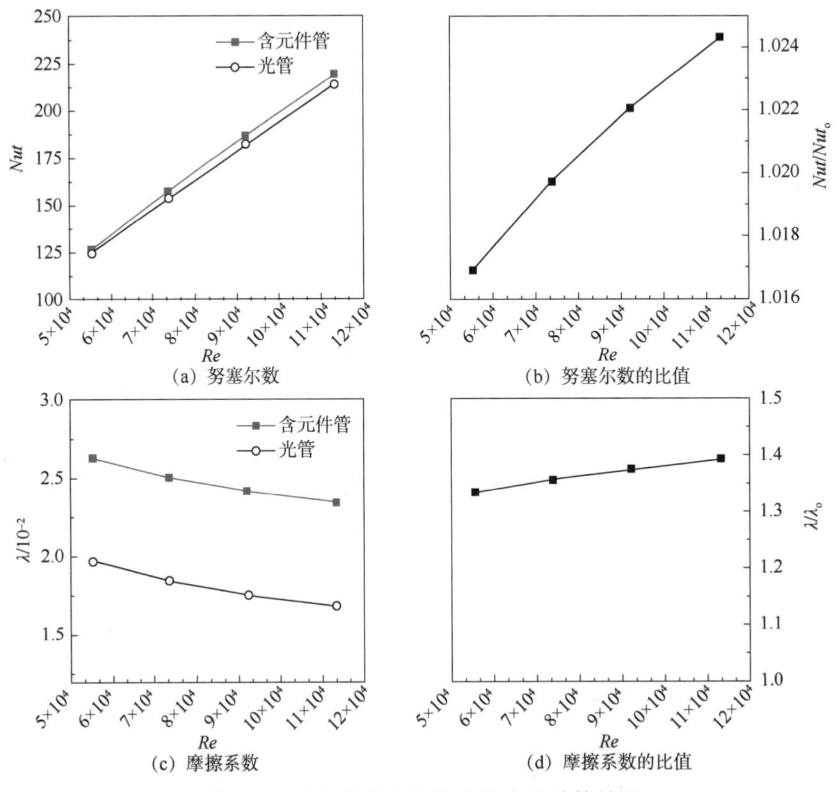

图 2-7 强化传热炉管和光管内的计算结果

由图 2-7(b)可知，强化传热炉管与光管内的努塞尔数(*Nut*)均随着雷诺数(*Re*)的增大而增大，两者的比值也随着 *Re* 的增大而增大，即在一定管径和介质的情况下，流速越高，元件对传热系数的提高越大。由图 2-7(c)和图 2-7(d)可见，强化传热炉管和光管的摩擦系数(λ)均随着 *Re* 的增大而减小，两者的比值随着 *Re* 的增大而增大，即在一定管径和介质的情况下，流速越高，带有强化传热元件引起的压降增幅也越大。

由于强化传热元件是均匀离散布置在辐射段炉管的内表面上，因此沿着整个炉管径长均可有效起到强化传热效果，使炉管壁温更加均匀，整体炉管壁温低于光管壁温 10~15℃，运行周期延长 50%以上。采用该技术的液体原料裂解炉的运行周期超过 90 天，气体原料裂解炉的运行周期可达到 150 天。

实际运行数据表明，EHTET® 专利技术具有以下特点：

（1）改善沿管壁流体的流动状态，达到抑制结焦的效果。

（2）改善传热效果，加大了管内壁对介质的传热系数，提升了管壁热通量，原料处理量可以提高 5%~10%。

（3）降低管壁温度 10~15℃，延长炉管寿命。

（4）有效降低管壁焦炭的生成速度，抑制结焦速率，与光管相比，延长运行周期 50%左右。

（5）水滴状流线型设计能最大限度地减少阻力降的增加。

水滴状强化传热元件的制造具有自主开发的专利技术，可在小管径长直管中一次成型。强化传热元件力学性能与管材一致，增设元件后不对母管性能产生影响。经第三方检测机构检验测试和实际应用表明，强化传热元件的化学成分、金相结构、力学性能和抗渗碳性均与母材相同。强化传热元件与母管接触面具有良好的抗热冲击性，保证元件不会因为频繁开停车和物料冲刷而脱落。经过大庆石化乙烯装置 8 年的运行检验，证明了该设计结构和制造工艺的可靠性。

3. CFD 模拟计算

为了保证裂解炉的设计精度，在进行上述裂解炉工艺计算的同时，寰球公司还对计算机流体力学软件(Computational Fluid Dynamics，CFD)进行二次开发应用，利用该软件直观的色彩图形对新设计的裂解炉进行核算，进一步保证裂解炉的整体性能。

在裂解炉炉膛内，燃料燃烧释放的热量主要通过辐射传热的方式传递给炉管，再通过炉管加热管内物料，使之发生裂解反应。炉膛内燃料燃烧的速率和烟气流动决定了炉膛内的温度分布，进而直接影响裂解反应过程。传统方法依据燃料气的热值，并根据平推流、湍流喷射式流动等简化的方法给出了热量在炉膛内的分布情况，然后利用区域法、蒙特卡洛法进行辐射传热计算，得到炉膛的温度分布。这些方法没有考虑燃料的燃烧动力学对传热的影响，缺乏精确的数学描述。20 世纪 90 年代，乙烯专利商和燃烧器厂商开始将 CFD 技术应用于裂解炉的辐射段炉膛计算和燃烧器开发。

在裂解炉内，完整准确地描述裂解炉燃烧与反应的主要模型应包括对以下数学模型的设定与求解：流体流动模型、热量传递模型、质量传递模型、燃烧模型、裂解反应动力学模型。

所有的物理现象都遵守三大基本物理定律，即质量、动量和能量的守恒定律。描述裂解炉内的传质与流动的数学表达式就是由这三大基本定律推导出的流体力学控制方程。在裂解炉内，由于化学反应的存在，因此还要加入组分输运方程来实现组分的传递。这些方程是对流动和反应进行计算模拟的基础和出发点。可以从质量、动量和能量守恒方程出发，将湍流模型、燃烧反应模型和辐射传热模型相结合，对裂解炉炉膛内发生的燃烧过程进行全面的数值模拟，可以更准确地获得辐射炉膛内燃料的燃烧和辐射传热情况，得到烟气流动、温度和组分浓度的详细信息。

裂解炉辐射段 CFD 模拟使用的燃料燃烧模型主要包括涡耗散模型(Eddy Dissipation)、有限速率/涡耗散模型(Eddy Break Up)、涡流耗散概念模型(EDC)、非预混 PDF 模型等。随着计算机性能的逐渐提高，裂解炉炉膛的 CFD 模拟计算时间大大缩短，可以更好地应用于裂解炉炉膛的设计优化。以往裂解炉炉膛 CFD 模拟选用的燃烧反应模型多为有限速率/涡耗散模型和简单的反应方程式，现在则选用涡流耗散概念和详细反应机理的模型，可以得到更精确的燃烧计算结果，且所需的计算时间也在可接受的范围内[8-9]。

炉膛 CFD 模拟计算可用于验证炉膛尺寸、炉管及燃烧器布置的合理性，也可以尽早发现，如火焰舔炉管、燃烧器之间干涉、炉管局部高温等问题。通过计算得到的管壁热通量分布为管内裂解反应计算提供条件，达到多次迭代耦合计算的目的。

以一台 20×10^4t/a 乙烯液体裂解炉的炉膛 CFD 模拟为例，辐射段采用对称的双炉膛结构，炉膛内的辐射炉管和燃烧器对称布置，因此选用半个炉膛进行模拟计算。首先，根据裂解炉炉膛尺寸、炉管布置及尺寸、燃烧器的结构和布置建立三维模型，对模型进行网格划分。然后，设置边界条件，如气体密度、黏度、燃料气组成、炉管温度分布、炉膛内衬里表面条件等。再选择合适的湍流模型、燃烧反应模型和辐射传热模型进行求解，达到收敛条件。最后对模拟结果进行处理，可以得到流线图、温度分布图、浓度分布图等。图 2-8为建立的裂解炉辐射炉膛整体结构模型。图 2-9 为裂解炉辐射炉膛内部结构模型。

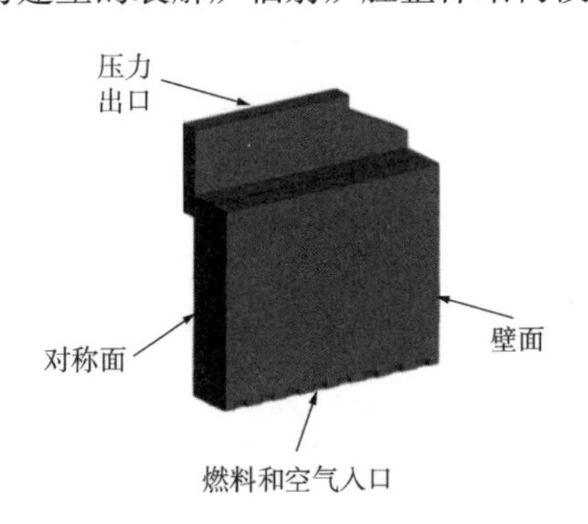

图 2-8　裂解炉辐射炉膛整体结构模型

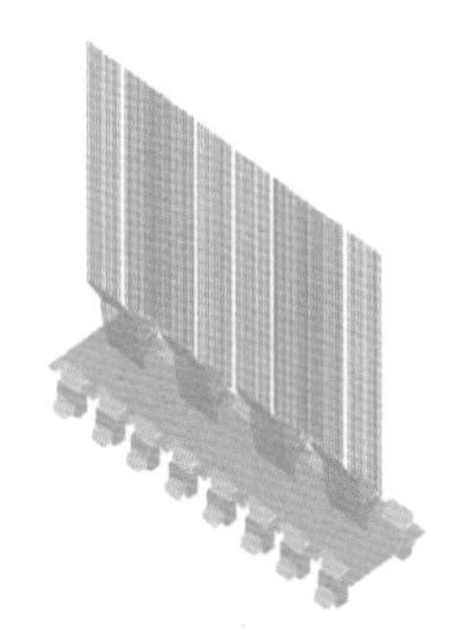

图 2-9　裂解炉辐射炉膛内部结构模型

根据上述几何模型，计算得到了下面的 CFD 模拟结果。

图 2-10 显示了任意位置处与瞬时矢量场相切的曲线，常用于可视化流体流动，线条越密的地方速度越高，线条越稀疏速度越低。从图 2-10 上可以看出，烟气沿着壁面向上，然后在炉膛中心沿炉管向下，在布置于炉膛中心炉管的两侧形成回流区域，与炉膛中心相比靠墙的烟气流速更高。炉膛 CFD 模拟时采用一定浓度的 CO 浓度等值面来近似描述甲烷燃料的燃烧情况及燃烧所产生的火焰形状。如图 2-11 和图 2-12 所示，燃料燃烧充分，且火焰之间没有发生干涉。

图 2-10　炉膛内烟气的流线图

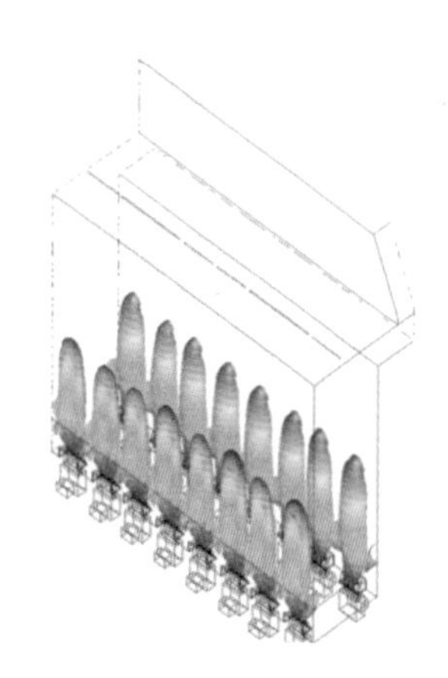

图 2-11　以 CO 浓度表示的火焰形状

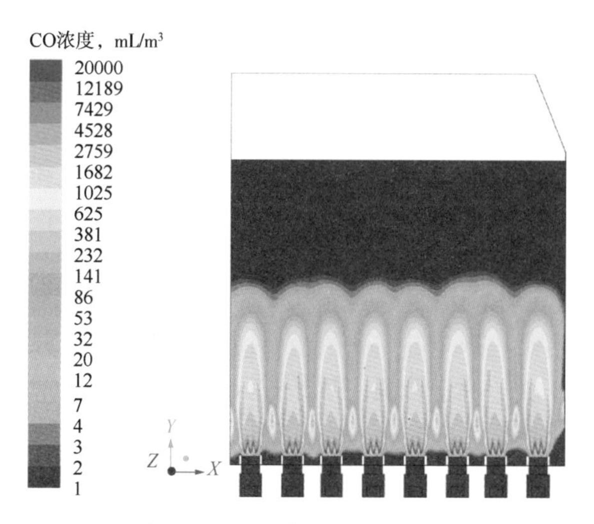

图 2-12　炉膛横向 CO 浓度分布

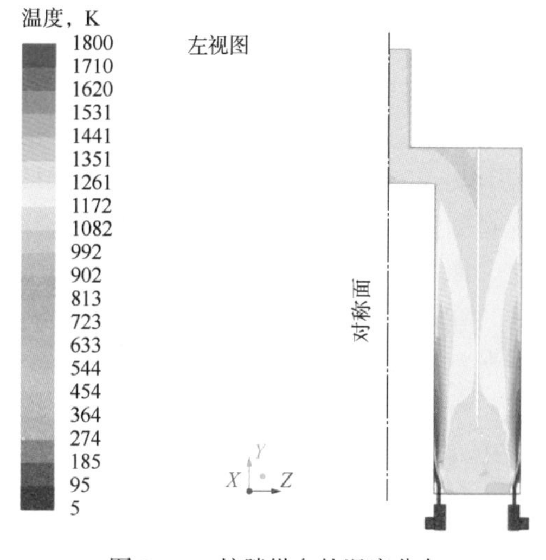

图 2-13　炉膛纵向的温度分布

由图 2-13 可知，发生燃烧反应后最高烟气温度区域在燃烧器的正上方约 1/4 炉膛高度的位置。同时，炉膛中间靠近炉管的烟气温度则较为均匀，与烟气流动的趋势一致。

CFD 模拟也可以用于裂解炉辐射炉膛的耦合计算，通过 CFD 模拟可以得到管外辐射传热与管内裂解反应所需热量相耦合，经过多次连续迭代，使管外壁温度的差值达到收敛标准。

CFD 模拟也能用于清焦气返炉膛的研究。清焦气返炉膛工况下，燃料量相对正常工况小，可以通过模拟来预测清焦气是否会影响燃烧器的火焰形状和稳定性，通过计算优化清焦气返回口尺寸和数量。

裂解炉辐射段的 NO_x 也可采用 CFD 模拟预测其分布，如 Fluent 软件中自带了简化版的 NO_x 生成模型，包括热力型、快速型、燃料型，N_2O 中间反应以及由于燃烧系统里回燃还原的 NO_x 的消耗，采用的均是公开文献中的速率模型。简单的燃料(如甲烷、氢气、乙烷)空气燃烧的反应机理模型都含有 NO_x 的生成机理，可以通过 EDC 模型求解得到 NO_x 的分布。

四、烟气热量回收系统

1. 裂解炉对流段

为辐射炉管提供裂解反应所需的热量后，辐射炉膛里的烟气以1100℃高温离开辐射炉膛，进入裂解炉对流段。烟气将在对流段内为原料和蒸汽预热提供热量，实现最大限度的热量回收后，烟气降到较低温度，最后经引风机强制通风从烟道排放到大气中，同时需要考虑环保措施，以保证其不会造成环境污染。

根据裂解原料性质和操作条件，以及锅炉给水、稀释蒸汽三股物料进入裂解炉对流段的温度和流量，进行合理的烟气取热温位优化和布管排布，可以得到最佳对流段盘管布置。不同原料的对流段盘管排布略有不同，一般对流模块包括：原料和锅炉给水预热、省煤器、原料+稀释蒸汽预热Ⅰ、稀释蒸汽预热、超高压蒸汽过热、原料+稀释蒸汽预热Ⅱ。

在低温位段，主要进行原料预热与锅炉给水预热。在对流段进行液相裂解原料预热时，需控制汽化率防止对流段盘管结焦。另外，在原料预热段布管时需考虑烟气酸露点问题，避免露点腐蚀。

在中温位段，进行稀释蒸汽预热和原料与蒸汽混合Ⅰ段预热。经过流量控制阀调节的稀释蒸汽进入裂解炉预热，之后与预热后的原料进行混合，液相原料通过与预热稀释蒸汽混合实现完全汽化。轻重不同的液体裂解原料与稀释蒸汽的注入方式有所不同，易于汽化的石脑油原料只需一次注汽即可，重质原料加氢尾油、柴油需要二次注汽才可保证完全汽化。原料与稀释蒸汽混合后再进入对流段预热。

在高温位段，进行超高压蒸汽过热和原料与蒸汽混合Ⅱ段预热。裂解炉产生的超高压蒸汽在对流段中进一步过热，中间注入减温水控制超高压蒸汽出口温度。原料与稀释蒸汽混合物进入烟气余热位能最高段进行预热，达到横跨温度后，进入辐射段进行裂解反应。

烃和稀释蒸汽的混合物引入辐射段入口集合管。每个辐射炉管的入口处布置文丘里管，以保证所有辐射炉管的进料均匀分布。

2. 裂解炉烟气脱硝

裂解炉所用燃料多为甲烷氢或补充的天然气等气体燃料，燃料气在燃烧过程中会产生NO_x，按照NO_x生成机理不同，可分为燃料型、快速型和热力型。裂解炉炉膛内温度通常在1200℃以上，空气中氮气和氧气在高温下反应生成热力型NO_x，同时燃料中的CH原子团撞击助燃空气中N_2，在O_2作用下生成快速型NO_x。因此，根据裂解炉NO_x的生成机理，NO_x减排技术分为燃烧中控制和燃烧后控制。

低氮燃烧技术可降低燃料燃烧过程所产生的NO_x，属于燃烧中控制。引入选择性催化还原反应(Selective Catalytic Reduction，SCR)脱硝技术，脱除燃烧后烟气中的NO_x，属于燃烧后控制。利用“低氮燃烧+SCR脱硝”，即燃烧中与燃烧后联合控制方案，可保证裂解炉烟气在正常操作、清焦和热备等不同工况下均实现达标排放。

SCR脱硝技术是应用广泛的燃烧后脱硝技术，技术原理是在催化剂的作用下，利用NH_3、尿素等还原剂将NO_x还原成无害的氮气和水，反应的最佳温度一般为280~450℃，NO_x的脱除率可达到80%~90%。SCR脱硝技术的反应如图2-14所示。SCR脱硝技术具有脱硝效率高、反应温度低、设备空间小、氨气消耗少等优势，是处理烟气中各类型 NO_x 的首选技术。

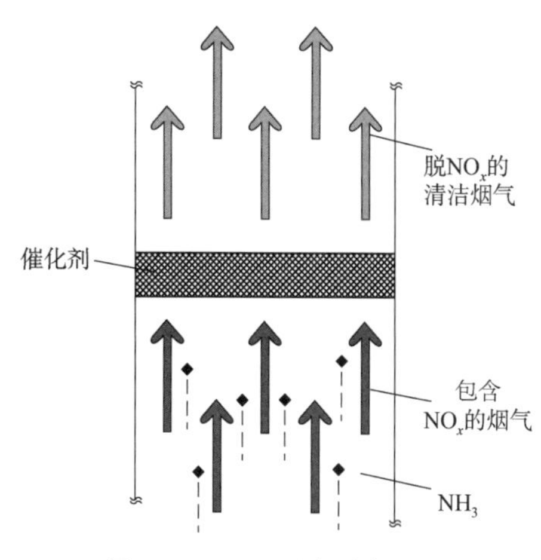

图 2-14　SCR 反应示意图

SCR 脱硝工艺系统主要包括催化剂反应室、氨储运系统、氨喷射系统及相关的测试控制系统，如图 2-15 所示。液氨由液氨泵送至液氨蒸发汽化器中加热汽化后，进入氨气缓冲罐中缓冲稳压，缓冲后的氨气经过流量调节阀定量后，与来自稀释风机的稀释空气在氨气/空气混合器中混合，稀释空气将氨气稀释到 5%（摩尔分数）以下，稀释后的氨气进入 SCR 反应区。再通过喷氨格栅喷入裂解炉 SCR 反应器前的烟道中，喷氨格栅确保整个炉膛截面上氨氮混合均匀。氨烟混合气在 SCR 反应器底部，通过导流板对流段盘管改变流向，均匀分布至催化剂模块，与 NO_x 在催化剂的作用下发生反应，生成氮气和水。

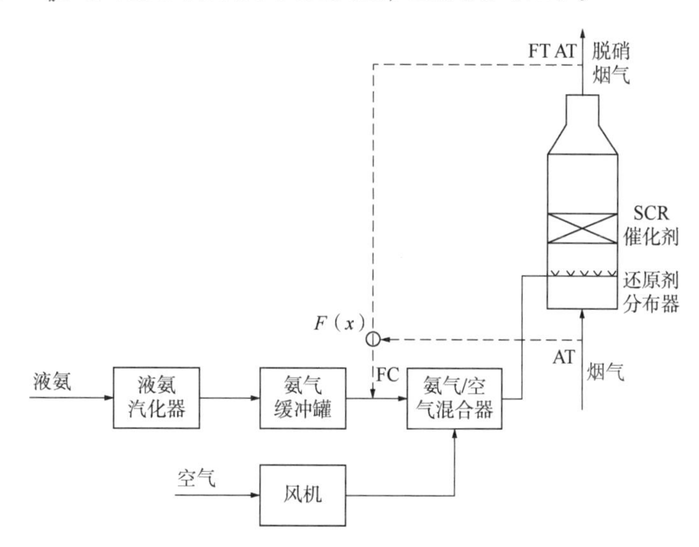

图 2-15　裂解炉 SCR 脱硝工艺系统示意图

AT—烟气中 NO_x 浓度在线分析传感器；FT—烟气流量传感器；FC—氨流量控制；$F(x)$—喷氨量计算模块

SCR 脱硝工艺系统的核心反应器系统，主要包括脱硝催化剂和还原剂分布系统。

脱硝催化剂的载体主要有 TiO_2、TiO_2/SiO_2、TiO_2/硅酸盐、Al_2O_3/SiO_2 和活性炭等，活性组分主要为 V、W、Mo、Fe 和 Cu 等过渡金属。由于裂解炉的操作工况较多，各个工况下烟气温度、流量、烟气成分、NO_x 含量不尽相同，SCR 系统的设计需要在各工况下均满足达标排放的要求。另外，裂解炉烟气还有粉尘量小、二氧化硫含量低、氧含量低和水含量略高等特点。因此，催化剂的研发还需要充分考虑裂解炉的这些特点。

石化院研发了 SCR 催化剂，寰球公司开发了将还原剂分布与对流段融为一体的脱硝技术，该技术应用于长庆乙烷制乙烯、塔里木乙烷制乙烯和广东石化乙烯项目中。中国石油的 SCR 脱硝技术具有下列特点：

(1) 催化剂活性组分分散性好，可灵活调控孔道结构，催化剂抗水性和活性高。

(2) 采用多级密封方法，优化催化剂床层密封效果，防止烟氨混合气从催化剂模块之间穿过。

(3) 氨分布采用分区方式注入，既可保证每个区域具有均匀稳定的流量，又具有独立的流量控制和测量手段。开发的高效还原剂分布器，在保证氨气在烟气中均匀分布的同时，减少分布器组数和炉膛开孔数，降低烟气热量损失。

(4) 采用自主知识产权的还原剂分布器，还原剂分布均匀，炉壁开孔少，减少裂解炉热损失。

(5) 将还原剂分布器、对流段盘管与催化剂模块进行一体化设计，保证了氨气与烟气的混合效果，整体降低裂解炉高度 3~4m，大幅降低装置投资。

(6) 氨浓度场优化调控技术，即时匹配 NH_3浓度与 NO_x浓度，精确调控反应器截面各区域喷氨量，降低反应器浓度场偏差。

五、裂解气热量回收系统

裂解炉辐射段炉管出口的裂解气温度(COT)一般为 830~870℃，为了减少二次反应的发生，需在极短时间内将高温裂解气冷却下来，以维持较高的乙烯、丙烯收率，减少结焦反应。

实现裂解气快速急冷的方法有两种，即直接急冷法和间接急冷法。直接急冷是用高温裂解气与冷介质直接接触，通过接触传热使得高温裂解气迅速降温冷却。根据冷介质的不同，可以分为水急冷和油急冷。

水急冷是在高温裂解气中，通过急冷换热器直接喷入雾状水，水与高温裂解气充分混合，通过水的蒸发带走裂解气中的热量，从而使得高温裂解气得以降温。

油急冷是利用急冷器将急冷油液体喷入高温裂解气中，用急冷油吸收裂解气中的热量，使裂解气快速降温。

直接急冷的冷却效果好，流程和操作简单，但缺点是不能回收高温裂解气的热量，能量利用率低，经济性差。

间接急冷是用冷介质通过设备壁面间接与高温裂解气接触，从而使得裂解气快速降温。通过回收裂解气的高温热量来产生高品位的蒸汽，提高裂解炉的热效率，降低装置能耗。间接急冷一般采用急冷换热器来实现。急冷换热器吸收了高温裂解气的热量产生超高压蒸汽(10~13MPa)。中国石油的乙烯技术采用间接急冷方式回收裂解气热量。

1. 裂解气热量回收

裂解气热量回收系统(汽水系统)由裂解气急冷换热器、汽包、上升管和下降管组成。离开裂解炉辐射段炉管的高温裂解气直接进入裂解气急冷换热器，经锅炉给水冷却后，裂解气被冷却至露点以上，再经过油或水的直接急冷，达到规定的温度(也可不用直接急冷，采用干式输送方法)，进入急冷分离工段。锅炉给水被部分汽化后，通过重力差循环到汽包进行分离，蒸汽由汽包顶部采出，锅炉给水从汽包底部回到急冷换热器。

当裂解原料为轻质的液体原料或气体原料时，裂解气组分轻，露点较低，可以利用间接冷却回收更多的热量，而套管式急冷换热器受到裂解炉空间或运输极限的限制，不能回收全部热量，一般根据情况再设置第二或第三急冷换热器。第二和第三急冷换热器一般采用管壳式结构，与第一急冷换热器共用一个汽包。裂解气热量回收系统工艺流程如图 2-16 所示。

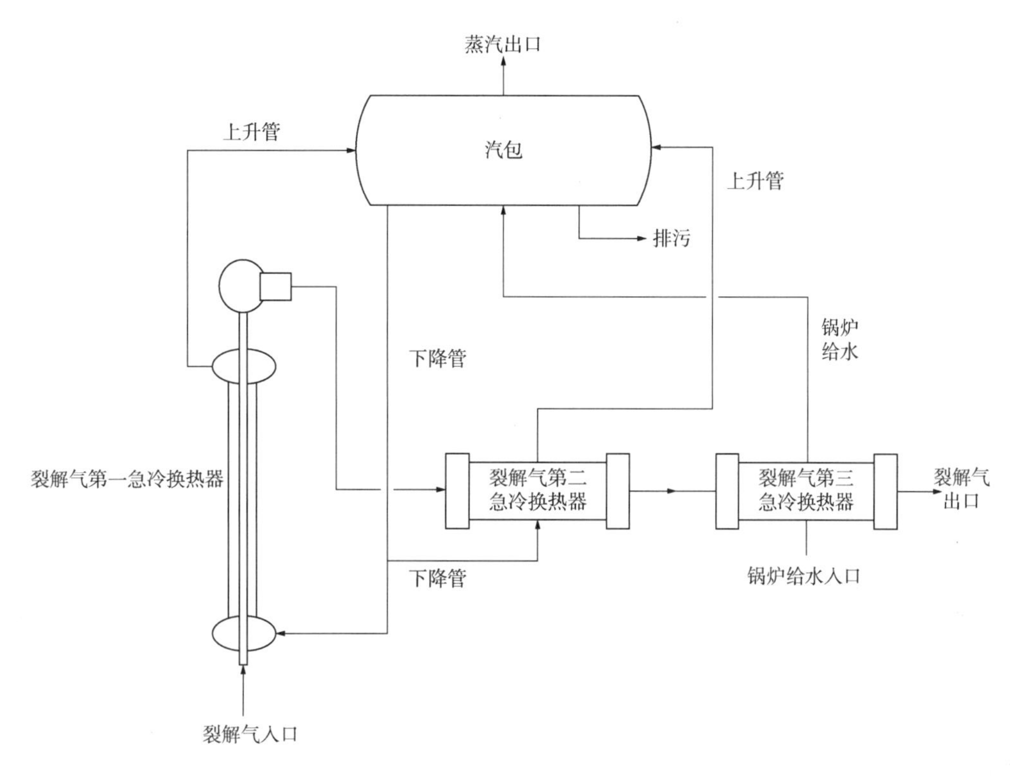

图 2-16 裂解气热量回收系统工艺流程示意图

由于高温(差)、高压(差)、结焦、阻力降等苛刻条件，裂解气急冷换热器的设计和制造多年来一直掌握在国外专利商和制造厂手中。直到 2012 年中国石油自主国产化裂解气急冷换热器，成功应用在大庆石化 60×10^4t/a 乙烯装置中，打破了国外对这一技术和设备的长期垄断。中国石油自主开发的高效裂解气热量回收系统，一级套管式的急冷换热器，经过 8 年多的操作检验，设备运行良好。

2. 裂解气第一急冷换热器

1）技术特点

裂解气第一急冷换热器管内为高温裂解气，其温度高达 830~870℃，压力约 0.1MPa，要求在极短时间内降至 350~550℃，热强度高；管外是锅炉给水，压力为 11~13MPa，在此发生超高压蒸汽。管内外承受的温度差和压力差较高，引起内外管的变形差较大，管内还有焦粉冲刷，操作条件极为苛刻，裂解气急冷换热器需同时考虑刚性和柔性设计。

中国石油的线性双套管式急冷换热器，其工艺和结构特点如下：

(1) 停留时间短，有效减少了二次反应的发生，运行周期长。

(2) 传热效果好、换热效率高，高温裂解气可快速降温，产汽量大。

(3) 线性设计，避免由于返混而引起的二次反应。

(4) 结构简单，易于清焦操作，维修方便。

2) 裂解气急冷换热器的清焦

裂解气急冷换热器在运行过程中可能会发生结焦，特别是重质炉的急冷换热器结焦比较严重，需要定期对设备进行清焦操作。

当即使裂解炉处于清焦周期初期，裂解气急冷换热器出口温度也比较高时，应对裂解气急冷换热器进行清焦。

裂解气急冷换热器出口温度超过设计允许值。

中国石油的急冷换热器技术采用空气清焦法，通过提高清焦空气量和裂解炉出口温度，实现对裂解气急冷换热器的清焦，可延长设备水力清焦和机械清焦的周期。

3. 裂解气第二急冷换热器及第三急冷换热器

高温裂解气一般降温到350~550℃时，可以认为二次反应发生概率甚微。为了进一步回收裂解气高温热量，对轻质液体和气体原料可再设置第二急冷换热器。对于轻质液体原料，裂解气第二急冷换热器用于预热锅炉给水；对于气体原料，裂解气第二急冷换热器可用于发生超高压蒸汽，第三急冷换热器用于预热锅炉给水。

裂解气第二急冷换热器采用管壳式结构，根据配管布置不同，可采用卧式或立式形式。为了避免焦粉沉积，裂解气在管程冷却，锅炉给水在壳程加热。第二急冷换热器前端管板两侧的温差达130~230℃，管板在高压、高温差的条件下工作，合理的设计对于第二急冷换热器的安全、平稳运行非常重要。由于较高的温差和压差，在引进技术的乙烯装置中，该急冷换热器经常采用厚管板设计，时常会因热应力太大导致管板出现泄漏。针对这种现象，中国石油开发了挠性薄管板的结构形式，有效避免了上述问题。挠性薄管板式急冷换热器在国能宁煤 100×10^4t/a 烯烃装置中平稳运行 3 年以上，此后应用在多台轻质液体原料和气体原料的裂解炉上。

4. 汽包

汽包是裂解气热量回收系统组成部分之一，主要进行汽水分离和蒸汽净化。锅炉给水经过下降管循环到蒸发受热面(急冷换热器)，产生汽水混合物，通过上升管进入汽包。汽包顶部分离出的饱和蒸汽送至对流段进行过热。通过向汽包内锅炉给水中注入磷酸盐等药剂，实现对锅炉给水水质的控制。在碱性条件下(pH 值为 9~11)，磷酸盐与锅炉给水中钙、镁离子结合，生成分散、松软状水渣，随排污管排出汽包。另外，锅炉给水经过浓缩，其含盐量较高，对超高压蒸汽过热盘管及汽轮机的长期运行都有危害，必须设置高效的除沫系统控制蒸汽的夹液率。总之，汽包的主要功能就是将饱和蒸汽与水进行高效汽水分离，形成自由可控的液位，并保证蒸汽和锅炉给水品质。

六、裂解炉性能指标

裂解炉的性能指标通常包括乙烯产能、乙烯收率、运行周期、热效率、操作弹性等。

1. 裂解炉生产能力

单台裂解炉的生产能力指单位时间裂解炉的生产能力与年运转时间的乘积，通常用“万吨乙烯/(年·台)”表示。近年来随着乙烯装置大型化，裂解炉的生产能力也逐渐提高。单台裂解炉的能力越大，装置的操作费用越低，规模效益越明显。由于裂解炉需要定期清焦，通常设置一台备用炉。中国石油乙烯技术已实现了裂解炉生产能力系列化，裂解炉的乙烯生产能力从 4×10^4t/a、6×10^4t/a、8×10^4t/a、10×10^4t/a、15×10^4t/a、17×10^4t/a 到 20×10^4t/a。

2. 乙烯收率

乙烯收率是裂解炉重要的技术指标。乙烯收率高，原料消耗量小，裂解气处理量小，装置投资少，运行费用低。乙烯收率与多种因素有关，首先与原料性质有关：原料中正构链烷烃含量越高，乙烯收率越高；氢含量越高，乙烯收率越高。其次，与辐射段炉管的结构形式有关，有利于快速吸热、热强度高、停留时间短、可有效抑制结焦的炉管，可得到较高的乙烯收率。此外，还与炉管操作温度有关，在炉管材质允许范围内，操作温度越高，乙烯收率越高。但受炉管材料屈服极限和丙烯收率的限制，炉管出口温度一般在 830~870℃范围内。对于同样裂解原料，炉管形式和炉膛内传热对乙烯收率产生影响，其设计体现了裂解炉的技术水平。

3. 裂解炉运行周期

裂解炉的运行周期是除了乙烯收率外，最受关注的性能指标。因为运行周期直接影响乙烯装置的稳定运行和节能降耗。一台裂解炉的运行周期指裂解炉两次清焦间连续运行的时间，一般以天为计量单位。当裂解炉达到以下任何一个条件时都需要进行清焦操作：

（1）炉管表面温度达到 1115℃。

（2）文丘里分配管绝压比达到 0.9。

（3）裂解气急冷换热器出口裂解气温度达到 650℃（该值与急冷换热器设计温度相关）。

条件(1)和条件(2)体现了炉管对运行周期的限制，其主要体现在炉管温度和压降两方面。随着运行时间的延长，炉管内进行裂解反应的同时也伴随着结焦反应及焦层的累积。当焦层达到一定厚度时，其炉管热阻上升，在管内介质吸热量不变的情况下，炉管壁温必然会逐渐升高。当管壁温度达到炉管材质允许的极限温度时，裂解炉就必须停止进料进行清焦。同时，在焦层厚度逐渐增大的情况下，炉管的压降也会增大，主要体现在文丘里管前后绝压比升高。当压降增大到一定值时，文丘里管前后绝压比达到 0.9，此时文丘里管将失去均匀分配流量的作用，因此必须进行清焦。

条件(3)则体现了裂解气急冷换热器运行周期的限制条件，急冷换热器运行周期主要体现在裂解气被冷却后的温度限制。随着运行时间的延长，急冷换热器内壁发生结焦，从而导致污垢系数增大，传热系数下降，裂解气出口温度升高。当出口温度升高到规定的允许值时，急冷换热器也应切出进行清焦。

裂解炉的运行周期与裂解原料有关，通常多数裂解炉以石脑油为原料的运行周期在 60 天左右，以乙烷为原料的运行周期在 90 天左右，单程炉管的运行周期在 30 天左右。采用中国石油强化传热技术的裂解炉，运行周期较长，以石脑油为原料的裂解炉运行周期为 90~100 天，乙烷裂解炉的运行周期可达 140~150 天。

4. 裂解炉操作弹性

裂解炉的操作弹性指裂解炉投料量最小值和最大值之间浮动的幅度。裂解炉的操作弹性与燃烧器的操作弹性、炉膛温度、炉管温度、炉管内流体的允许压降及停留时间等因素相关。为了保证裂解炉安全稳定长周期运行，不建议将操作弹性的浮动范围设计过宽。

5. 裂解炉热效率

裂解炉热效率是衡量燃料消耗、评价裂解炉设计及操作水平的重要指标，表示向裂解炉提供的能量被有效利用的程度。

热效率正平衡法计算公式[10]：

$$\eta=\frac{3.6\times10^{3}Q_{e}}{B(q_{L}+q_{f}+q_{m}+q_{a})}\times100\% \tag{2-17}$$

热效率反平衡法计算公式[10]：

$$\eta=\left(1-\frac{q_{1}+q_{2}+q_{3}}{q_{L}+q_{f}+q_{m}+q_{a}}\right)\times100\% \tag{2-18}$$

式中 η——裂解炉热效率；

Q_e——有效流体吸收的热量，即裂解炉对流段和辐射段热负荷之和，kW；

B——燃料量，kg/h；

q_L——燃料低热值，kJ/kg；

q_f——单位燃料带入裂解炉的显热，kJ/kg；

q_m——由雾化单位燃料油所需雾化蒸汽带入裂解炉的热量(裂解炉已基本不采用燃料油作燃料，采用燃料气作燃料时为0)，kJ/kg；

q_a——单位燃料气燃烧所需空气带入裂解炉的显热，kJ/kg；

q_1——单位燃料气所生成烟气的排烟损失，kJ/kg；

q_2——单位燃料气不完全燃烧的热量损失，kJ/kg；

q_3——单位燃料计算的裂解炉散热损失，kJ/kg。

热效率通常按照SH/T 3045《石油化工管式炉热效率设计计算》的规定计算。热效率 η 为被加热流体吸收的热量除以供给裂解炉的总热量，也可定义为供给裂解炉的总热量与总热损失之差除以总供热量。被加热流体吸收的热量 Q_e 指流体从进入到离开裂解炉，所获得的所有热量之和。这里的流体既包括乙烯原料在对流段预热的热负荷和在辐射段裂解反应吸热的热负荷，也包括超高压锅炉给水在对流段吸热后产生超高压蒸汽的热量。供给裂解炉的总热量包括燃料的低发热量 q_m、燃料的显热 q_f 和空气带入的热量 q_a。总热损失指体系中供给热量中未利用部分，它包括烟气中热量的损失 q_1、燃料由于没有完全燃烧而损失的热量 q_2 以及裂解炉炉体散热损失 q_3 之和。

早期加热炉的热效率只有60%~70%，近年来通过提高裂解炉的能量综合利用，热效率已提高到93%~95%。提高裂解炉热效率的方法主要有以下几个途径。

1）降低对流段末端物料入口温度

进入裂解炉对流段末端的物料，一般为原料或锅炉给水。由于锅炉给水进入裂解炉的操作温度在120℃左右，重质原料进入裂解炉的操作温度为80~100℃，轻质原料为60~80℃，因此采用原料作为末端物料更有利于降低排烟温度；反之，如果更高温度(不小于120℃)的原料进入裂解炉，则不利于排烟温度的降低，将对裂解炉的整体热效率产生不利影响。但进入裂解炉的温度并不是越低越好，与燃料中的含硫量相关。

2）优化对流段设计

通过增加对流段管束，或适当增加炉管翅片扩展面积，可提高烟气热量回收率。另外，缩短炉管与炉墙的距离，增加折流砖，防止烟气短路，通过安装吹灰器定期吹扫，也可在一定程度上提高烟气热量回收能力。

3）增设裂解气急冷换热器

中国石油的乙烯技术针对轻质原料，通过设置裂解气第二急冷换热器、裂解气第三急冷换热器(气体炉)，分级回收裂解气中的高温热量，增加超高压蒸汽产量。超高压蒸汽产量的增加相应增大了锅炉给水量，均可增大烟气热量的回收，提高热效率。

4）降低空气过剩系数

空气过剩系数越高，烟气所带走的热量越多。降低空气过剩系数，将明显减少烟气排放量，降低烟气热量损失，提高裂解炉热效率。一般通过设置引风机和安装氧分析仪来实现对空气过剩系数的有效控制。裂解炉设置引风机，使裂解炉烟气从自然通风变为强制通风，采用自然通风的裂解炉燃烧器空气过剩系数一般为20%~30%，采用强制通风的裂解炉燃烧器空气过剩系数为10%~15%。在裂解炉烟道中设置氧含量监测仪，在线分析实时烟气氧含量，保证裂解炉在不影响燃烧器燃烧状态的前提下，采用最低的空气过剩系数。

5）预热燃料气和空气

通过采用急冷水、热水等热源，对燃料气和空气预热，可增加燃料气和空气进入裂解炉的显热，节省燃料气消耗。地理位置位于纬度较高区域，冬季平均温度较低的乙烯装置，采用空气预热器将有效降低燃料气消耗量。

6）加强炉体绝热保温

裂解炉炉体可采用优质的保温材料，适当增加厚度，降低热损失。目前，除了采用Al_2O_3、SiO_2和CaO三组分构成的硅铝系高温耐火砖外，采用陶瓷纤维衬里可使裂解炉外壁温度降低到82℃，采用纳米板材料，可将辐射段炉体壁板的外壁温度由82℃降低到75℃，减少裂解炉热损失。

第三节　中国石油分离技术

乙烯装置分离可分为急冷、压缩、冷分离(含制冷)、热分离等工序。根据裂解气中各组分分离的先后顺序不同，分离流程可分为顺序分离流程、前脱乙烷流程和前脱丙烷流程。三种典型的工艺流程如图2-17至图2-19所示。不同流程均包含以上工序，下面以中国石油的乙烯分离技术为例进行论述，必要时介绍不同流程的技术特点。

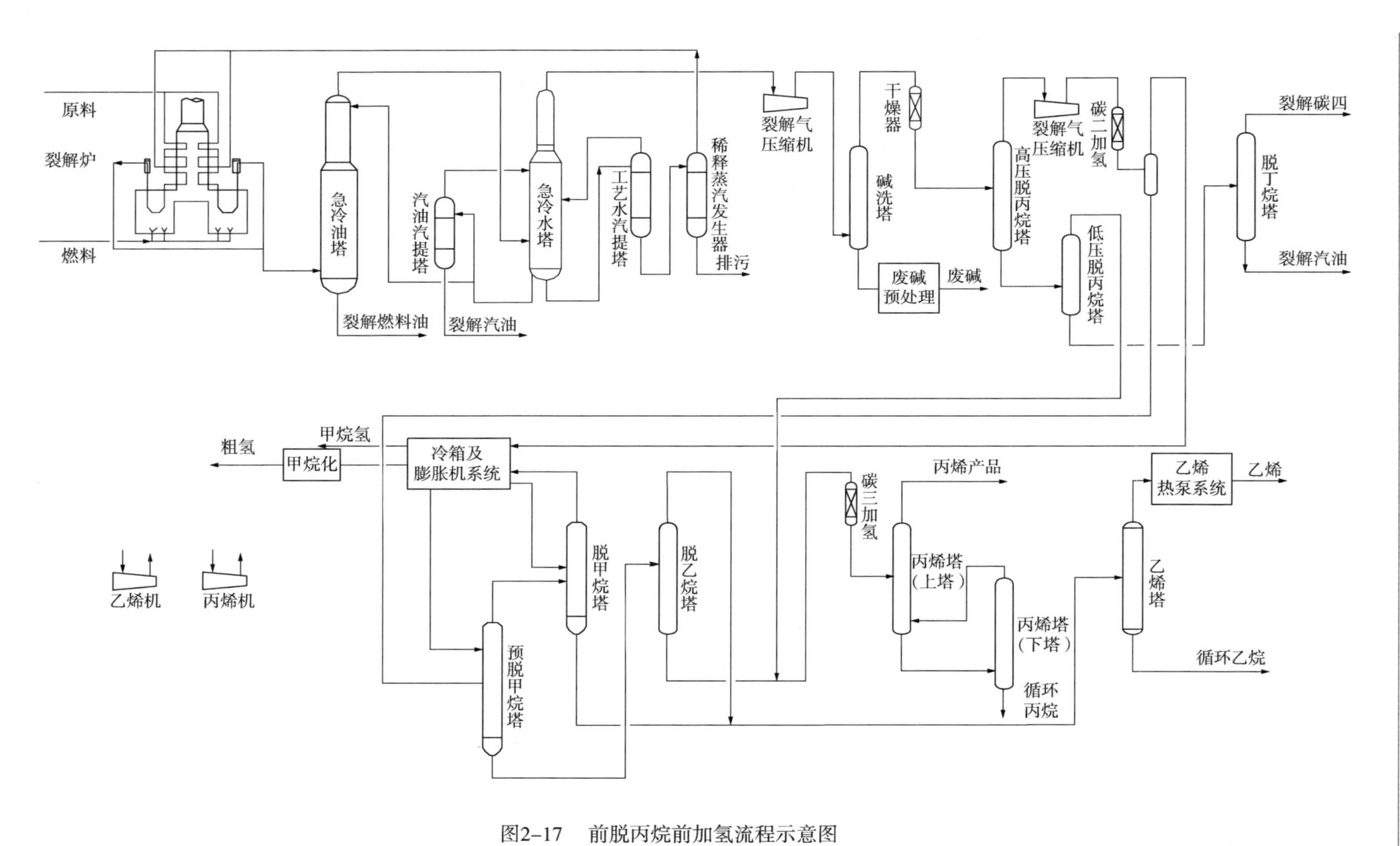

图2-17　前脱丙烷前加氢流程示意图

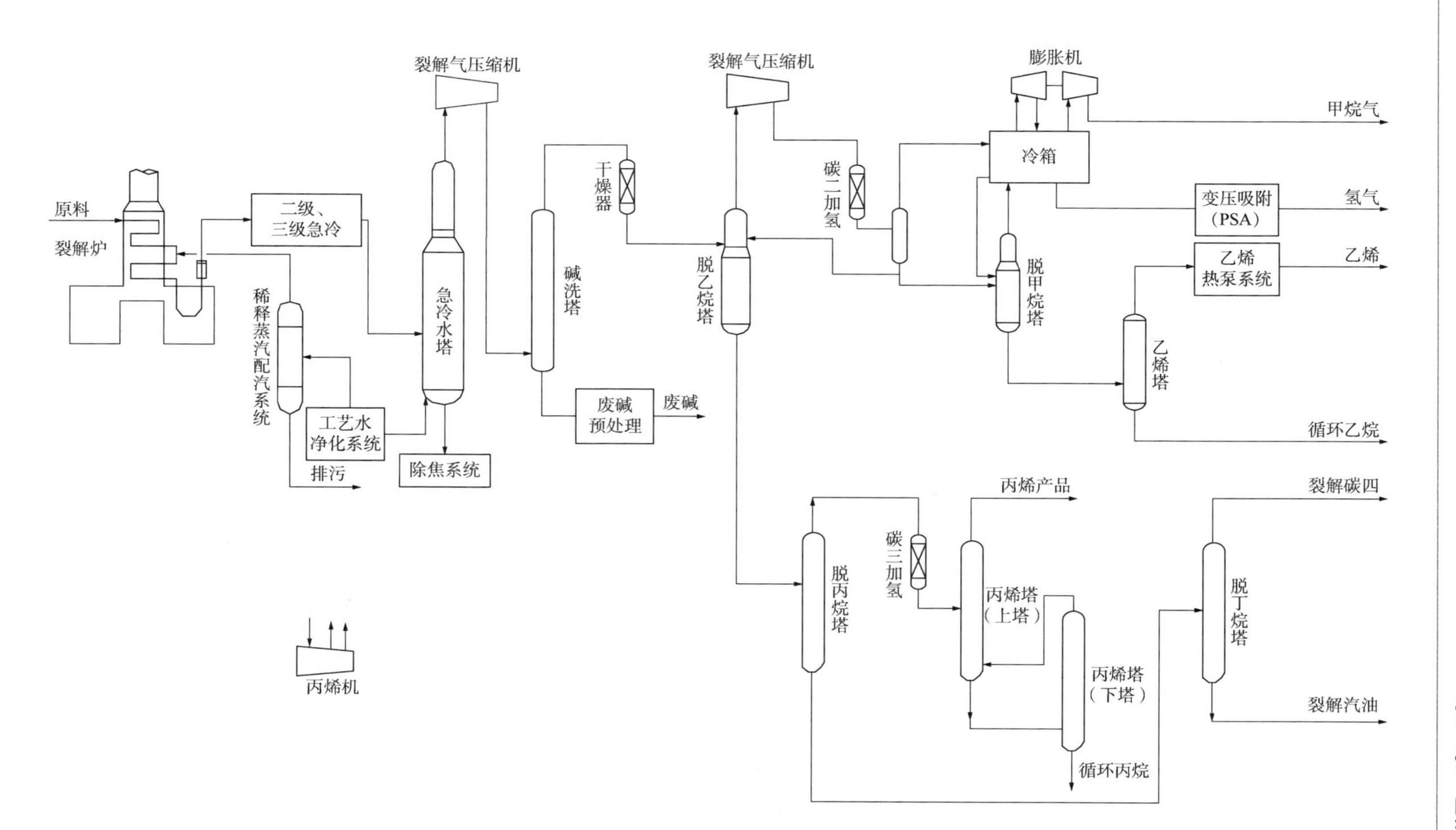

图2-18　前脱乙烷前加氢流程示意图

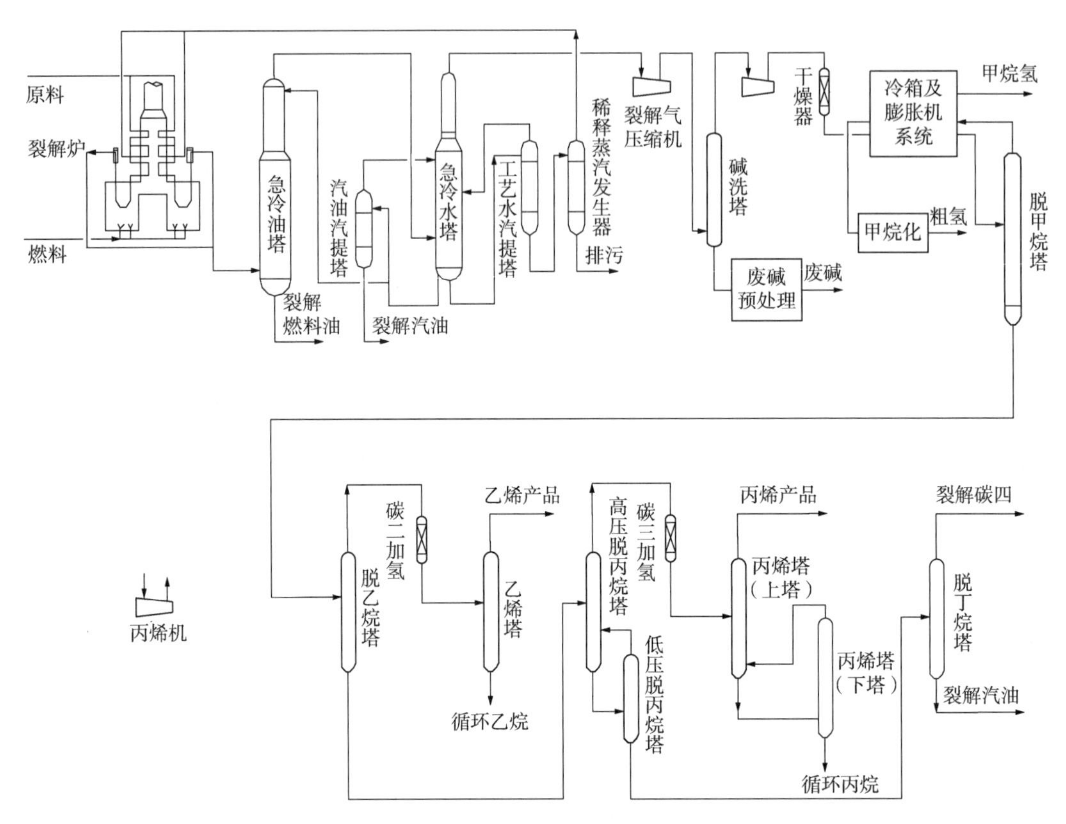

图 2-19　顺序分离流程示意图

一、急冷技术

急冷技术可按裂解原料分为液体原料技术与气体原料(乙烷、丙烷)技术。对于不同类型的裂解原料，急冷区在配置上有所区别。

无论重质液体原料还是轻质液体原料，均设置有急冷油塔和急冷油循环系统、急冷水塔和急冷水循环系统、工艺水稀释蒸汽发生系统等，但不同原料对应各系统的设置有所区别。重质液体原料急冷区特征为采用急冷油塔和急冷水塔，包含急冷油循环系统、中油循环系统以及急冷水循环系统，急冷油塔塔釜温度较高(通常为 190~210℃)，可用其作为稀释蒸汽发生器的主要热源来回收余热，设置黏度控制塔来降低急冷油黏度。轻质液体原料急冷区也采用急冷油塔和急冷水塔设置，包含急冷油循环系统和急冷水循环系统。急冷油塔塔釜温度较低，通常为 140~160℃，此温度不能满足稀释蒸汽发生的要求，一般用于工艺物料加热或发生低低压蒸汽，故稀释蒸汽发生器主要用蒸汽提供热源。

气体原料的急冷区主要特征为仅设置急冷水塔，不设置急冷油塔。采用蒸汽发生稀释蒸汽，也可采用原料增湿塔使工艺水直接接触过热原料气满足稀释比要求。

1. 液体裂解原料的急冷技术

裂解气依次进入急冷油塔和急冷水塔，经过急冷油循环、中油循环以及急冷水循环系统回收裂解气中的热量，分离出工艺水和重质馏分。通过急冷油循环回收的热量作为稀释蒸汽发生的主要热源，通过急冷水循环回收低品位热量作为裂解原料预热和后分离区再沸器的热源。

1）急冷油系统

（1）急冷油塔。

液体原料所得的裂解气中含重质馏分，如果直接经水洗喷淋降温会因乳化现象严重而无法油水分离。裂解气温度较高，一般设置急冷器，喷入大量急冷油降温到 200～210℃，送至急冷油塔，如图 2-20 所示。裂解气经急冷油塔，与循环的急冷油和中油换热被冷却，将重质馏分和焦粉颗粒分离出来。急冷油塔的塔顶温度一般为 100～110℃，以保证温度高于裂解气的水露点，水分全部从塔顶采出，同时避免重质油进入急冷水塔。

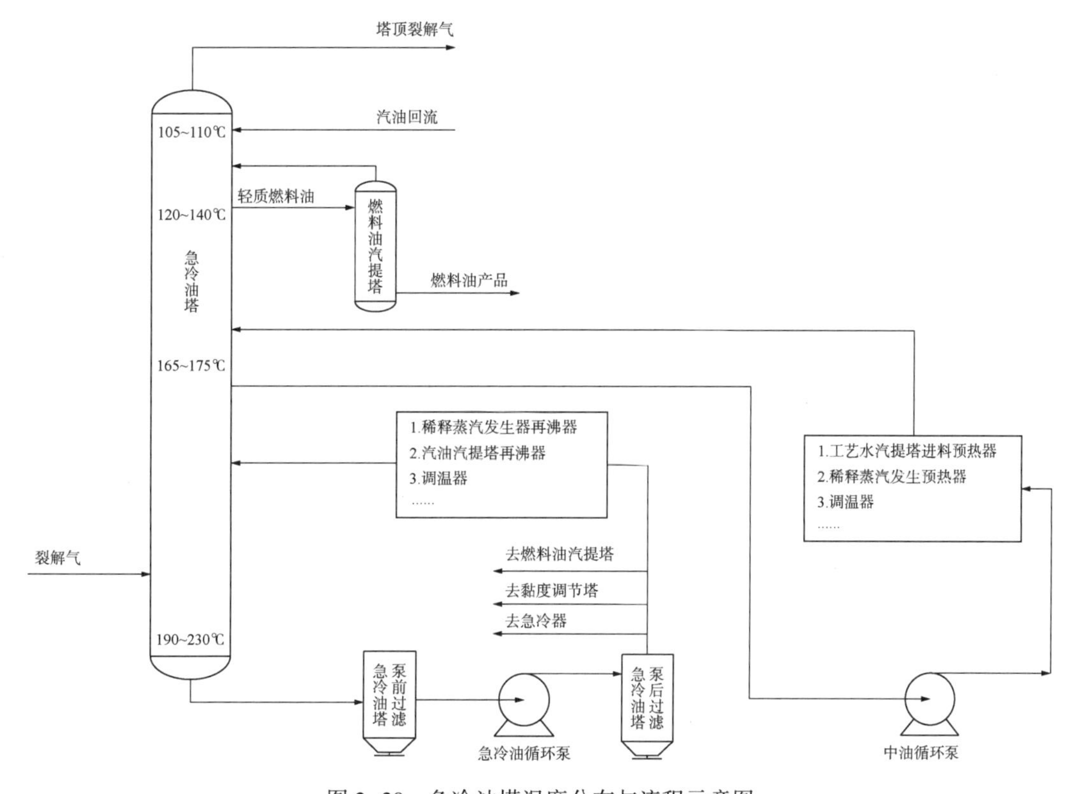

图 2-20　急冷油塔温度分布与流程示意图

塔釜温度影响急冷油循环系统和稀释蒸汽发生系统的稳定运行。维持较高的塔釜温度，有助于节能和降低投资。在一定的撤热量下，较高的急冷油温度可减少急冷油循环量，并减小稀释蒸汽发生器的尺寸。急冷油黏度随时间逐渐升高，然后稳定，但是当塔釜温度提高到某一值后急冷油性质不能保持稳定，会发生急剧的聚合反应结焦成团。一般为了保持急冷油黏度在适当的水平：使用轻柴油裂解时，塔釜温度可控制在 200℃左右；使用石脑油作为裂解原料时，其塔釜温度一般控制在 160～190℃之间。

急冷油塔下部使用角钢塔盘阻挡较大尺寸的焦渣颗粒，中部和上部使用传统固阀可以兼顾传热与分离的效果。

（2）急冷油循环系统。

急冷油从急冷油塔塔釜采出，经急冷油循环泵升压后，由过滤器除去固体焦粒，大部分作为稀释蒸汽发生器热源，多余的热量与急冷水换热。少部分急冷油补充到燃料油汽提塔，剩余部分与气体炉裂解气进入黏度控制塔汽提后作为重质燃料油产品。

在裂解原料较轻的装置中，裂解产生的重质馏分较少，裂解气一般干式输送至急冷油塔，塔釜设置除焦段，预先分离焦渣。重质组分少也影响急冷油系统的长期稳定运行，针对轻质原料裂解气，需要补充调制油来维持急冷油塔的操作。

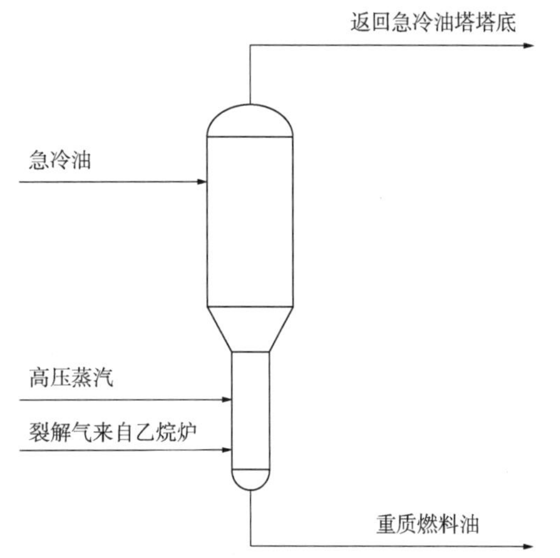

图 2-21　急冷油黏度调节流程示意图

（3）中油循环。

针对重质原料裂解气，通常设置中油循环段，回收裂解气 120~170℃的热量。中油循环由急冷油塔的中部抽出，作为工艺用户的热源，多余的中油热量通过调温换热器与急冷水换热。

（4）急冷油黏度控制。

为维持较高的塔釜温度，并且尽可能降低急冷油的黏度，通常提高急冷油中 350℃以下馏分的含量。

设置减黏塔可在一定程度上调节急冷油的黏度，利用气体炉的高温裂解气汽提急冷油，可以使较多的轻质馏分返回急冷油塔，进而提高 350℃以下馏分油的含量，降低急冷油的黏度，如图 2-21 所示。

2）急冷水系统

（1）急冷水塔。

从急冷油塔塔顶出来的裂解气进入急冷水塔，将裂解气中所含的大部分稀释蒸气以及裂解汽油组分冷凝下来，急冷水塔系统流程如图 2-22 所示。较低的塔顶温度，可以减少带入裂解气压缩的水和汽油组分，降低压缩机的负荷。塔顶温度一般控制在 40℃左右。

冷凝下来的稀释蒸汽和裂解汽油组分进入油水分离器。油水分离器集成在急冷水塔的塔釜内。分离出的急冷水送去稀释蒸汽系统作为工艺水；油相大部分作为汽油回流返回急冷油塔塔顶，少量去汽油汽提塔。

应维持合适的急冷水塔塔釜温度，较高的急冷水温度有利于回收热量，减少换热面积，可降低丙烯塔再沸器等大型换热器的投资。但是急冷水温度高容易造成急冷水乳化，且温度高不利于油水分离，影响急冷水水质。急冷水塔塔釜温度一般控制在 80~87℃之间。急冷水塔内件多采用填料。

（2）急冷水循环系统。

为充分回收裂解气中的余热，采用急冷水循环系统。急冷水经急冷水泵送至各急冷水用户换热器回收热量，降温后，一路返至急冷水塔中部作为一级急冷水回流，另一路经循环冷却水冷却后返至急冷水塔顶部作为二级急冷水回流。

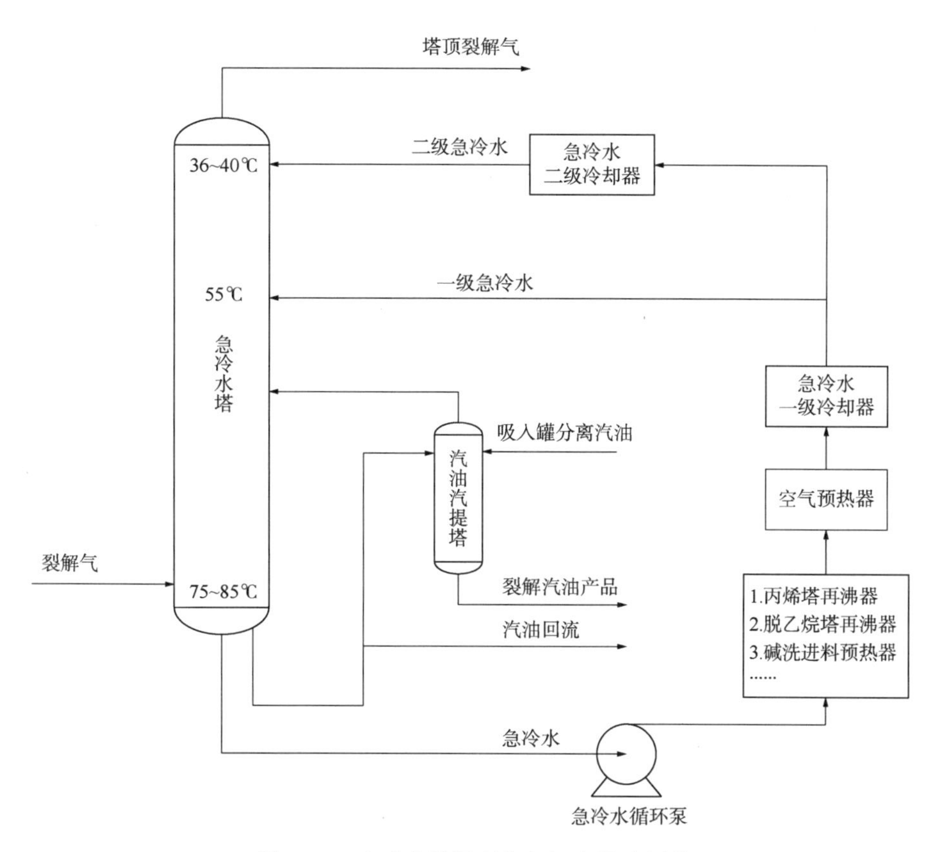

图 2-22 急冷水塔温度分布与流程示意图

急冷水溶解了 H_2S、CO_2等酸性气体，需要对急冷水 pH 值进行调节，主要方法是通过注氨、注碱和有机胺将 pH 值控制在 6~8 之间。急冷水的 pH 值不宜过高，否则容易引起急冷水乳化。

3）稀释蒸汽系统与水平衡

对于裂解装置，稀释蒸汽的作用是降低裂解时的烃分压，减少结焦。不同裂解原料的稀释比在 0.3~0.8 之间(表 2-9)。

表 2-9 不同裂解原料的稀释比一览表

裂解原料	乙烷、丙烷	LPG、正丁烷、轻烃	石脑油（NAP）	轻柴油(LGO)、常压柴油(AGO)	减压柴油（VGO）	加氢尾油（HTO）
稀释比	0.3	0.35~0.4	0.5~0.55	0.7~0.75	0.75~0.8	0.8

裂解气中的稀释蒸汽在急冷水塔中冷凝为急冷水。部分急冷水经聚结和汽提除油后作为工艺水用于发生稀释蒸汽，为保证其工艺水水质，稀释蒸汽发生过程中需要连续排污。

全装置水平衡如图 2-23 所示。进入急冷水塔的除了稀释蒸汽以外，还有裂解气传输管线仪表大阀所用的防焦蒸汽、压缩机注水、在稀释蒸汽管线中补入的中压蒸汽，以及工艺水汽提塔、燃料油汽提塔、黏度调节塔的汽提蒸汽，这些蒸汽均在急冷水塔中冷凝。通常总的补水和补入蒸汽的量应占总稀释蒸汽量的 5%~10%。

急冷水塔塔顶的裂解气中含有饱和水，在经过裂解气压缩机的压缩冷凝后通过段间分离罐回收送回急冷水塔。

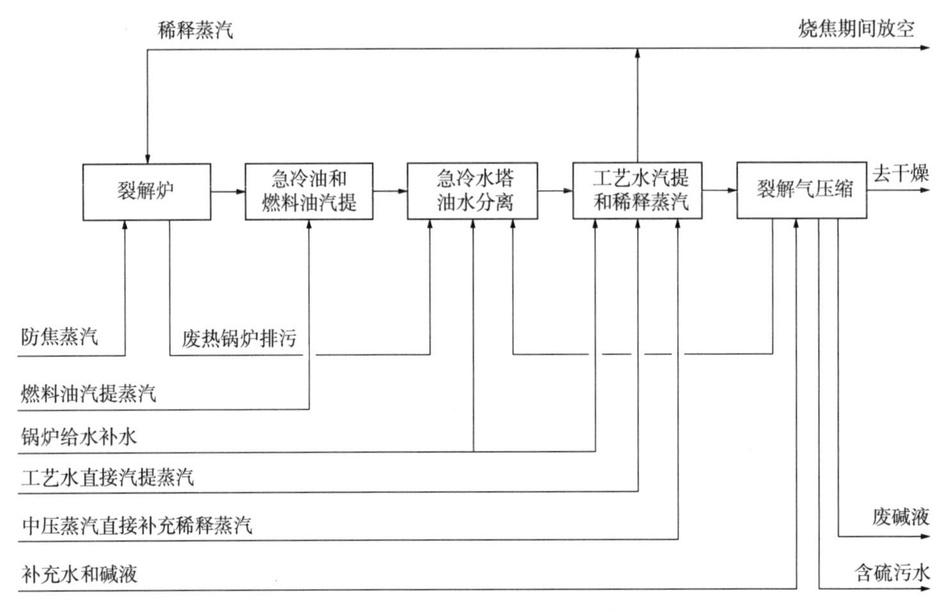

图 2-23　乙烯装置水平衡[1]

来自油水分离器的工艺水被泵送入工艺水汽提塔塔顶，通过蒸汽直接汽提或者再沸器汽提的方式，将工艺水中的轻烃蒸出回到急冷水塔。汽提后的工艺水经过预热后进入稀释蒸汽发生罐中，通过急冷油或中压蒸汽加热的稀释蒸汽再沸器产生稀释蒸汽。

4）甲苯萃取

由于急冷水中苯乙烯等烃类含量较高，在经过工艺水聚结器后仍存在较高含量的苯乙烯，此工艺水进入稀释蒸汽系统后易造成稀释蒸汽系统塔釜再沸器换热效果不佳、工艺水预热器管程结垢堵塞等情况，严重影响到稀释蒸汽系统的正常运行。通过设置甲苯萃取单元，可去除工艺水中的苯乙烯等烃类物质。

甲苯萃取的主要原理是利用了苯乙烯在水和甲苯中的溶解度不同，苯乙烯在甲苯中的溶解度远远大于在水中的溶解度，从而达到去除工艺水中苯乙烯的目的，甲苯萃取流程如图 2-24 所示。

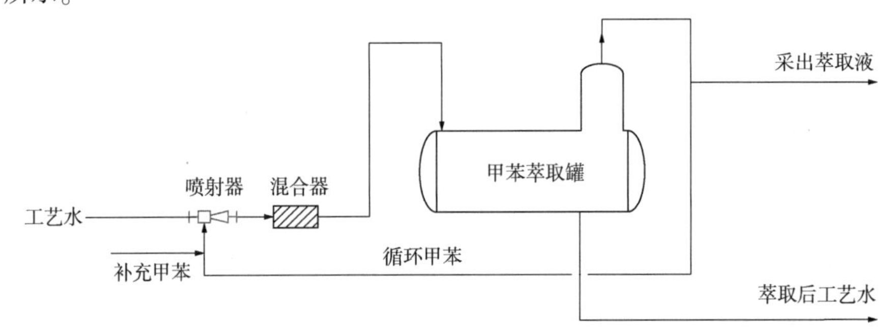

图 2-24　甲苯萃取流程示意图

工艺水作为驱动介质经过喷射器，在喷射器中形成压力差将甲苯萃取罐中的甲苯吸入喷射器中，甲苯和工艺水在混合器中充分混合接触后进入甲苯萃取罐中静置，上层为甲苯，下层为工艺水。经过萃取后的工艺水自罐底进入稀释蒸汽系统，上层甲苯继续循环使用。

2. 乙烷裂解的急冷技术

乙烷原料制乙烯装置急冷区在取消急冷油系统后，急冷单元更加简洁，与常规流程相比，急冷水中含有焦油、焦粉，水质较差。

1）急冷水塔技术

裂解气从急冷换热器出来后直接进入急冷水塔，在急冷水塔下段使用饱和的热水洗涤裂解气，减少焦粉进入急冷水中。在角钢塔盘(人字挡板)的基础上增加了筛板塔盘作为预饱和段冲洗设备，减少焦粉进入急冷水系统。

洗涤后的裂解气进入常规的急冷水塔中上部，经过两段水洗后，裂解气温度降低到40℃以下进入裂解气压缩机。饱和洗涤水通过循环泵和焦渣过滤器连续处理过滤下来的焦粉颗粒。

2）气体原料增湿技术

在喷淋增湿塔内水与原料乙烷气体喷淋接触达到饱和状态，通过控制增湿后原料的水分压对应的饱和温度，来实现原料乙烷稀释蒸汽配比的要求，节省了常规的稀释蒸汽发生器，简化了裂解炉的原料与稀释蒸汽配比控制，同时由低品位蒸汽代替高品位蒸汽，节省了能耗，降低了装置投资和占地。

3）“捕焦+气浮+聚结”的净化技术

气体原料的裂解装置，由于缺少急冷油塔，仅通过急冷水塔，难以有效去除裂解气中的焦油和焦粉，导致工艺水中含有微量的焦油和焦粉，这些组分与水的密度相近，表面张力较小，工艺水净化难度加大，容易造成急冷水塔乳化，加剧稀释蒸汽发生系统设备的腐蚀。

针对轻质原料裂解装置产生的工艺水，常规的净化处理方法为“过滤+聚结”。从实际运行情况看，过滤器极易堵塞，频繁切换过滤器，也难以保证聚结器长周期运行。滤芯式过滤器和聚结器难以再生利用，频繁更换，导致运行费用高。另一种常规的净化处理方法为“气浮+核桃壳过滤”，气浮方法多用于废水处理工艺，对焦油、焦粉的处理效果较差。剩余的焦粉和焦油需进一步通过核桃壳过滤器去除，核桃壳过滤器需设置多台串联操作，并且需反冲洗再生，占地和投资较大，运行费用高。

为了保证工艺水的净化效果，开发了“捕焦+气浮+聚结”的净化技术，如图 2-25 所示。该技术通过油水分离器将密度比水小的燃料油和比水大的焦油初步沉降分离，进入气浮设备，将大部分的焦粉和游离油气浮脱除，再经聚结器聚结、分离游离油，达到工艺水和外排废水的指标要求。该技术充分利用气浮和聚结原理，实现工艺水水质的梯级深度净化，保证装置长周期运行。

二、压缩技术

在乙烯装置中，为尽量降低裂解炉炉管压力，裂解气压缩机一段入口一般操作压力为15~30kPa。为了保证后续冷分离系统中氢气与甲烷、甲烷与乙烷等的分离，压缩机出口压力一般要求 3.6~3.8MPa。为减少压缩机各段双烯烃聚合，需合理分配压缩机各段的压比，

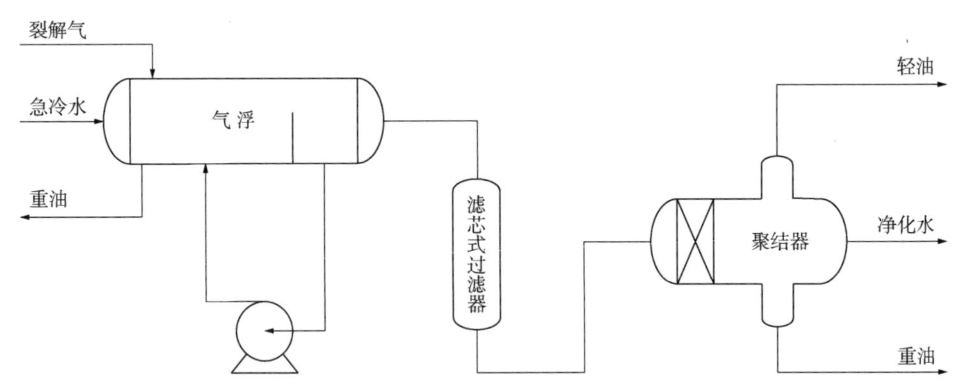

图 2-25 气体原料工艺水净化流程示意图

各专利商根据自身理解一般选择四段压缩或五段压缩，各段间设置冷却器。

不同的专利商除选用四段压缩或五段压缩外，还根据自身特点将裂解气的压缩与裂解气的分离相结合，用以降低压缩机功耗或冷分离系统的冷量消耗，从而形成了前脱丙烷、前脱乙烷及顺序分离流程。

结合压缩机四段、五段及分离顺序，形成了四段压缩—前脱丙烷流程、五段压缩—前脱丙烷流程、五段压缩—前脱乙烷流程等不同的工艺技术。

目前的分离工艺采用五段压缩的较多，四段压缩以 KBR 等公司的技术为代表。

1. 压缩系统

中国石油的乙烯分离工艺采用五段压缩—四段碱洗—前脱丙烷流程。图 2-26 为四段碱洗—前脱丙烷流程示意图。碱洗塔设置在压缩机四段出口，与三段出口相比，压力更高，有利于 CO_2、H_2S 等酸性气体的吸收脱除，同时减小了碱洗塔的尺寸。碱洗后的裂解气经部

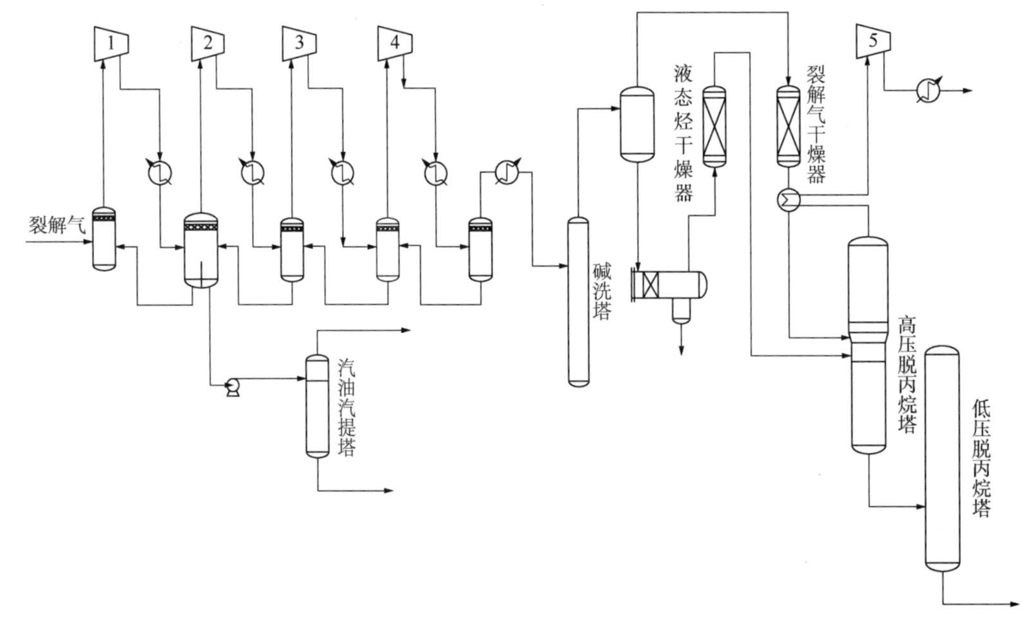

图 2-26 四段碱洗—前脱丙烷流程示意图

分冷凝后，气相、液相分别进入裂解气干燥器、液态烃干燥器干燥，然后进入高压脱丙烷塔，裂解气中的部分碳三、全部碳二及轻组分作为塔顶气相进入压缩机五段升压，塔釜碳三及以上组分进入低压脱丙烷塔。优点是部分碳三、全部的碳四及重组分不需要进入冷分离系统，可有效降低冷分离系统负荷，减少了冷剂消耗，同时降低了冷分离系统的设备尺寸。

为避免脱丙烷塔塔釜温度过高而引起塔底的双烯烃聚合，造成设备、管道堵塞，采用了高低压脱丙烷塔的双塔组合。该设置可有效避免由于单脱丙烷塔高压操作时塔釜温度过高，双烯烃聚合，引起脱丙烷塔下塔、再沸器结垢，堵塞塔板、再沸器及相关管线。采用双塔操作，塔釜温度仅需75~80℃，可减少双烯烃的聚合结焦，降低了脱丙烷塔下塔、再沸器的清洗频次。

2. 酸性气体的脱除

裂解气中的酸性气体主要是指CO_2、H_2S，主要来自气体裂解原料带入的硫化物和CO_2以及液体原料中所含硫化物(如硫醇、硫醚、噻吩、硫茚等)在高温下与氢气和水蒸气反应生成的H_2S和CO_2。

这些酸性气体的带入和生成，对裂解气的进一步分离危害较大。H_2S含量较高时能严重腐蚀设备，还使分子筛干燥剂寿命缩短，使碳二加氢的催化剂中毒。CO_2在深冷低温操作的设备中结成干冰堵塞设备和管道，破坏正常生产。酸性气体杂质影响下游产品的聚合。

鉴于上述原因，在分离裂解气之前首先要脱除其中的酸性气体。乙烯装置主要采用碱洗法脱除酸性气体，碱洗是用NaOH溶液洗涤裂解气，在洗涤过程中NaOH与裂解气中的酸性气体发生化学反应生成碳酸盐和硫化物，以除去CO_2和H_2S。一般要求将裂解气中的CO_2和H_2S分别脱除至1mL/m^3以下。

从热力学因素来看，碱洗脱酸的化学平衡常数都很大，倾向于完全生成产物。在平衡产物中，CO_2、H_2S的分压可降低到零，在裂解气中的含量降低到1mL/m^3以下。

比较CO_2和H_2S与NaOH的反应速率发现，后者的速率要比前者快得多，过程的总反应速率受CO_2与NaOH反应速率的控制。因此，在进行碱洗塔设计时主要考虑CO_2的吸收速率，可忽略H_2S的吸收速率，或者是用总酸性气体的含量，即H_2S+CO_2的含量来代替[4]。

1）工艺流程

为防止烃在塔中冷凝，裂解气升温后进入碱洗塔的底部，在碱洗塔中自下而上流动，与从上部淋下的碱液逆流接触。为了防止碱洗后的裂解气夹带碱，在碱洗塔的上部通常设置一段水洗段，净化后的裂解气自塔顶引出。废碱液自塔底排出，进入废碱除油罐、脱气罐，脱除溶解在废碱液中的轻烃、黄油，脱除气排入火炬管网。废碱液送入废碱氧化单元。

即使在常温操作条件下，在有碱液存在时，裂解气中的不饱和烃仍会发生聚合，生成的聚合物将聚积于塔釜。这些聚合物为液体，但与空气接触形成黄色固体，通常称为黄油。黄油易造成碱洗塔塔釜和废碱液罐的堵塞，而且也为废碱液的处理带来困难。黄油可溶于富含芳烃的裂解汽油，因此常常采用注入裂解汽油的方法，分离废碱液中的黄油。

在碱洗塔中新鲜碱液的加入量应略大于脱除裂解气中所含的酸性气体所需的碱量。

碱洗塔设置多段，由上至下分为水洗段、强碱段、中碱段和弱碱段。优点是每个碱洗段中碱液浓度较高且基本稳定，可以减少所需的塔板数和塔板压降，同时提高了碱液的利用效率。

2）黄油抑制

碱洗塔的稳定运行直接影响整个乙烯装置的运行周期，国内外对碱洗塔的聚合问题都十分重视。国内乙烯装置虽然在防聚合方面采取了很多措施，但普遍存在碱洗塔黄油生成量高、废碱液含油量高、化学需氧量(COD)超标的问题，造成下游的废碱氧化系统操作困难，同时大量黄油聚合结垢，影响碱洗塔洗涤效果。减少黄油对系统影响的措施主要包括：

(1) 控制碱洗塔操作温度。碱洗塔操作温度与黄油生成量有很大的影响。为降低碱洗塔内的黄油生成量，适当控制裂解气进塔温度。

(2) 提高碱洗塔黄油排放频次。生产负荷提高后，黄油生成量增加，发生聚合的程度增加。为了保证碱洗塔系统运行平稳，建议增加黄油排放频次，减少黄油在塔内的停留、积累形成结垢堵塞塔盘，从而避免塔内偏流，影响酸性气体的脱除。

(3) 调整强碱的补充量。控制碱洗塔的碱浓度分布，根据原料的硫含量及装置的负荷，及时调整配碱量，保证各段碱的浓度梯度合理；降低弱碱段碳酸钠的含量和 pH 值。

(4) 采用黄油抑制剂。根据黄油生成的机理，在碱洗塔注入黄油抑制剂的措施能有效地减少黄油的生成[4]。

3. 裂解气干燥

碱洗后的裂解气中含水，这些水分在进入深冷分离系统前必须除去，以防在深冷系统中结冰，堵塞管道、设备。裂解气通过冷却降温，大量水分以游离态沉降分离，降低气相、液相干燥器负荷。在高压和一定的低温条件下，水还会与甲烷、乙烷、丙烷等烃生成水合物，例如 $CH_4 \cdot 6H_2O$、$C_2H_6 \cdot 7H_2O$、$C_3H_8 \cdot 17H_2O$ 等，造成管道堵塞，因此物料冷后温度不能太低，一般控制进入干燥器的裂解气温度在 13℃左右[1]。

由于裂解气深冷分离工艺和乙烯、丙烯聚合级产品质量需求，要求将裂解气中含水量脱除至 0.5~1mL/m^3 以下(露点在-70℃以下)。由于 3A 分子筛的吸附能力较强，干燥和再生效果好，运行寿命长，通常采用 3A 分子筛作为干燥吸附剂。再生采用脱水后分离的甲烷氢作热载气和冷吹气。干燥器一般采用两床(A/B)操作，一台使用，一台再生备用。

裂解气干燥及再生系统应适应以下三种工况：

(1) 原始干燥工况。新建乙烯装置机械竣工后，对低温系统进行干燥。利用裂解气压缩机进行空气或氮气运转，压缩空气经裂解气干燥器进行干燥脱水，干燥后的大流量空气或氮气经由干燥线分配到各低温系统进行吹扫干燥，干燥后的气体可通过返回线返回裂解气压缩机。空气干燥操作时，再生用气为氮气或经压缩干燥后返回的空气。

(2) 开工工况。开工投料过程中，裂解气干燥器需提前投用，在甲烷达到合格之前，可用氮气进行干燥剂再生，由于不能循环使用，氮气用量较大。

(3) 正常操作工况。裂解气在一个床层中进行干燥脱水，另一床用加热的甲烷氢进行再生。裂解气如在 A 床干燥，则裂解气沿床层自上而下进行脱水，底部干燥脱水后的裂解气进入深冷分离系统。在 A 床进行干燥时，B 床用甲烷氢进行再生，由床层底部逆向进入干燥器。再生气部分经高压蒸汽加热为热再生气，不加热部分为冷再生气，可根据再生曲线调节再生气温度。再生后的气体经冷却水冷却后送入燃料气系统。

裂解气干燥器的典型操作周期为 48h(吸附 24h，再生 24h)或 96h(吸附 48h，再生 48h)，操作完成后，需要进行再生，裂解气干燥剂再生曲线如图 2-27 所示。主要步骤如下：

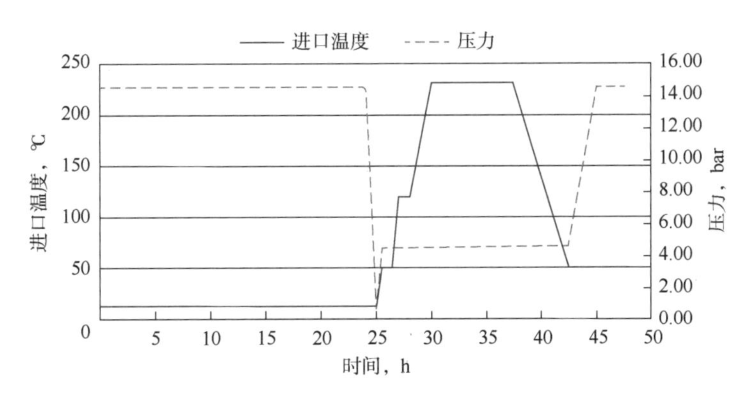

图 2-27　裂解气干燥剂(3A 分子筛)再生曲线

1bar = 100kPa

① 冷再生，以冷甲烷氢吹 1h。

② 升温，再生气按 50~80℃/h 速度升温至 220~230℃。

③ 恒温，待床层出口温度升至 190~200℃时，恒温 1~2h。

④ 降温，以 60℃/h 的速度降低入口温度，待出口温度达 40~50℃时，再生完成。

三、非清晰分馏技术

通常以关键组分所需达到的分离程度或回收率，来确定塔的理论板数或填料层高度。一般采用清晰分馏方法得到目标产品，重于重关键组分的组分在塔底产品中，轻于轻关键组分的组分在塔顶产品中。非关键组分在产品中的分配可由物料衡算求得。在一定条件下，其他组分在馏出液和釜残液中的组成随关键组分的分离程度或回收率而定，不能再任意规定。

如果两个关键组分不是相邻组分，或进料中非关键组分的相对挥发度与关键组分的相差不大，均可能为非清晰分馏，中间组分分配到塔顶和塔底产品中。严格地说，清晰分馏是不存在的，但在某些情况下为了简化问题可以把接近清晰分馏的情况视为清晰分馏来处理。

传统分馏工艺与非清晰分馏工艺的差别，如图 2-28 和图 2-29 所示。

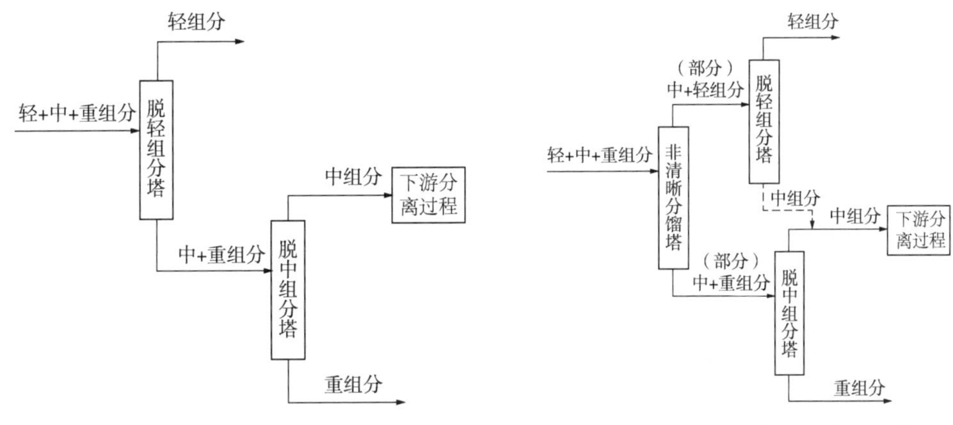

图 2-28　传统分馏工艺示意图　　　图 2-29　非清晰分馏工艺示意图

非清晰分馏塔的引入，降低了脱轻组分塔和脱中组分塔的负荷，并使脱轻组分塔底的中组分不再经过脱中组分塔而直接进入下游分离过程，有利于降低分离过程的能耗。

在工程中实现非清晰分馏工艺思想，需要做大量的分析、对比和优化工作。经过多方案反复比较，才能找到接近最佳点的优化设计值。

在中国石油的前脱丙烷前加氢分离流程中，脱丙烷系统、脱甲烷系统均采用双塔非清晰分馏技术。

1. 碳三非清晰分馏的脱丙烷流程

中国石油的前脱丙烷分离流程采用双塔脱丙烷非清晰分馏技术，高压脱丙烷塔塔顶碳三及以下组分进入裂解气压缩机的五段升压，高压脱丙烷塔塔釜产品为碳三及重组分，非清晰分馏双塔脱丙烷工艺如图 2-30 所示。低压脱丙烷塔塔顶采出碳三产品，塔釜产品为碳四及重组分。高压脱丙烷塔的压力约为 1.4MPa，塔釜温度控制在 75~80℃之间。

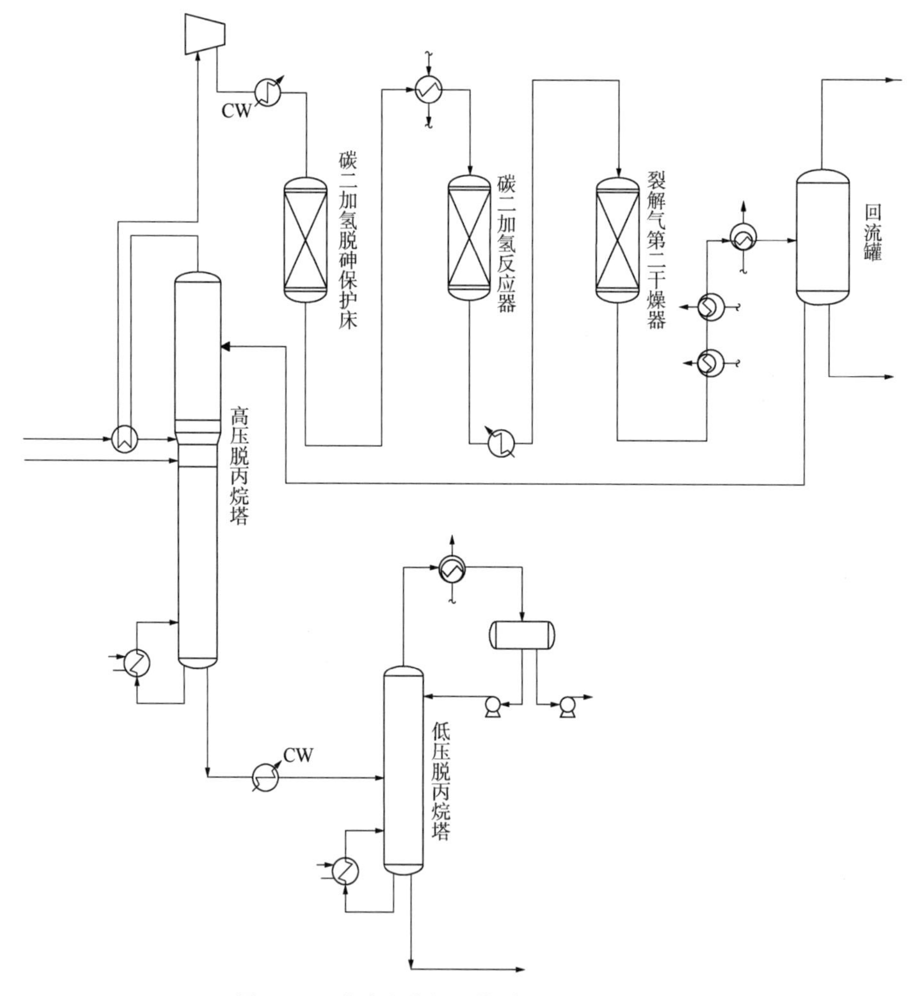

图 2-30　非清晰分馏双塔脱丙烷工艺示意图

利用非清晰分馏理论，使碳三在高压脱丙烷塔中合理分配到塔顶和塔底，低压脱丙烷塔将碳三分离作为产品，其优点如下：(1)优化碳三分配，此优化值是非清晰分馏的关键，涉及整个流程碳三在冷区和热区的分配，对装置投资和能耗有较大影响；(2)非清晰分馏使高压脱丙烷塔塔釜含有碳三，能够降低塔釜温度，减少结垢，利于装置长期稳定运行。此流程有效地控制了脱丙烷塔塔釜温度，可减少或取消阻聚剂的注入。

2. 碳二非清晰分馏的脱甲烷流程

脱甲烷塔一般有多股进料，但组分最重的一股进料，不仅量最多，而且含有大量的碳三组分。若在进脱甲烷塔前设置一台预脱甲烷塔进行预分离，把一部分重组分分离出来，不经脱甲烷塔，直接去脱乙烷塔。这样不仅减少了脱甲烷塔的负荷，而且由于脱乙烷塔多了一股进料，相当于事先进行了一次分离，使脱乙烷塔的冷凝器和再沸器的负荷降低。在脱甲烷塔前增设预脱甲烷塔的流程就是双塔脱甲烷。20 世纪 90 年代以来，中国大量的乙烯装置进行扩能改造，冷区大都进行了双塔脱甲烷的改造。根据预脱甲烷塔的分离要求，又可以分为预先分离重组分的预脱甲烷流程和进行碳二非清晰分馏的预脱甲烷流程。

预先分离重组分的预脱甲烷流程仅对预脱甲烷塔的塔釜进行了指标要求，即甲烷含量达到要求，而未对塔顶碳三含量做约束，导致一部分碳三进入脱甲烷塔塔釜，塔釜物料必须进入脱乙烷塔。此预脱甲烷塔实质上仅起到汽提作用，可降低脱甲烷塔负荷，但对于降低脱乙烷塔负荷的作用有限。

中国石油采用碳二非清晰分馏的脱甲烷流程(图 2-31)。含有碳二、碳三、氢气、甲烷的裂解气首先经过预冷，随后经一系列冷却器(板翅式换热器)和分离罐得到气相和多股液相，使全部碳三、大部分碳二和少量甲烷进入液相；多股液相中，根据冷凝的先后顺序，先冷凝的液相流股进入预脱甲烷塔，后冷凝的且不含碳三的液相流股进入脱甲烷塔，最终气相产品为粗氢。

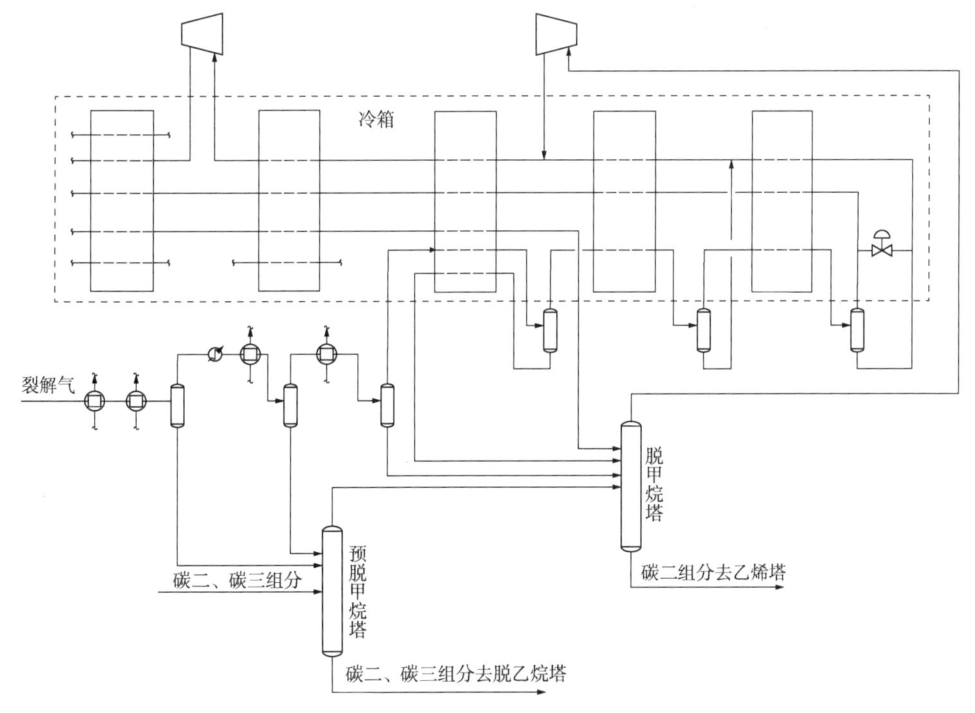

图 2-31　碳二非清晰分馏的脱甲烷流程示意图

预脱甲烷塔将进料分离为不含碳三的塔顶气和不含甲烷的塔釜液，即进行碳二的非清晰分馏。塔顶气进入脱甲烷塔，塔釜液(主要组分为碳二、碳三)送入脱乙烷塔。脱甲烷塔分离后，塔顶气组分为甲烷氢，塔釜液组分为碳二，塔釜液直接进入乙烯塔。其作用是既降低了脱甲烷塔的负荷，也大幅降低了脱乙烷塔的负荷。

四、深冷分离技术

深冷区主要实现氢、甲烷、碳二的分离，是分离系统中工艺流程最为复杂的单元。中国石油主要围绕乙烯损失、冷量高效匹配利用等方面，相继开发了高效乙烯回收技术和简洁冷箱技术。

1. 高效乙烯回收技术

深冷区乙烯有两处损失，一处是脱甲烷塔前预冷分离造成的损失，另一处是脱甲烷塔塔顶甲烷氢带走的乙烯损失，两处的甲烷氢汇合称为尾气。由于脱甲烷塔塔顶有具体的指标要求，只要满足要求，即可控制此处乙烯损失。预冷过程的乙烯损失控制措施有设置分凝分馏塔和乙烯吸收塔。

乙烯吸收塔回收乙烯采用贫油效应的原理。贫油效应是指某分离过程可能产生两股物料，一股气相物料中某组分(乙烯)的浓度较高，称为富气；另一股液相物料中的组分(乙烯)浓度较低，称为贫液。如设法让贫液与富气接触，富气中的该组分(乙烯)就会被贫液所吸收，贫液即变成富液而进入下游分离过程。这样，本来有可能随富气逸出的该组分就被回收。在乙烯装置的深冷分离过程中应用这一效应，可以减少目的产品的损失并降低能耗。贫油效应如图 2-32 所示。

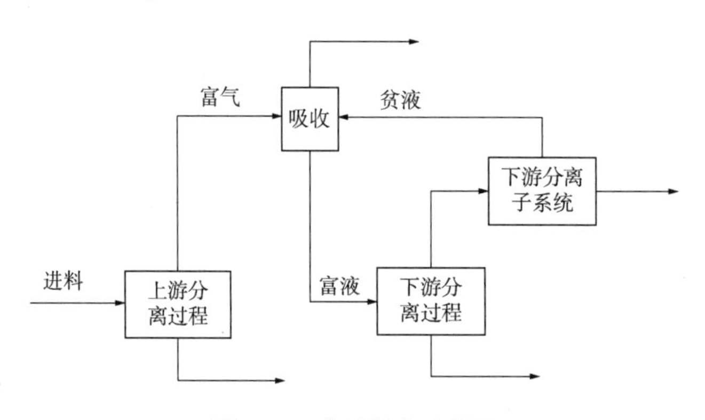

图 2-32　贫油效应示意图

中国石油的高效乙烯回收技术设置仅十几块塔盘的吸收塔，从脱甲烷塔采出的少量液相甲烷，经冷箱过冷后作为回流，将尾气中乙烯从 1500mL/m^3 降至 150mL/m^3，大幅降低乙烯损失率，如图 2-33 所示。

2. 简洁冷箱技术

深冷分离的冷量交换工艺复杂，为了满足换热的要求，大多采用板翅式换热器的冷箱结构。冷箱具有结构紧凑、换热面积大、可在低温差下有效工作等特点。设置冷箱流程时，有两种设计理念：一种是冷区气相全部进入冷箱，将尽可能多的物流集成在一起，冷箱尺

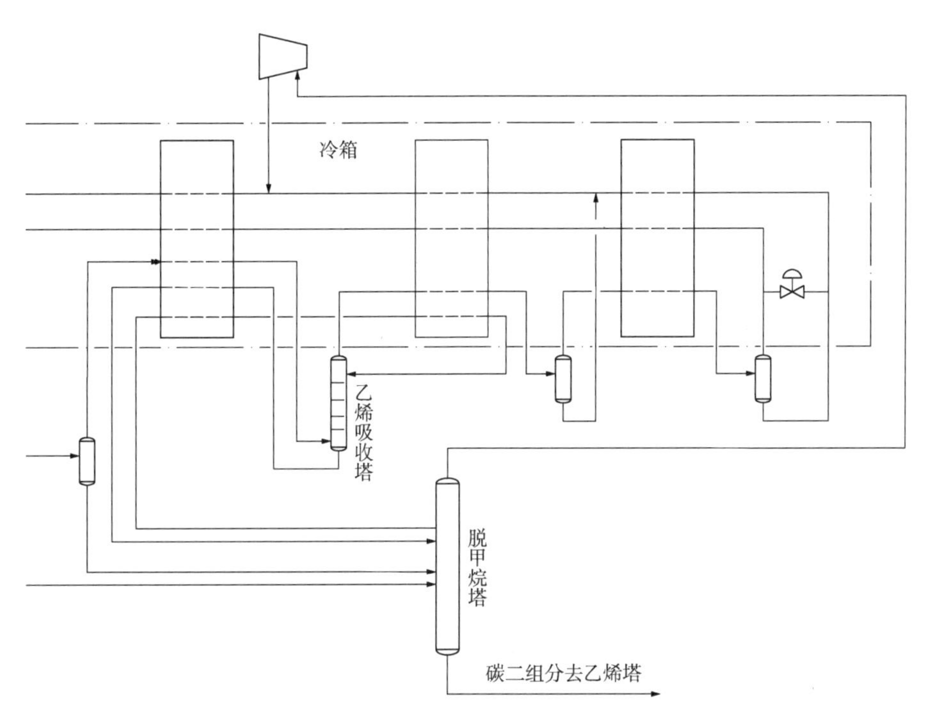

图 2-33　乙烯吸收塔流程示意图

寸大；另一种理念是先通过单体板翅式换热器冷凝，减少进入冷箱的物料，冷箱尺寸小，流程简洁，操作稳定性好。

1）复杂冷箱流程

复杂冷箱的通道多、管口多、管口应力复杂、外形尺寸较大，制造困难，易发生泄漏。近些年来，随着乙烯装置生产规模的逐渐增大，特别是百万吨级乙烯装置的建设，按照图 2-34所示的冷箱流程，势必导致冷箱尺寸庞大，给制造、运输、安装等带来困难。系统的复杂程度越高，出现事故的概率就越大，而且随着装置规模的不断扩大，一次事故造成的损失也越来越大。

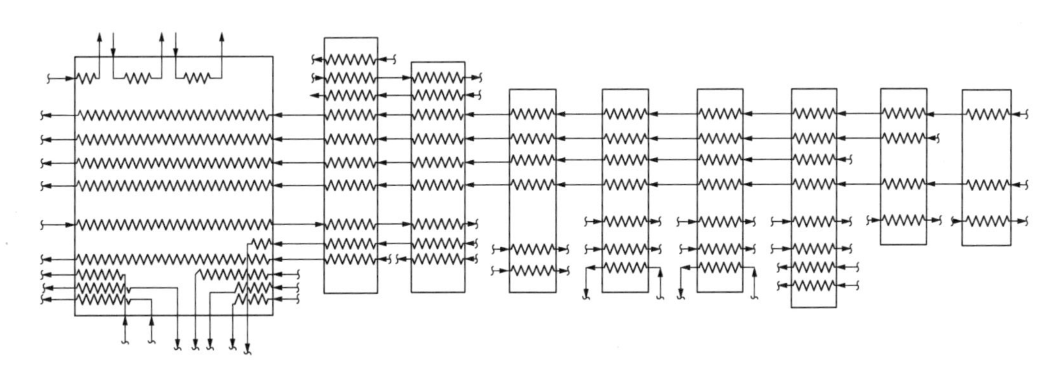

图 2-34　复杂冷箱流程示意图

2）简洁冷箱流程

中国石油采用简洁冷箱流程，如图 2-33 所示，裂解气经一系列板翅式换热器冷凝和分离罐，部分液相进入预脱甲烷塔和脱甲烷塔，多次冷凝分离后的较轻组分进入冷箱。冷箱处理的物料量减少，可缩小体积约 30%，便于制造和运输，同时减少过多工艺管线与冷箱相连带来的管口应力集中问题，避免工艺物料往返，该特点尤其适用于大型乙烯装置。

五、热泵技术

在常规的精馏操作中，需要额外为精馏塔提供塔釜热源和塔顶冷剂，通常塔顶冷凝器取走的热量占塔釜再沸器输入热量的 90%左右，此两部分能量利用存在优化空间。如果塔顶温度低于循环水温度(如乙烯精馏塔)，则必须用低温冷剂移去塔顶的热量。如果将塔顶气相冷凝的热量传递给塔釜再沸器，就能充分利用能量，可以大幅降低能量消耗。用“泵”(压缩机)实现从温度较低的塔顶取出热量，同时将这部分热量送到温度较高的塔釜，这种通过做功将热量自低温热源提至高温热源的供热系统称为热泵系统。

1. 热泵系统

用于精馏塔的热泵形式主要有闭式热泵和开式热泵。

图 2-35(a)为闭式热泵系统，塔内物料与制冷系统隔离，用外界的工作介质(如丙烯、乙烯)为冷剂，冷剂在冷凝器中蒸发使塔顶物料冷凝，蒸发的冷剂气体再进入压缩机升压，增压后送至再沸器，将热量传递给塔釜物料，冷剂冷凝为液体，完成一次循环。

当工艺介质本身可作为冷剂时，可采用开式热泵。与闭式热泵系统不同，开式热泵的塔顶物料直接进入压缩机进行循环操作，二者融为一体。图 2-35(b)是开式热泵系统示意图。

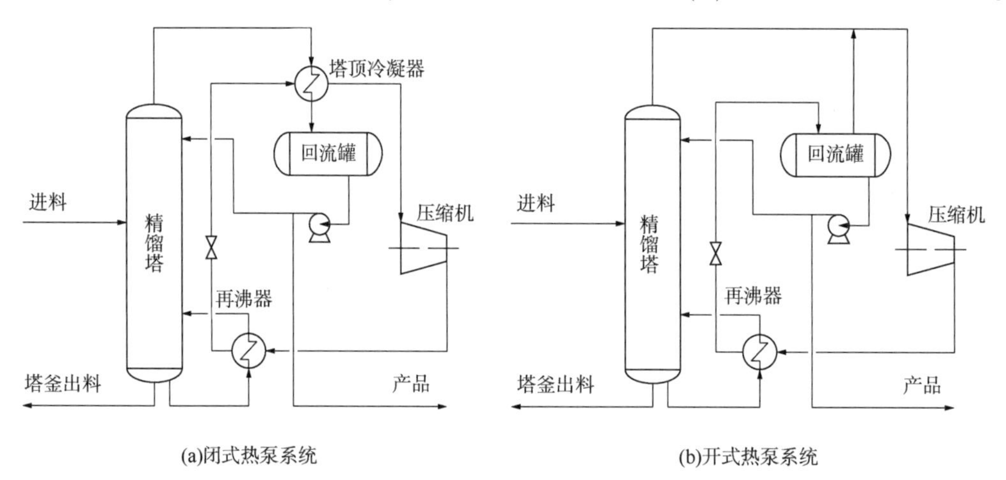

图 2-35　典型热泵流程示意图

热泵实质上是一种热量提升装置，热泵的作用是从周围环境中吸取热量，并把它传递给被加热的对象(温度较高的物体)，其工作原理与制冷机相同，都是按照逆卡诺循环工作的，所不同的只是工作温度范围不一样。

热泵的工作过程可用图 2-36 热泵制冷循环压焓图来表示，气体从点 1 进入压缩机，经绝热压缩至点 2 成为过热蒸汽，从点 2 在等压条件下冷却至点 3 成为干饱和蒸汽，再由点 3

等温冷凝至点 4 成为饱和液体，由点 4 等焓节流膨胀至点 5，再由点 5 向外提供冷量至点 1，可以看出通过一个循环所消耗的理论功是 W，向系统供给的热量是 Q_2，向系统提供的冷量是 Q_1。热泵系统的理论效率可用理想循环供热系数 ε 来衡量：

$$\varepsilon = Q_1/W$$

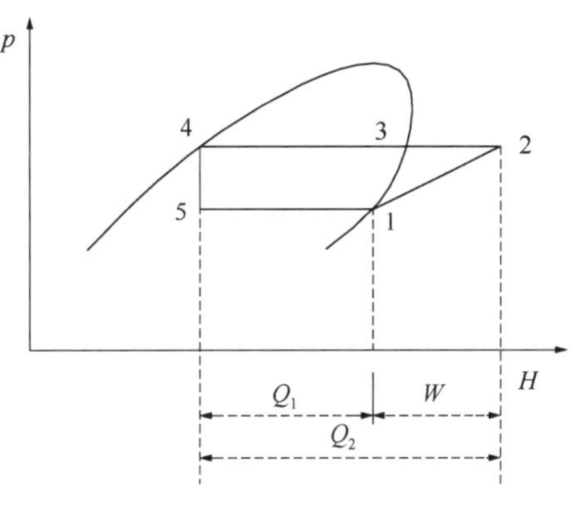

图 2-36　热泵制冷循环的压焓图

但对于实际热泵系统来说，传热过程存在温差，流动过程存在压降，因而热泵存在着不可逆损失，热泵循环中总会有部分功转化为热，这样实际功耗 W_1 大于理论功耗 W，实际循环的供热系数 COP 必然小于理想循环供热系数 ε，其中实际循环的供热系数 COP 定义如下：

$$\text{COP} = Q_1/W_1$$

式中　Q_1——热泵向系统提供的冷量，kW；

　　W_1——热泵的实际功耗，kW。

由 COP 的大小可以评价热泵的性能，COP 的值越大，表明热泵做同样的功可向系统提供的冷量越多，热泵的性能越好。

适宜应用热泵流程的情况有：

（1）塔顶与塔底温差小的系统。

（2）塔压降较小的系统。

（3）被分离物系的组分因沸点相近而难以分离，需较大回流比而消耗大量加热蒸汽的系统。

（4）低压精馏过程需要制冷设备的系统。

2. 乙烯热泵技术

乙烯精馏通常有高压乙烯精馏和低压乙烯精馏两种情况。高压乙烯精馏塔操作压力一般为 1.9～2.3MPa，塔顶温度为 -35～-23℃，塔顶冷凝器使用丙烯冷剂即可。在顺序分离流程中，大多数装置采用高压乙烯精馏。低压乙烯精馏塔操作压力一般为 0.3～0.8MPa，此时塔顶冷凝温度为 -75～-50℃，塔顶冷凝器需要乙烯作为冷剂。当采用低压精馏时，可与乙烯制冷系统组成开式热泵系统，这种组合有两个优点：一是低压精馏条件下物料的相对挥发度大，容易将组分分离，可降低塔板数或回流比；二是热泵可省去冷凝器、回流罐和回流泵等设备，节省投资、降低能耗。

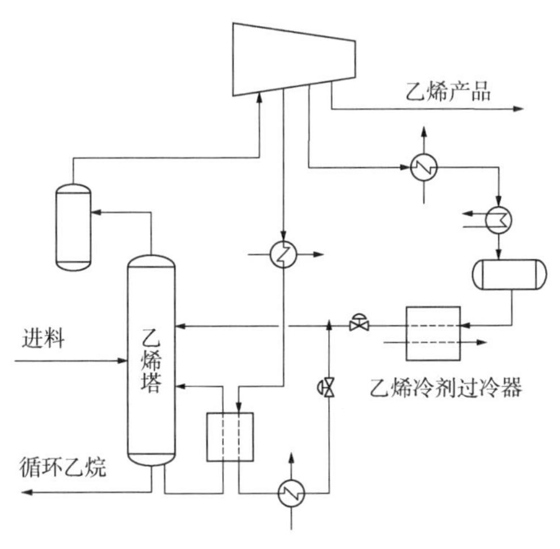

图 2-37　低压乙烯开式热泵流程示意图

中国石油的乙烯精馏系统采用低压乙烯开式热泵技术，流程如图 2-37 所示。

中国石油采用低压乙烯精馏，轻重组分的相对挥发度大，乙烯塔的回流比小。塔顶物料直接进入乙烯压缩机，不设置中间再沸器，流程简洁。乙烯塔塔顶馏出物进入乙烯压缩机第二段。乙烯塔的回流有两个来源：一是来自乙烯塔回流过冷器的回流，二是来自乙烯冷剂过冷器的回流。两股汇合后作为乙烯塔回流。乙烯压缩机第二段排出气经脱过热后，在乙烯塔再沸器中冷凝并向乙烯塔塔底物料提供再沸热量。

3. 丙烯热泵系统

丙烯与丙烷相对挥发度低，丙烯塔的塔板数多，回流大。为降低能耗，充分利用低品位热量，通常采用急冷水加热丙烯精馏塔再沸器。当急冷水热量充足时，采用急冷水作为热源的高压丙烯精馏工艺流程是经济的。当急冷水热量不足时，则可采用低压丙烯热泵流程。

中国石油在以煤基石脑油为原料的乙烯装置中使用了丙烯开式热泵技术，采用低压精馏降低塔压，提高相对挥发度，塔顶丙烯产品经压缩机升压后在丙烯机第四段抽出作为精馏塔再沸器的热源，自身被冷凝后作为精馏塔的回流。此方案节省了塔顶冷凝器及所需的大量冷却水，降低了装置能耗。该技术适用于轻质原料的乙烯装置，还可用于MTO/MTP烯烃分离装置以及丙烷脱氢装置。丙烯开式热泵系统如图2-38所示。

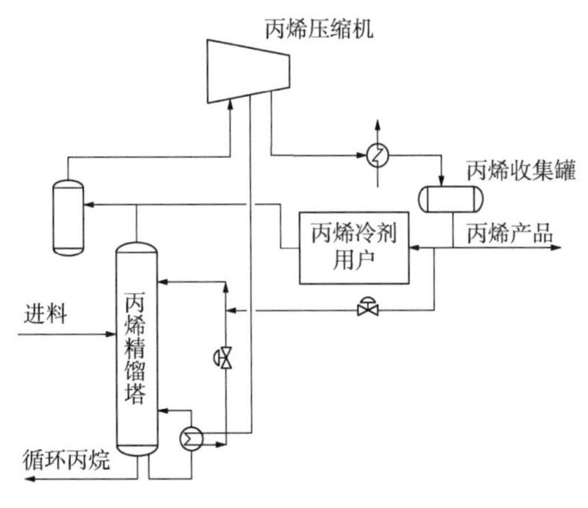

图2-38　丙烯开式热泵流程示意图

六、乙烯装置蒸汽系统

在乙烯装置的能耗占比中，蒸汽仅次于燃料气，因此各级蒸汽的优化利用和平衡有助于提高装置的能耗水平和经济性。乙烯装置主要产、用汽设备主要有裂解炉、三机用汽轮机、工艺换热器等。从全厂蒸汽平衡角度考虑，通常设置4个蒸汽等级，平衡外部蒸汽需求。

在正常生产时，主要蒸汽来源于裂解炉副产的超高压蒸汽，同时依靠界区外的动力站或全厂系统管网提供少量的补充，在外部条件允许时可以向下游装置提供部分低等级的蒸汽。在开车阶段或发生事故时，乙烯装置需要依靠外部汽源来为蒸汽系统管网提供保障。

1. 蒸汽平衡方案

一般来说，乙烯装置在使用裂解炉副产蒸汽之外，还需要一些蒸汽作为补充。超高压蒸汽(10~13MPa)和高压蒸汽(3.8~4.4MPa)会被优先作为补充汽源。根据补充汽源压力的不同，可以将蒸汽平衡方案分成两类：

(1) 设置有超高压开工锅炉或外部动力站可向乙烯装置提供超高压蒸汽时，通常选择超高压蒸汽作为外部补充汽源的方案。直接使用超高压蒸汽作为补充汽源，蒸汽平衡更为灵活，其他等级蒸汽可较为灵活地利用超高压抽凝式汽轮机的抽汽进行平衡。在开车阶段，裂解气压缩机用汽轮机可直接使用外引超高压蒸汽驱动，减少热备裂解炉数量，便于投料。

（2）在外部汽源只能提供高压蒸汽时，相对于超高压蒸汽为补充汽源的方案，蒸汽平衡的灵活性受到一定的限制，在开车阶段，存在裂解气压缩机用汽轮机切换的工况。

两种不同汽源的乙烯装置蒸汽平衡的框架图如图 2-39 和图 2-40 所示。

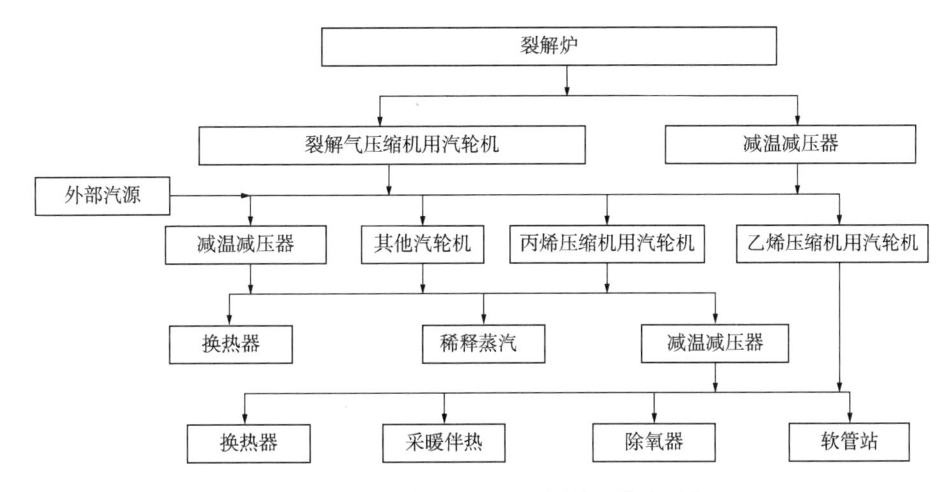

图 2-39　采用高压汽源的乙烯装置蒸汽平衡

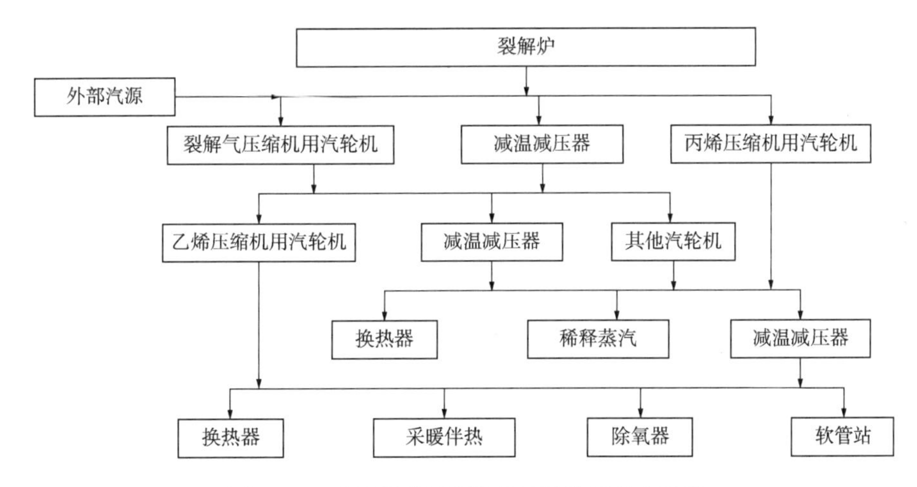

图 2-40　采用超高压汽源的乙烯装置蒸汽平衡

2. 典型工况

乙烯装置的工况比较复杂，蒸汽系统必须保证在不同工况下供汽的可靠性、连续性和适应性，这就要求对蒸汽平衡需要进行多种工况的计算和复核。典型的蒸汽平衡工况为正常生产工况（基础工况）、正常生产清焦工况（基础工况）、开车工况、裂解气压缩机跳车工况、丙烯压缩机跳车工况、停电工况等。

如果乙烯装置是联合装置或炼化一体化装置中的一环，乙烯装置根据全厂上下游其他装置的开停也会有更多的工况，甚至乙烯装置外送产品的状态不同也会引起蒸汽平衡的变化。蒸汽平衡会影响到大型压缩机驱动汽轮机形式的选择、蒸汽管网的稳定性和可靠性，进而影响到全厂的建设投资和后期运行的经济性，是开展相关工程设计工作的前提和依据。

第四节　中国石油乙烯配套技术

中国石油在开发乙烯成套技术的同时，也相继开发了汽油加氢技术、废碱氧化技术、丁二烯抽提技术、MTBE/1-丁烯技术和芳烃抽提技术等配套技术，形成了以乙烯丙烯产品为龙头、副产品加工技术为辅的乙烯化工区整套技术解决方案。

一、汽油加氢技术

裂解汽油是蒸汽裂解制乙烯的主要副产物，主要成分为C_5—C_9。在以石脑油、轻柴油、加氢尾油等液体为原料裂解时，裂解汽油产量大，其中芳烃含量高。由于裂解汽油中含有大量的不饱和烃和硫等杂质，因此无法从粗裂解汽油中直接获得苯、甲苯等芳烃组分。因此，通常采用裂解汽油加氢工艺，把裂解汽油中的二烯烃、单烯烃加氢饱和，脱除硫、氮等杂质。

1. 工艺技术概况

目前，先进的、具有竞争力的、应用比较广泛的裂解汽油加氢技术有 Axens 工艺技术、Lummus 的 DPG 工艺技术、Shell 工艺技术、Linde 工艺技术以及中国石油、中国石化的裂解汽油加氢技术等。

中国石油开发的裂解汽油加氢技术具有组分切割操作灵活、装置能耗低、运行平稳、芳烃损失率小等特点，可根据实际生产需求，在同一装置上实现全馏分加氢或中心馏分加氢，增加操作灵活性。该技术已经成功应用于宁煤副产品深加工综合利用项目的汽油加氢装置、浙石化 4000×10^4t/a 炼化一体化项目一期和二期汽油加氢装置、玉皇 100×10^4t/a 轻烃综合利用项目、盛虹炼化一体化项目汽油加氢装置、广东石化一体化项目汽油加氢装置。

2. 工艺流程介绍

裂解汽油加氢装置通常划分为脱戊烷塔系统、脱辛烷塔系统、一段加氢系统、二段加氢系统和汽提塔系统，按照系统排列顺序的不同，可将流程分为全馏分加氢工艺流程和中心馏分加氢工艺流程。

1）全馏分加氢工艺流程

来自乙烯装置的粗裂解汽油（C_5—C_9），首先与氢气混合送入一段加氢系统，将裂解汽油中的二烯烃进行选择性加氢，生成单烯烃，苯乙烯加氢为乙苯。然后进入脱辛烷塔系统，切割C_{9+}馏分作为产品送出装置，C_5—C_8馏分与循环氢气混合，加热后进入二段加氢系统，单烯烃转化为烷烃，有机硫转化为硫化氢。二段加氢反应产物经冷却后，气相进入循环氢气压缩机循环使用，液相进入硫化氢汽提塔系统脱除硫化氢，汽提塔塔釜液进入脱戊烷塔系统，塔顶为饱和C_5产品，塔釜为加氢汽油产品。具体流程如图 2-41 所示。

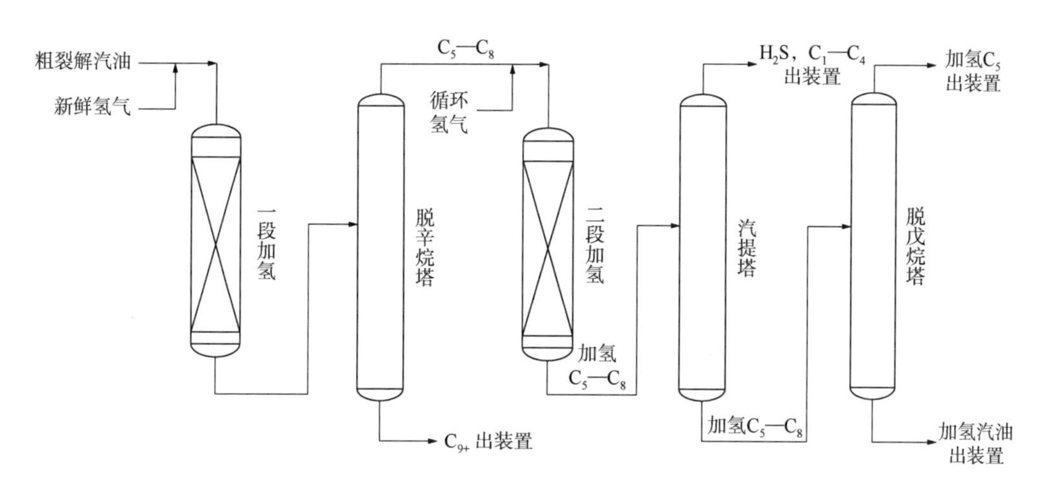

图 2-41 全馏分加氢流程示意图

2）中心馏分加氢工艺流程

粗裂解汽油首先进入脱戊烷塔，塔顶分离出未加氢 C_5，塔釜的 C_{6+}馏分与氢气混合进入反应器进行一段加氢，一段加氢汽油进入脱辛烷塔脱除 C_{9+}馏分，塔顶的 C_6—C_8馏分进行二段加氢，将其中的单烯烃饱和并脱硫，二段加氢汽油经汽提塔汽提脱除轻烃和硫化氢后，得到加氢汽油产品，如图 2-42 所示。

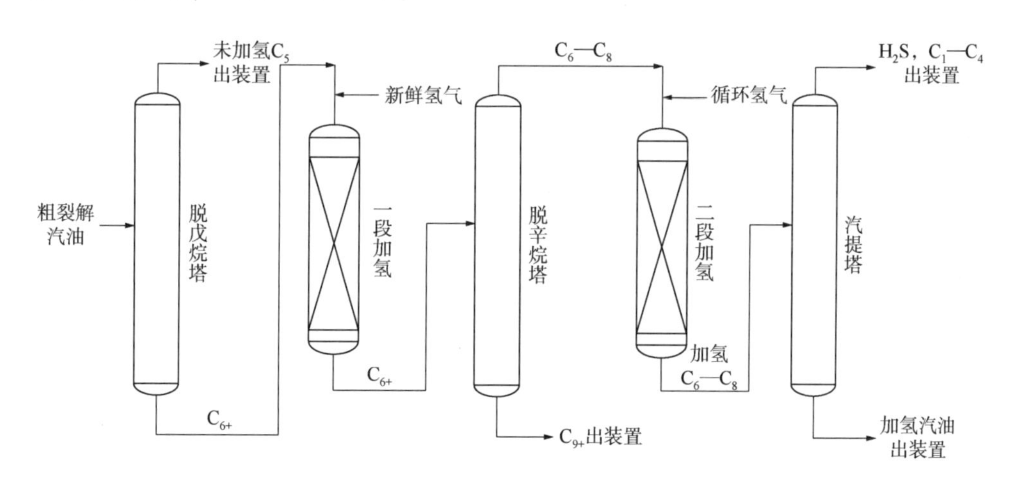

图 2-42 中心馏分加氢流程方案一示意图

中心馏分加氢还可以与苯乙烯抽提流程联合，即粗裂解汽油先进入脱戊烷塔，从粗裂解汽油中分离出 C_5 组分，塔釜未加氢 C_{6+}直接进入脱庚烷塔，脱庚烷塔塔釜为未加氢 C_{8+}送至苯乙烯抽提装置，塔顶的未加氢 C_6—C_7与苯乙烯抽提装置返回的 C_8 抽余液混合后，经过两段加氢反应，将其中的烯烃饱和并脱硫，进入汽提塔脱除 H_2S 后得到产品加氢汽油。具体流程如图 2-43 所示。

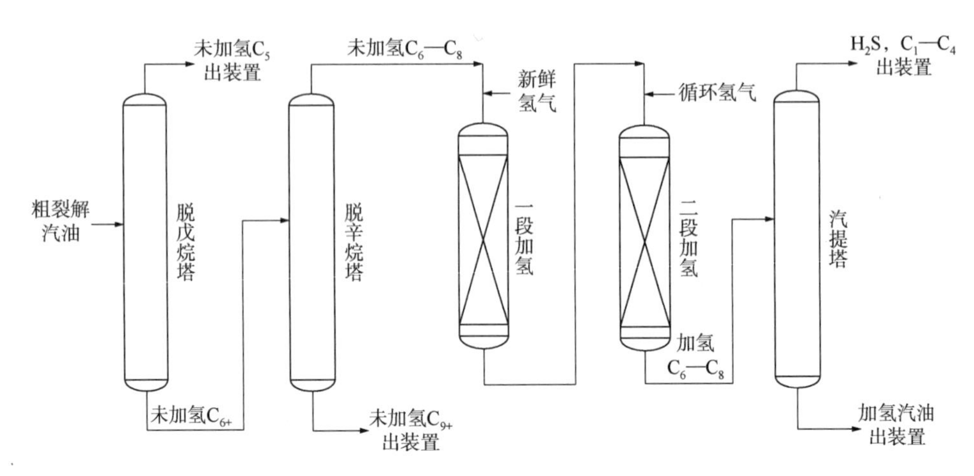

图 2-43　中心馏分加氢流程方案二示意图

二、废碱氧化技术

为脱除裂解气中的 CO_2、H_2S 等酸性杂质，通常采用碱洗流程，在碱洗过程会产生大量废碱液，含有 Na_2S、Na_2CO_3等盐类物质以及黄油等烃类物质。典型的乙烯废碱组成见表 2-10。乙烯废碱具有水量大、污染物种类多、浓度高等特点。其处理效果好坏成为影响污水处理厂稳定运行的主要因素。

表 2-10　乙烯废碱典型组成

序号	组分	范围	序号	组分	范围
1	NaOH,%(质量分数)	1~2	4	NaRS,%(质量分数)	0~0.2
2	Na_2S,%(质量分数)	0.5~5	5	溶解烃,%(质量分数)	0.1~0.3
3	Na_2CO_3,%(质量分数)	1~10	6	COD，mg/L	5000~20000

1. 乙烯装置废碱的主要处理技术

目前，国内乙烯装置废碱液的处理方法主要包括焚烧法、中和法、生物处理法和氧化法四大类。焚烧法属于直接处理法；中和法以综合利用为出发点，主要以 CO_2 中和法为代表；生物处理法是指以 QBR(Quick Bioreactor)高浓度废水处理技术和韩国 SK 生物强化技术为代表的生物氧化技术；氧化法包括湿式氧化和催化湿式氧化。

1）焚烧法

焚烧法是在高温(不高于 950℃)和常压下使硫化物氧化为硫酸盐，有机物生成 CO_2 和 H_2O，NaOH 转化为 Na_2CO_3，硫酸盐和碳酸盐仍溶解在处理过的废液中。焚烧法是一种可靠的氧化处理法，操作简单，缺点是能耗高，操作成本高，燃烧形成的碳酸钠或硫酸钠在高温下对炉内耐火材料腐蚀严重，也易在急冷设备和管道中结垢，还需要设立一整套复杂的烟气处理流程，来满足烟气达标排放的要求，新建乙烯装置已不再采用。

2）CO_2中和法

CO_2中和法是以富含 CO_2的废气，在加热蒸汽和分离助剂存在下，将废碱分离成有机和无机两相，有机相中能一并回收环烷酸、粗酚，无机相的主要副产品是碳酸钠。该方法由于污染大，环保不达标，已基本淘汰。

3）生物处理法

生物处理法采用特定降解菌，除去废碱中的硫化物等目标污染物。

生物处理工艺具有流程长、占地面积大、处理效率低、运行费用高等缺点，而且在中和调节 pH 值过程中无法避免硫化氢逸出，造成二次污染，从而在一定程度上限制了生物处理法的应用。

生物处理法所筛选的微生物专一性很强，因此水质匹配性要求较高，对进水污染物组成类型的变化较为敏感。处理废碱液时，需要大量的水进行稀释。

4）湿式氧化法

湿式氧化法（WAO）是在一定温度和压力下，以空气中的氧气为氧化剂，在液相中将废碱中的无机硫及有机硫氧化为硫酸钠，有机污染物氧化为可生化性强的小分子有机物的化学过程。经 WAO 处理后，废碱液可生化性显著提高，可送至后续污水厂处理。

在湿式氧化过程中，主要反应如下：

对于 Na_2S：

$$2Na_2S+2O_2+H_2O \longrightarrow Na_2S_2O_3+2NaOH$$

$$Na_2S_2O_3+2O_2+2NaOH \longrightarrow 2Na_2SO_4+H_2O$$

对于有机硫（硫醇）：

$$2NaRS+3O_2 \longrightarrow 2NaOSO_2R$$

对于烃类的氧化反应：

$$RH+O_2+NaOH \longrightarrow NaOOCR'+H_2O$$

影响湿式氧化的因素主要为反应温度和时间。反应温度是影响湿式氧化处理效果的决定性因素，温度越高，反应越完全。对于 WAO，当达到同样处理效果时，反应时间随反应温度的升高而缩短。

2. 中国石油的湿式废碱氧化技术

中国石油在工程实践基础上开发了湿式氧化成套技术，该技术已经成功应用于国能宁煤副产品深加工综合利用项目、塔里木乙烷制乙烯项目、山东寿光轻烃综合利用等项目。

基本流程介绍如下：

自废碱储罐来的脱除黄油后的废碱液，经脱烃塔汽提除去废碱中溶解的烃类物质，升压并与反应出料换热后从底部进入反应器。反应所需空气经空压机增压从下部进入反应器。在反应器内，气液相充分混合接触，在废碱液中溶解的氧气随着反应进行而逐渐消耗，空气中的氧气不断溶解在废碱液中，使氧化反应持续进行，将更多的硫化物转化。反应器中液体停留时间约为 60min，以保证硫化物完全氧化。氧化反应是放热反应，热量可以维持反应器温度。如果反应放热不足，可以通过直接向反应器通入高压蒸汽来维持温度。

反应物从顶部离开，经过进出料换热器回收热量后，经冷却水进一步冷却后进入气液分离罐，罐顶尾气通过压控阀送入废气处理设施，罐底液相经中和后外送污水处理厂。

高温湿式氧化法流程如图 2-44 所示。

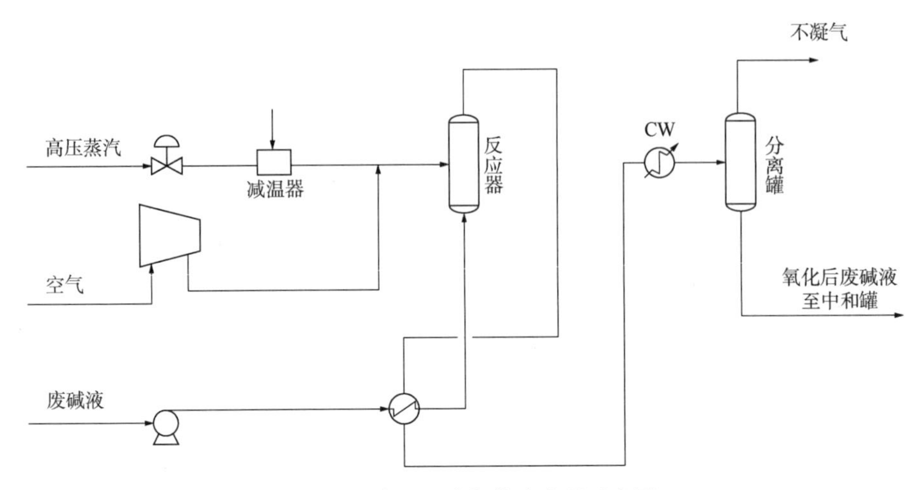

图 2-44　高温湿式氧化法流程示意图

主要技术特点如下：

(1) 设置废碱除油组合工艺，有效脱除废碱中的烃类杂质，防止湿式氧化反应过程中可能的飞温、水体 pH 值波动以及设备管道可能的堵塞。

(2) 废碱中的目标反应物 S^{2-} 及有机 COD 的转化效率和转化率高。

(3) 合理设置反应器的空气分布器及内件，可强化气液传质，提高反应效率。

(4) 合理选择设备/管道材质，确保设备/管道在高温碱性环境下能长期平稳运行。

(5) 采用多级中和工艺，使废碱氧化出水 pH 值能稳定达标。

三、丁二烯抽提技术

近年来，大型乙烯装置大多配套建设丁二烯装置，丁二烯抽提装置原料为乙烯装置的裂解碳四，其丁二烯含量随裂解原料和裂解深度而不同，丁二烯含量一般为 30%～60%(质量分数)。裂解碳四的其他组成为 C_4烷烃、单烯烃、炔烃以及少量的 C_5重组分，其组分沸点相差很小(表 2-11)。

表 2-11　裂解碳四组分沸点

序号	组分	沸点,℃	序号	组分	沸点,℃
1	丙炔	-23.22	6	顺-2-丁烯	3.7
2	乙烯基乙炔	5.5	7	反-2-丁烯	0.9
3	异丁烯	-6.9	8	正丁烷	-0.5
4	1,3-丁二烯	-4.4	9	异丁烷	-11.73
5	1-丁烯	-6.3	10	丁炔	8.09

1. 技术概述

由于 C_4组分间相对挥发度比较接近，普通精馏难以实现分离或成本较高，需要采用特殊的精馏方式——抽提精馏。溶剂是影响抽提精馏效果的关键因素，好的溶剂应具有溶解度选择性好、蒸气压低、稳定性好、廉价易得、毒性小、比热容小等特点。

经过多年的筛选和工业验证，根据溶剂的不同，碳四抽提技术主要分为乙腈(ACN)法、*N*-甲基吡咯烷酮(NMP)法和二甲基甲酰胺(DMF)法。

1）ACN 法

ACN 法最初由壳牌于 20 世纪 60 年代开发成功并商业化运行，目前国内已经掌握 ACN 法的工艺路线。为增强溶剂选择性、降低操作温度，乙腈溶剂一般含水 5%~10%(质量分数)。乙腈为丙烯腈装置的副产物，廉价易得，热稳定性好，对设备基本无腐蚀。

2）NMP 法

NMP 法由德国巴斯夫(BASF)于 20 世纪 60 年代开发成功。NMP 法具有对环境友好、毒性小、废水排放较少等优点。由于 NMP 沸点较高，脱气塔采用低压操作，需配置压缩机进行增压。

3）DMF 法

DMF 法由日本的瑞翁(GEON)公司开发而来。DMF 法需严格控制系统中的水含量，在水环境下 DMF 容易水解，造成装置腐蚀。其工艺流程与 NMP 法接近，同样采用“两级萃取精馏+两级普通精馏”的路线。

2. 中国石油的丁二烯抽提技术

寰球公司从 20 世纪 90 年代起开始研究丁二烯抽提工艺，先后完成了抚顺石化 DMF 法、东方化工厂和蓝星公司 NMP 法的丁二烯抽提装置，积累了丰富的工程经验。基于对碳四物性体系的理论理解和丰富的工程设计经验，寰球公司建立了丁二烯抽提计算模型，形成了具有自主特色的丁二烯抽提技术。

丁二烯抽提技术使用乙腈作为萃取剂，采用“两级萃取精馏+两级普通精馏+水洗”的工艺路线。如图 2-45 所示，裂解碳四首先从中部进入第一萃取精馏塔，与塔上部进料的乙腈溶剂逆流接触，塔顶采出丁烷和丁烯，塔底富溶剂进入第二萃取精馏塔。第二萃取精馏塔上部为溶剂洗涤段，中部为炔烃萃取段，下部为解吸段。碳四炔烃从塔下部以气相形式抽出进入炔烃闪蒸塔，为防止碳四炔烃组分聚集爆炸，采用抽余碳四或 MTBE 装置的剩余碳四稀释，使炔烃的浓度低于爆炸极限。第二萃取精馏塔底得到贫溶剂循环使用。为达到节能的目的，贫溶剂的显热分别给第一萃取精馏塔再沸器、脱重塔再沸器等一系列用户加热。随后，粗丁二烯先脱重组分后脱轻组分，得到合格的聚合级丁二烯产品。由于乙腈与碳四形成共沸物，各个产品出界区前应设置水洗塔，减少溶剂损失。

中国石油的 ACN 法丁二烯抽提技术具有以下特点：

(1) 工艺流程简洁，设备数量少，装置集成化程度高，上下游一体化设计，可适应乙烯装置裂解原料波动造成的进料组成变化。

(2) 第二萃取精馏塔塔顶气相直接进入丁二烯脱重塔，减少相变次数，能耗低。

(3) 换热效率高，换热网络柔性强。溶剂循环使用，通过回收循环溶剂的热量，减少蒸汽的使用。可与 MTBE/1-丁烯装置集成优化，实现蒸汽和凝液的梯级利用，蒸汽消耗量低。

(4) 废水排放量少，通过回收乙腈水溶液，实现乙腈溶剂的循环使用。

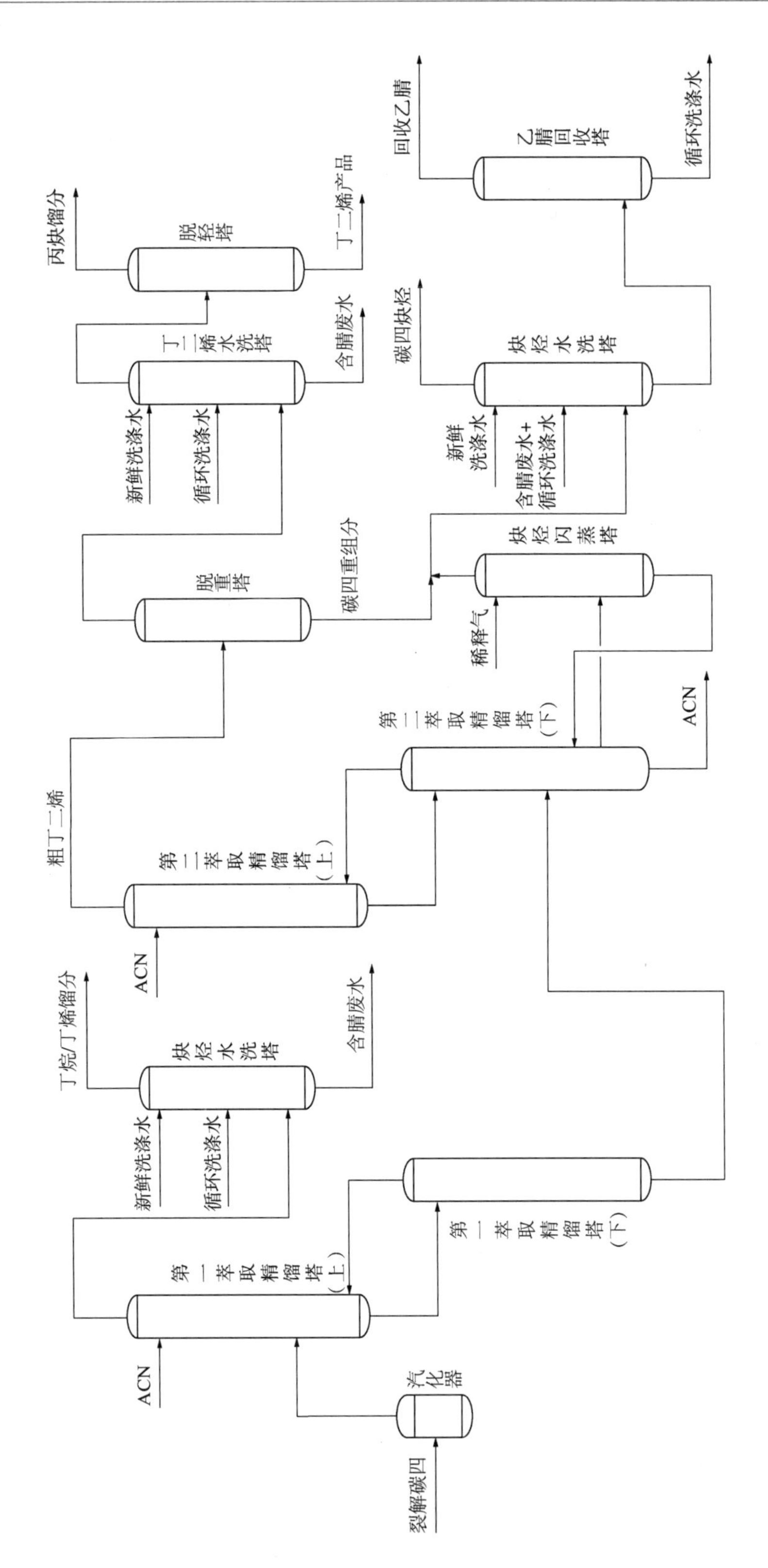

图2-45　中国石油的ACN法流程示意图

四、MTBE/1-丁烯技术

由于1-丁烯和异丁烯沸点非常接近，仅相差0.6℃，难以用一般精馏方法分离。现普遍采用异丁烯和甲醇进行醚化反应生成MTBE，是一种分离异丁烯的经济可行的方法。

1. 技术概述

1973年，意大利首家10×10^4t/a MTBE装置建成投产。意大利SNAM工艺采用两台串联运行的列管式固定床反应器。法国IFP工艺是法国石油研究院于20世纪70年代开发的，并于1980年实现了工业化。IFP采用上流式膨胀床反应器进行醚化反应。美国催化蒸馏工艺将固定床反应器与蒸馏塔结合在一起形成催化蒸馏塔。催化蒸馏工艺产品质量高，工艺简单，技术成熟，但催化剂的装填比较麻烦，设备结构复杂。

我国自20世纪70年代末开始MTBE合成技术的研究和开发，1983年齐鲁石化第一套MTBE装置投产。国内有关单位协作，先后开发出多种合成工艺，如列管固定床工艺、外循环固定床工艺、膨胀床工艺、催化蒸馏工艺等。

醚化催化剂多采用阳离子交换树脂催化剂，是苯乙烯和二乙烯基苯的共聚物。温度过高会使磺酸基团脱落而活性下降，甚至会发生碳化反应，使用寿命一般为两年。

2. 中国石油MTBE/1-丁烯技术

中国石油的MTBE技术采用固定床外循环和催化蒸馏组合工艺技术，1-丁烯分离技术采用精密精馏分离技术，如图2-46所示，工艺流程如下：

（1）醚化反应工段。原料甲醇与抽余碳四混合预热后，经串联的三床醚化反应器进行醚化反应。采用循环撤热的方式，以避免反应器内高温导致催化剂失活。经三床醚化反应器后，异丁烯的转化率达到95%以上。

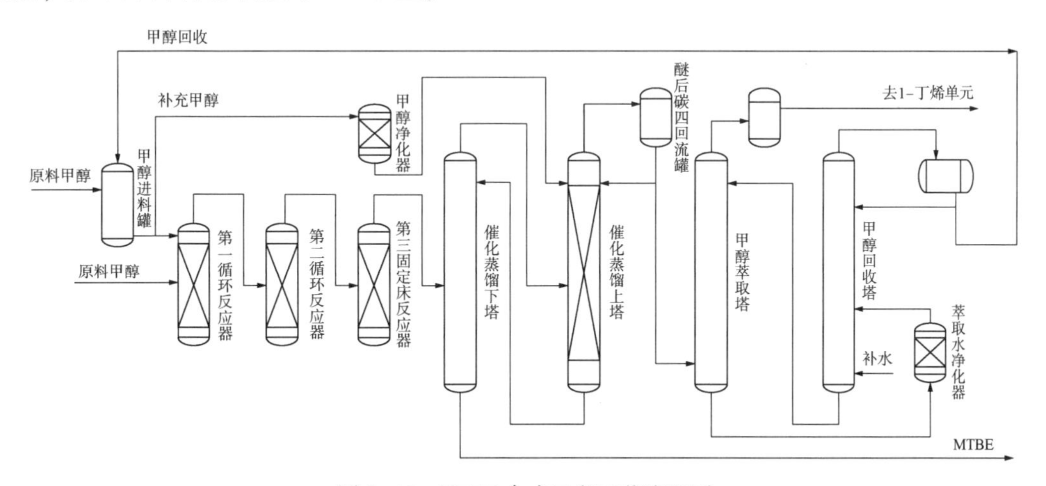

图2-46 MTBE合成工段工艺流程图

（2）催化精馏工段。醚后碳四进入催化精馏塔，同时发生醚化反应和蒸馏分离。催化精馏塔分为反应段、精馏段和提馏段，反应段装有催化剂。

（3）回收工段。催化蒸馏塔顶醚后碳四进入甲醇萃取塔，脱除甲醇后的醚后碳四溶液去脱异丁烷塔。塔底的甲醇萃取液经萃取水净化器净化后进入甲醇回收塔。

(4) 精制工段。1-丁烯精制单元由脱异丁烷塔和1-丁烯塔组成，每台塔均有上、下塔组成。醚后碳四进入脱异丁烷塔，塔顶轻组分为异丁烷。塔底物料送至1-丁烯精馏塔，塔顶采出1-丁烯产品，塔釜重组分和脱异丁烷塔的异丁烷混合作为剩余碳四产品。

主要工艺流程如图2-47所示。

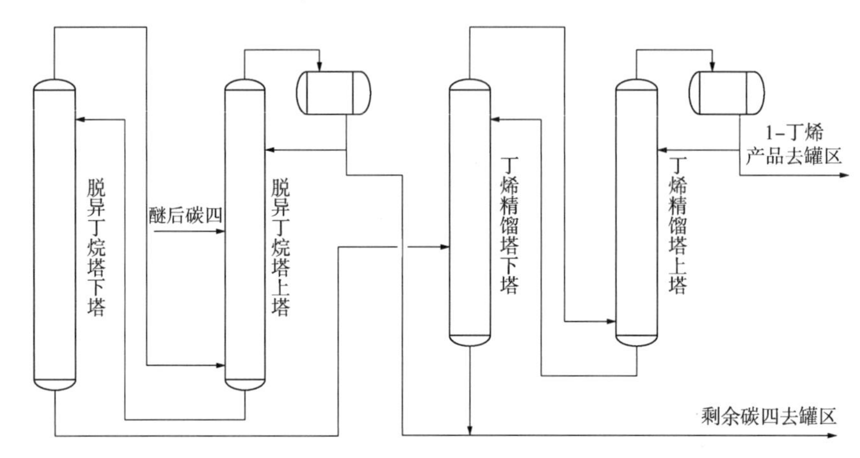

图2-47　1-丁烯精制工段工艺流程图

中国石油的MTBE/1-丁烯技术的特点如下：

(1) 第一、第二醚化反应器可串联、并联操作，并且可以切换流程顺序，最大限度地利用催化剂，节约运行成本，实现装置长周期运行。

(2) 设置催化蒸馏塔，催化反应和蒸馏分离在塔内进行，实现异丁烯的深度转化。催化蒸馏塔，可适应捆包催化剂，也可适应催化剂与填料的组合模块。

(3) 设置萃取水净化器，除去萃取水中的阴离子等杂质，可以中和水中酸性物质，减缓设备腐蚀，减少污水排放量。

(4) 1-丁烯分离采用四塔操作，可实现四塔尺寸相同，减少设计制造周期。

五、芳烃抽提技术

裂解汽油中的苯、甲苯和混合二甲苯是芳烃的重要来源之一。裂解汽油中的非芳烃组分与芳烃沸点非常接近，用常规精馏不能获得高纯度的芳烃产品。芳烃抽提技术是实现芳烃与非芳烃分离的重要方法。

1. 技术概述

工艺方法主要有四甘醇法(Udex)、环丁砜法(Sulfolane)和*N*-甲基吡咯烷酮法(Arosolvan)等，其中应用最广泛的是环丁砜法。芳烃抽提技术主要有UOP公司的Sulfolane技术、GTC公司的GT-BTX技术和中国石化石油化工科学研究院的SED技术。

芳烃抽提技术主要有液液抽提法和抽提蒸馏法。芳烃液液抽提工艺适用范围宽，尤其适合处理芳烃含量适中的原料，可同时回收苯、甲苯和二甲苯。当只需要进行苯或甲苯、二甲苯抽提时，抽提蒸馏工艺具有流程简单、投资省、操作费用低的优势。

2. 中国石油的芳烃抽提技术

中国石油基于丰富的工程经验和自有数据库，开发了芳烃抽提技术，回收率达到行业先进水平。工艺流程如下：

（1）抽提部分流程如图 2-48 所示。在抽提塔中，原料经与贫溶剂换热后进入抽提蒸馏塔。贫溶剂从上部进入抽提蒸馏塔。溶剂提高了目的产品芳烃和其他组分间的相对挥发度，非芳烃组分从塔顶采出，富含芳烃的溶剂从塔釜采出。富溶剂进入溶剂回收塔，溶剂回收塔负压操作，芳烃从塔顶采出，贫溶剂由塔釜采出，经系列换热后循环使用。为保证溶剂品质，少量溶剂进入溶剂再生塔，脱除杂质。

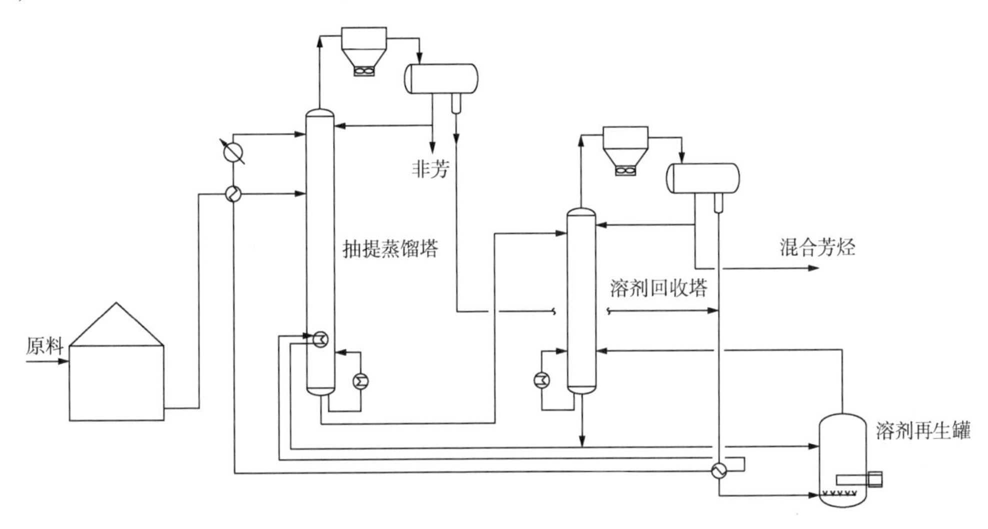

图 2-48 抽提蒸馏流程图

（2）精馏部分流程如图 2-49 所示。抽提得到的混合芳烃可能含有痕量的烯烃，需设置白土塔脱除杂质，保证芳烃产品合格。混合芳烃依次经苯塔、甲苯塔精馏分离，得到满足国家标准的苯、甲苯产品。

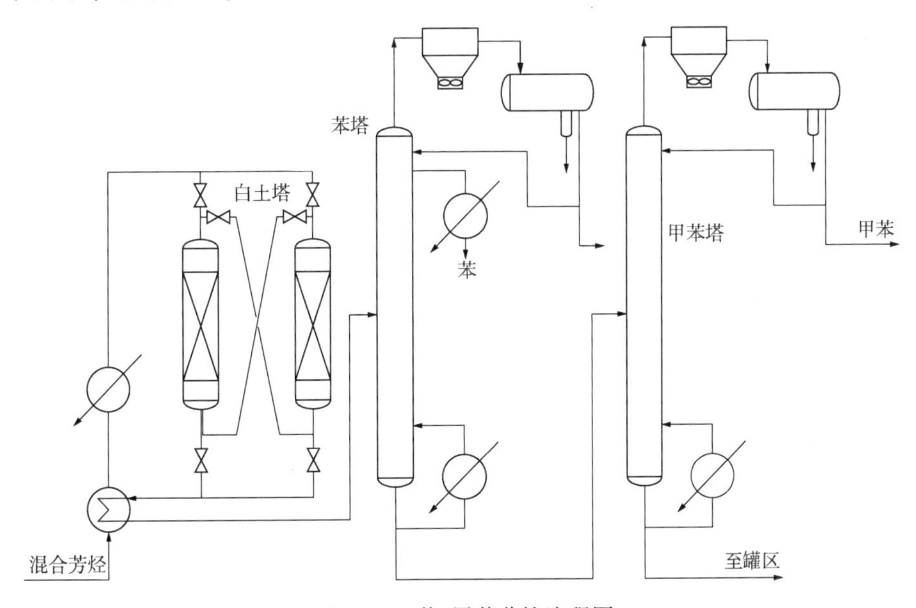

图 2-49 苯/甲苯分馏流程图

中国石油芳烃抽提技术具有以下特点：

（1）高回收率的抽提蒸馏技术，可根据原料组成和目标产品情况灵活选用。

（2）高效热整合技术，优化精馏塔操作条件，实现热耦合，减少公用工程消耗。

（3）溶剂循环使用，通过回收循环溶剂的热量，减少蒸汽的使用。

（4）溶剂再生塔不停工连续排渣技术，可实现在线排渣，操作灵活，有利于装置长周期稳定运行。

（5）白土塔可并联、串联操作，延长白土使用寿命，充分发挥白土性能，减少装置废渣排放。

第五节　中国石油乙烯技术树

中国石油的乙烯成套技术由双耦合传热计算、石油烃裂解产物预测技术等在内的大型裂解炉技术，原料增湿技术、丙烯热泵技术、非清晰分馏技术等在内的分离技术，配套催化剂技术，以及汽油加氢、废碱氧化、丁二烯抽提等配套工艺技术共同构成。乙烯成套技术形成的技术树如图 2-50 至图 2-53 所示。

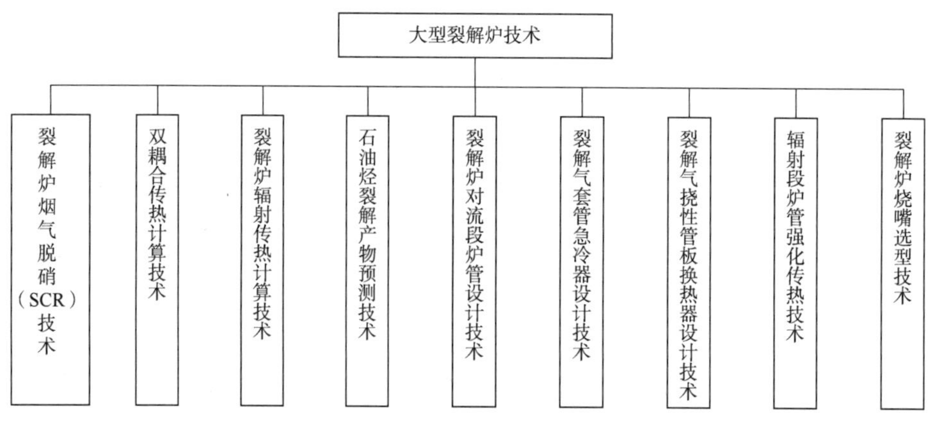

图 2-50　大型裂解炉技术树

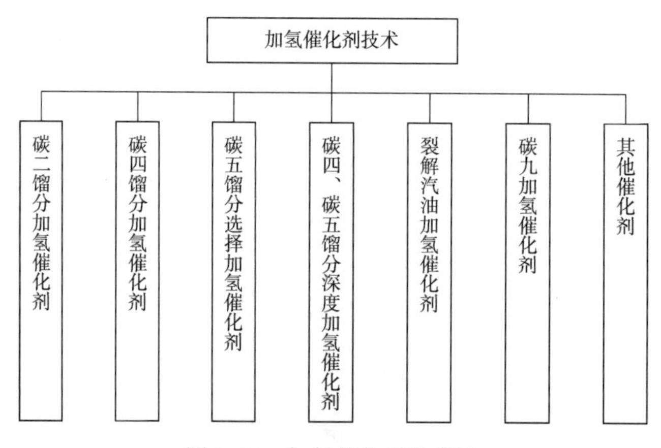

图 2-51　加氢催化剂技术树

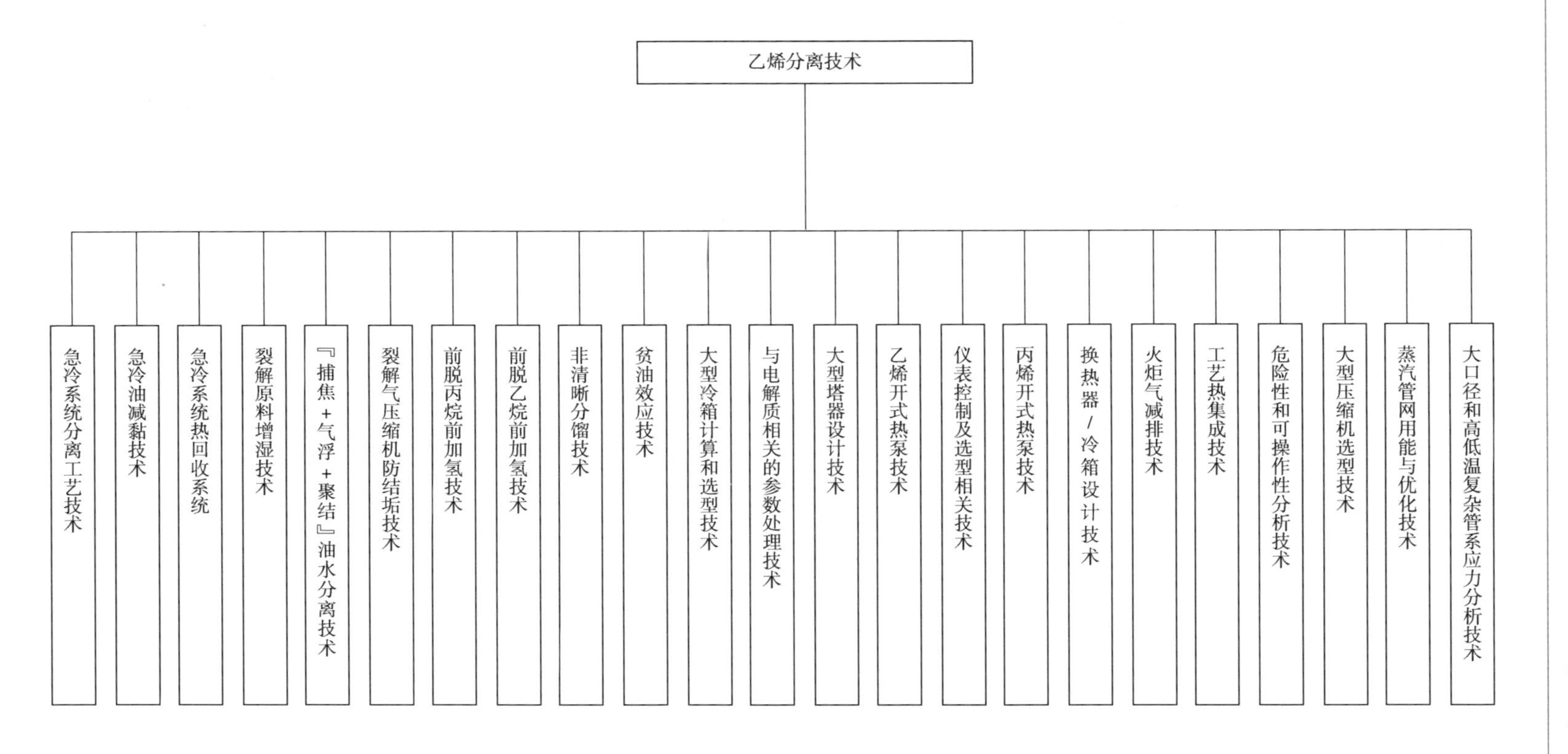

图2-52　乙烯分离技术树

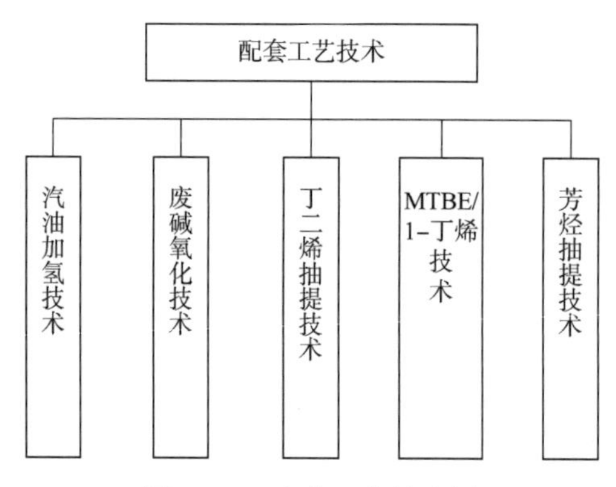

图 2-53　配套工艺技术树

参 考 文 献

[1] 胡杰，王松汉．乙烯工艺与原料[M]．北京：化学工业出版社，2018.

[2] 王子宗，何细藕．乙烯装置裂解技术进展及其国产化历程[J]．化工进展，2014，33(1)：1-9.

[3] 王子宗．乙烯装置分离技术及国产化研究开发进展 [J]．化工进展，2014，33(3)：523-537.

[4] 陈滨．石油化工工学丛书：乙烯工学[M]．北京：化学工业出版社，1997.

[5] 邹仁鋆．石油化工裂解原理与技术[M]．北京：化学工业出版社，1981.

[6] Haynes W M. CRC handbook of chemistry and physics[M]. 95th Edition. Taylor & Francis，2014.

[7] 中国石油天然气股份有限公司，中国寰球工程有限公司．具有强化传热元件的换热管：201210241368.8[P]．2014-01-29.

[8] Stefanidis G D，Merci B，Heynderickx G J，et al. CFD simulations of steam cracking furnaces using detailed combustion mechanisms[J]. Computers & Chemical Engineering，2006，30(4)：635-649.

[9] Vandewalle L A，Van Cauwenberge D J，Dedeyne J N，et al. Dynamic simulation of fouling in steam cracking reactors using CFD[J]. Chemical Engineering Journal，2017，329：77-87.

[10] 中华人民共和国国家发展和改革委员会．石油化工管式炉热效率设计计算：SH/T 3045—2003 [S]．北京：中国标准出版社，2004.

第三章　乙烯关键装备和工程技术

乙烯装置关键装备主要包括裂解炉、三大机组和冷箱等，工程技术主要包含大型塔器设计技术、换热器设计技术、管线应力分析技术和过程控制设计技术等。安全环保设计通过安全措施和“三废”排放治理，以满足国家和地方的安全环保法规要求。中国石油已经开发形成成熟的成套乙烯技术，本章主要从关键装备、工程技术、过程控制和安全环保设计等方面进行介绍。

第一节　裂解炉

裂解炉主要由辐射段、对流段、燃烧器、烟道、引风机、烟囱和汽水系统等组成，汽水系统包括汽包、急冷换热器、上升管、下降管等。所有的设备和材料支撑在整体钢结构框架内。辐射段是裂解炉的反应核心区，包括辐射段炉管、燃烧器以及炉壳体和衬里；对流段由多组模块组成，包括原料预热和锅炉给水预热等多组盘管；对流段上部是烟道、引风机及烟囱。来自辐射段炉管的裂解气经过急冷换热器快速冷却，回收高温余热产生高压蒸汽[1]。

一、国内外裂解炉技术进展

近些年，随着乙烯技术的高速发展，乙烯裂解炉的结构形式及技术指标不断改进和提高。世界几大著名的乙烯专利商在各自专有炉型基础上，不断改进、完善裂解炉的结构形式，以达到提高乙烯收率、延长运行周期、延长炉管寿命、提高裂解炉热效率的目的。

目前，具有代表性的乙烯裂解炉专利技术包括：KBR SCORE SC-1 型（单管程）；Linde Pyrocrack-1 型（两程 2-1 型）；Lummus SRT Ⅵ（两程 6-1 型）；Technip UCS 型（两程 1-1 型）；Technip/KTI GK-Ⅵ型（两程 1-1 型）。

乙烯裂解炉作为乙烯装置的关键装备，其材料及部件产品的质量直接影响装置运行的可靠性，影响裂解炉的性能指标。因此，各家裂解炉的核心部件都会选用比较可靠的供货商。

辐射段炉管是裂解炉的核心部件，其结构形式决定了裂解炉的能力大小和乙烯收率等性能指标，代表裂解炉的先进性。辐射段炉管材料的选用和质量决定了裂解炉的平稳操作和寿命。目前，国内外裂解炉辐射段炉管采用离心铸造炉管，主要生产厂家包括日本久保田、法国玛努尔、德国的 S+C 等。国内乙烯裂解炉的辐射段炉管已经国产化，国内制造厂的技术能够满足性能要求。

裂解炉中的燃烧器是影响辐射段炉膛温度分布、炉管吸热及裂解反应的关键部件。目前，国外各裂解炉专利商选用的燃烧器厂家主要是 JOHN JINK、CALLIDUS 和 ZEECO 三家。近些年，国内裂解炉选用的燃烧器也是以这三家为主。随着环保要求的不断提高，各燃烧器厂家也在不断开发满足热通量和排放要求的超低 NO_x 燃烧器。随着国内乙烯项目的增加，近几年国内供货商也开始探索乙烯裂解炉燃烧器国产化，北京航天石化技术装备工程有限公司、天华化工机械及自动化研究设计院有限公司(以下简称天华公司)等制造厂开始研发各炉型的裂解炉燃烧器。

作为乙烯裂解装置的关键设备，裂解气急冷换热器的工艺、传热及机械设计都备受关注，世界上各大乙烯专利商及急冷换热器供货商在不同时期针对不同的裂解炉开发出了多种形式的急冷换热器，其共同目标是快速冷却裂解气和多产超高压蒸汽，同时尽量降低裂解气压降。早期的第一急冷换热器比较典型的有：Borsig 公司的加强薄管板型、Schmidt (Arvos)公司的传统双套管型、Lummus 公司的浴缸式快速急冷换热器以及 Olmi 公司的薄管板型。随着科技的进展以及蒸汽裂解制乙烯技术研究的不断深入，各供货商不断对急冷换热器结构进行改进，至 20 世纪 90 年代后，Borsig 公司、Schmidt(Arvos)公司和 Olmi 公司都开发并采用了线性急冷换热器，因其结构简单、无裂解气分配问题、绝热段短、操作周期长等优点在各专利商乙烯流程中得到广泛的应用。在国内引进乙烯装置中，Borsig 公司和 Schmidt(Arvos)公司的线性急冷换热器应用较多。各供货商除第一急冷换热器之外，均开发了第二、第三急冷换热器，基本都是管壳式换热器。

目前，Bosig 公司、Schmidt(Arvos)公司和 Olmi 公司的第一急冷换热器都采用双套管式。Bosig 公司采用了每根套管可以单独拆除更换的结构，入口采用方形锻件，每个锻件间通过卡槽结构相互连接，每根套管更换方便，入口锥体采用高镍合金材料，锥体采用了 C 形环密封和三段耐火衬里结构；Schmidt(Arvos)公司的第一急冷换热器的特点是采用了内外套管扁圆管连接结构，以缓解内外套管的温差应力，套管单独更换比较困难，入口锥体也采用高镍合金材料和耐火衬里；Olmi 公司与前两家不同之处主要是入口锥段直接采用高镍合金材料，没有耐火衬里。Bosig 公司和 Schmidt(Arvos)公司的第二、第三急冷换热器都是挠性管板式，两家结构大同小异。

国内从 1999 年开始，进行了第一套线性第一急冷换热器的国产化设计和制造。目前，国内具有急冷换热器设计业绩的主要有寰球公司和天华公司。天华公司的第一急冷换热器采用了圆形入口锥段，套管可以单独更换，入口锥体也采用高镍合金材料和耐火衬里结构。第二、第三急冷换热器采用挠性管板结构。

二、中国石油裂解炉技术

多年以来，中国石油一直致力于新型乙烯裂解炉的技术开发与研究，开发了适用于不同裂解原料的蒸汽裂解炉炉型。现已开发出 HQCF®-L 和 HQCF®-G 两大类型裂解炉。

HQCF®-L 型裂解炉为液体进料乙烯裂解炉，炉型根据原料处理能力分为单辐射室和双辐射室结构，主要裂解轻烃、石脑油、柴油、尾油等液体原料。辐射段炉管均布置在炉膛中间，炉管两侧均匀布置燃烧器。HQCF®-L 型裂解炉如图 3-1 所示。

HQCF®-G 型裂解炉为气体进料乙烯裂解炉，炉型根据原料处理能力分为单辐射室和双辐射室结构，主要裂解乙烷、丙烷等气体原料，辐射段炉管形式分为 4 程和 6 程两种。辐射段炉管均布置在炉膛中间，炉管两侧均匀布置燃烧器。HQCF®-G 型裂解炉如图 3-2 所示。

下面对乙烯裂解炉的几大关键部件分别进行介绍。

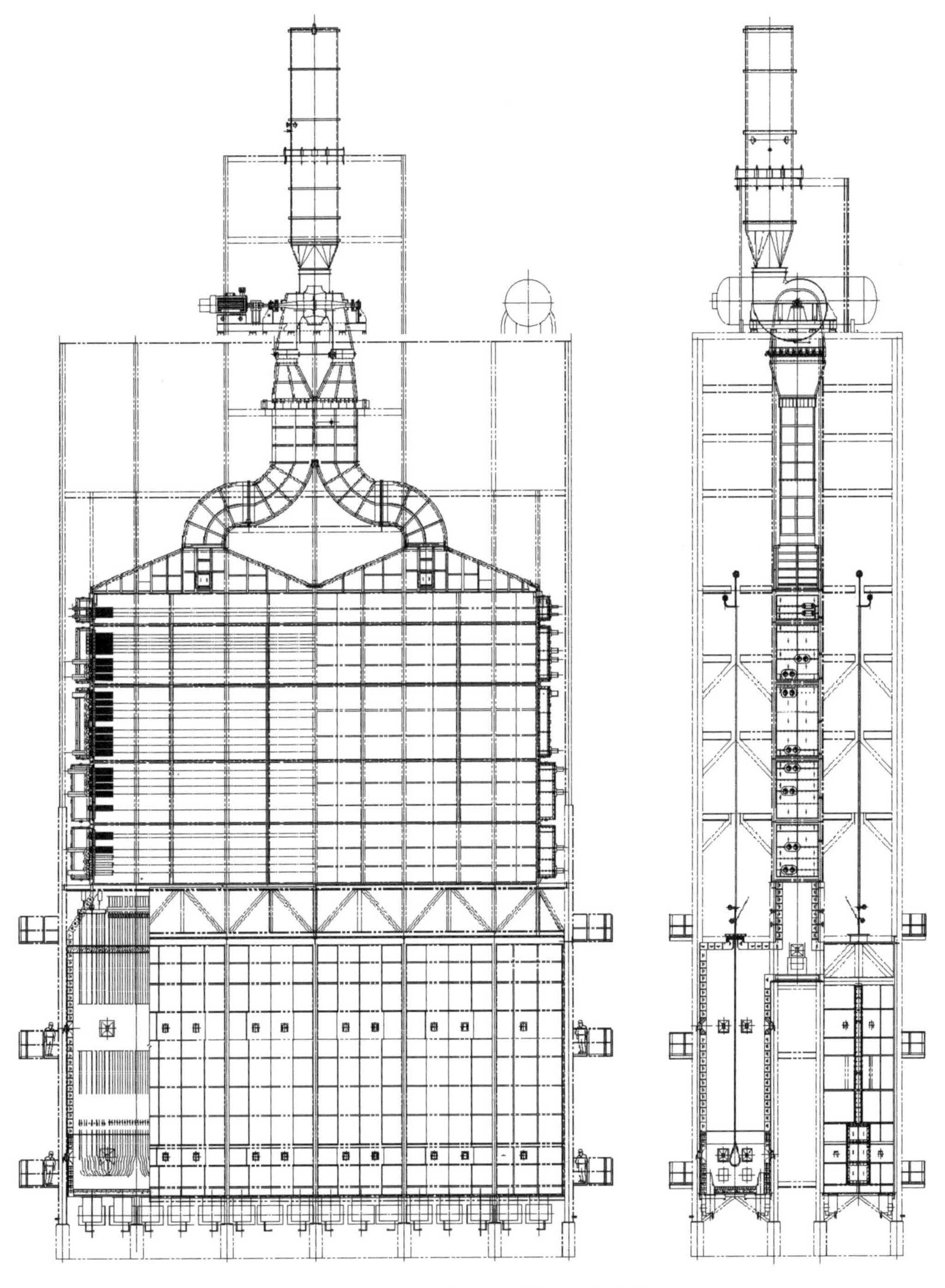

图 3-1 HQCF®-L 型裂解炉示意图

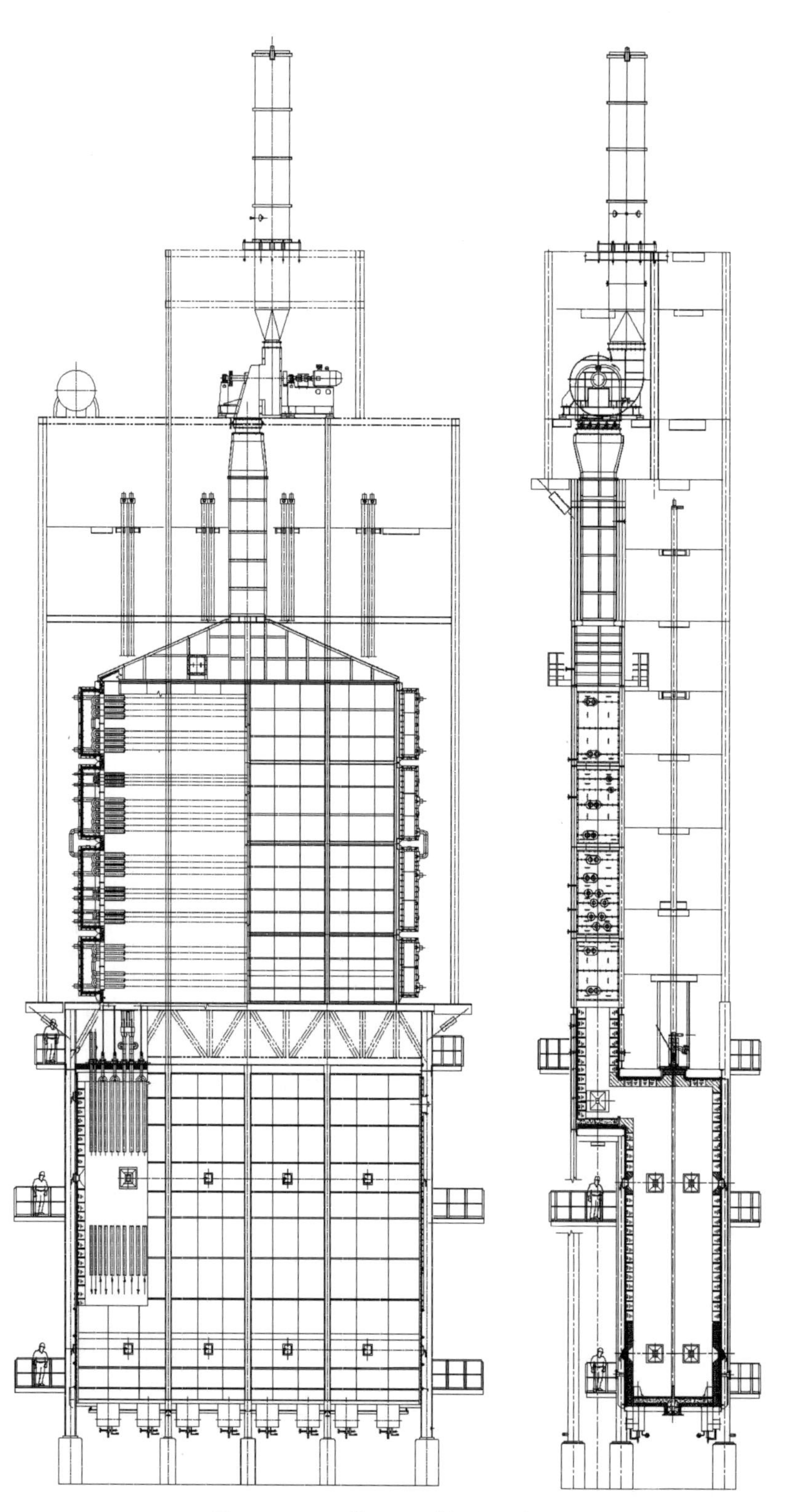

图 3-2　HQCF®-G 型裂解炉示意图

1. 辐射段

裂解炉辐射段通常为箱式结构，辐射段炉管是裂解反应的发生区域，原料经对流段注入稀释蒸汽并预热到一定温度后，进入辐射段炉管，通过燃烧器产生的高温烟气在炉膛内将热量传递给管内原料进行裂解反应，生产乙烯、丙烯等产品。

1）辐射段炉管

（1）辐射段炉管形式。

裂解炉辐射段炉管位于辐射室内，若干组构型相同的辐射炉管布置在辐射室中部，炉管两侧各均匀布置一排燃烧器。

中国石油的乙烯裂解炉技术包括 HQCF®-L Ⅱ、HQCF®-G Ⅳ和 HQCF®-G Ⅵ三种辐射炉管结构，结构见表 3-1。

表 3-1　HQCF®裂解炉辐射炉管结构

炉　型	HQCF®-L Ⅱ	HQCF®-G Ⅳ	HQCF®-G Ⅵ
炉管形式	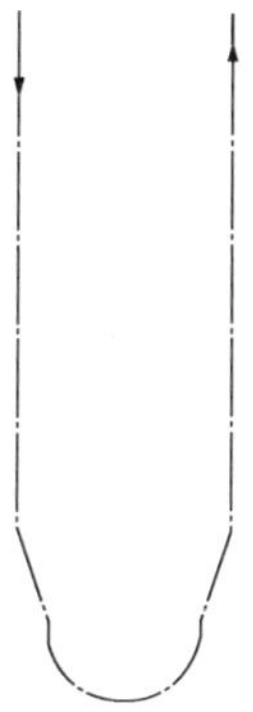		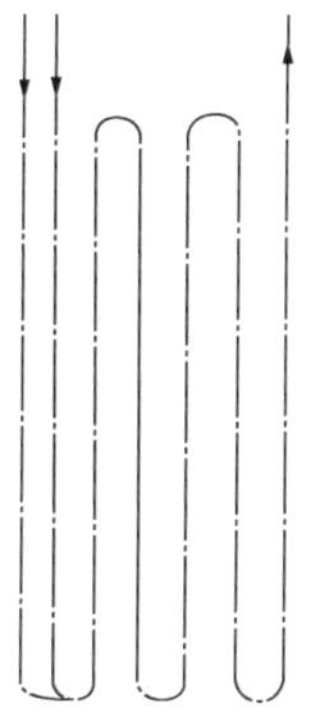
程数	2 程(1-1)	4 程(2-1-1-1)	6 程(2-1-1-1-1-1)

HQCF®-L Ⅱ型炉管适用于液体原料，炉管采用 1-1 型、两管程、变径结构，出口段设置强化传热元件，入口端设有文丘里管。每根辐射段炉管在底部设置两个对称的 S 形弯和一个 U 形弯，该结构使入口管、出口管均能布置在炉膛中心线上，整个炉管管系的重心落在炉膛中心的支撑点上，以保证整个炉管受力合理。炉管采用上部支撑，可向下自由膨胀及蠕变，使炉管高温受力较好，变形量较小。出口管采用扩径结构，设置强化传热元件，有效改善管内壁流体的流动状态，降低管壁温度，延长清焦周期。

HQCF®-G Ⅳ型和 HQCF®-G Ⅵ型炉管适用于气体原料，第一程为小管径双支并联，其余管程均为单管，出口炉管内部设有强化传热元件。所有辐射炉管均垂直悬挂于钢框架上，受热后可以自由向下膨胀及蠕变，炉管变形相对较小。

HQCF®-G Ⅳ型炉管的第一程入口管采用双支并联，加大炉管吸热比表面积，满足原料快速吸热升温进行裂解反应的要求；2~4 程为单管、逐级扩径结构，在满足吸热的同时通过扩径降低烃分压，有利于裂解反应的进行。炉管受双面辐射，使炉管周向温度分布尽量均匀。

HQCF®-G Ⅵ型炉管，第一程入口管采用双支并联，后面 5 程炉管均为单管逐级变径结构。该结构相比 4 程（Ⅳ型）炉管，加大了管径和程数，增加了停留时间，延长了清焦周期。

(2) 辐射段炉管的选材。

辐射段炉管长期处于内壁渗碳、外壁高温氧化的环境下，加之高温炉管受到管内压力、炉管自重、内外壁温差及周向温度不均匀等引起的复杂应力，很容易导致炉管发生渗碳、腐蚀、氧化、热疲劳和高温蠕变甚至断裂等破坏。

① 炉管的蠕变、氧化、腐蚀及热疲劳。

金属管材在长时间高温和恒定应力作用下，会发生蠕变变形。其主要特征为长度方向发生蠕变、弯曲等塑性变形，直径方向发生胀大、局部鼓包等变形；炉管显微组织变化，随着沿晶裂纹和晶界碳化物的产生，逐渐形成炉管的蠕变孔洞和显微裂纹。金属的蠕变断裂强度随温度的升高而下降。在操作末期，管内结焦等造成炉管壁温进一步升高，使炉管产生更严重的蠕变损伤。由于炉膛高温烟气中含有氧气，管内烧焦时通常是水蒸气和空气烧焦，所以炉管内外壁均出现氧化现象。裂解炉的频繁开停车会造成炉管冷热波动较大，这种交变应力容易造成热疲劳破坏，损坏严重时可发展成裂纹，裂纹由内表面发生向中心扩展，甚至造成穿透裂纹。

② 炉管的高温渗碳。

渗碳是裂解炉管最常见的失效形式，产生渗碳的原因与炉管的壁温、裂解温度、原料组成、炉管结焦等因素有关。渗碳是由于高温条件下，碳氢化合物发生分解，碳原子吸附于炉管内表面，不断向材料内部渗透和扩散而形成的劣化材质的碳化物。渗碳使得材料的体积膨胀、密度减小，引起材料的物理性能和力学性能发生变化。主要表现为：材料硬度提高，韧性和塑性明显下降，导致材料的焊接性能和抗疲劳能力下降；碳原子渗入形成大量铬的碳化物，使材料基体中的铬含量下降，导致材料的抗高温氧化能力降低；材料渗碳后体积膨胀，且渗碳层的热膨胀系数大于基体的膨胀系数，使炉管在高温运行和升降温过程中产生较大的热应力，导致炉管开裂。在炉管材料中，通过增加铬、镍含量，并调整微合金元素的配比，可提高材料的抗渗碳性能和抗氧化性能。

③ 炉管的高温应力及材料性能。

裂解炉辐射段炉管通常在0.1~0.5MPa、900~1100℃高温下操作，由于炉膛温度分布的不均匀性以及周期性开停车的影响，使炉管的应力很复杂，在承受由内压引起的应力的同时，还要承受较大的附加应力。为了保证炉管在各种应力条件下长周期稳定运行，对其材料性能提出了较高要求，尤其是其在高温下抗高温蠕变及断裂应力。HP Micro 和 35Cr45Ni Micro 类合金材料是目前应用最广泛的裂解炉辐射段炉管材料，其合金中的铬、镍元素及添加的微量合金元素，可增加材料的耐高温、抗氧化、抗蠕变及抗渗碳等性能。

(3) 辐射段炉管的强度设计。

进行辐射段炉管强度设计时，应考虑材料在蠕变断裂设计工况下，材料应力与设计寿命的关系。炉管设计应考虑长期操作和清焦、热备等工况，根据不同工况炉管的设计寿命，按照 API 530 标准中断裂设计理论进行炉管的强度计算。

辐射段炉管制造工艺为离心铸造，在管内壁会产生一层含杂质的疏松层，各制造厂根据经验，经机械加工后完全去除内壁疏松层厚度。为了更好地吸收炉膛高温烟气的辐射热，炉管离心铸造时通过在模具内喷涂特殊的涂料，使得炉管外壁形成粗细均匀的杨梅粒子。对于辐射段炉管，应对每种合金材料的常温力学性能、高温力学性能等进行检验，合格后方可使用。

2）燃烧器

燃烧器是影响乙烯裂解炉工艺性能的重要部件。裂解炉燃烧器的布置主要有全底部布置、全侧壁布置、“底部+侧壁”联合布置、阳台式布置等不同布置形式。

（1）裂解炉燃烧器的布置。

裂解反应是强吸热反应，随着裂解反应的进行，炉管内裂解气的组成在不断发生变化，因此沿炉膛高度方向所需的热量是变化的。燃烧器的布置须满足辐射段炉管的热通量需求。全侧壁布置、“底部+侧壁”联合布置、全底部布置和阳台式布置如图3-3所示。

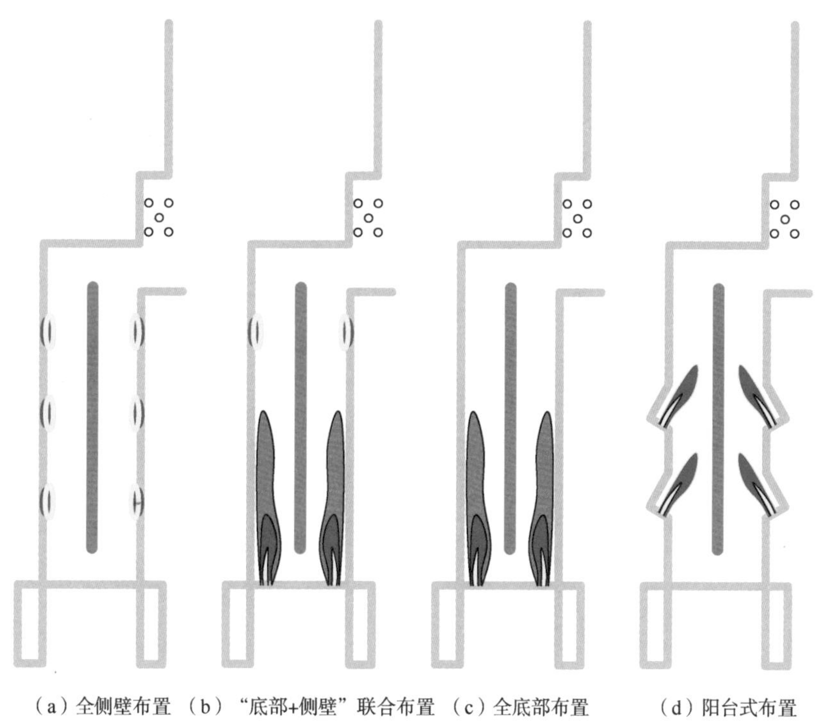

（a）全侧壁布置 （b）“底部+侧壁”联合布置 （c）全底部布置 （d）阳台式布置

图3-3 燃烧器布置示意图

裂解炉燃烧器采用底部和侧壁燃烧器联合供热，容易实现沿炉膛高度所需的热通量，通常底部供热比例在50%～80%之间变化。此布置已经在实践中得到了广泛的应用，如Lummus公司裂解炉、Linde公司裂解炉及KTI公司裂解炉等。这种布置燃烧器数量较多，炉区燃料管线配管较为复杂，增加了设备的一次采购成本及相应的配套安装施工成本，同时也增加了现场操作和设备维护的工作量及运行维护成本。

随着燃烧器设计技术的提高，全底烧燃烧器已经可以满足裂解炉的需求。中国石油的裂解炉采用全底烧燃烧器，降低了投资成本，减少了操作和维护成本，降低NO_x排放的优势更加明显，随着裂解炉大型化，采用全底烧燃烧器的方案将越来越多。

（2）低NO_x燃烧器。

随着环境保护意识的提高，对裂解炉燃烧器的NO_x排放要求越来越苛刻，各燃烧器制造商均在开发低NO_x和超低NO_x燃烧器。

低 NO_x 燃烧器与传统燃烧器相比会产生更长、更大直径的火焰，延缓燃料与空气的混合速度，产生较低的火焰温度，达到降低氮氧化物含量的目的。低 NO_x 燃烧技术主要采用了分级空气、分级燃料或烟气再循环等方法减少 NO_x 的生成。

① 分级空气燃烧器。分级空气燃烧器通过限制空气量达到限制燃烧反应区温度，进而限制 NO_x 的产生。分级空气燃烧器设计有一级、二级甚至三级空气进气口。助燃空气分别通过各级进气口进入燃烧区，在一次燃烧区由于助燃空气量不足，形成了富燃烧区，许多燃料未燃烧，这种不完全燃烧导致火焰温度较低，较低的火焰温度及有限的氧浓度不利于 NO_x 的生成。剩余燃料在二次燃烧区完成燃烧，并建立了贫燃烧区，火焰温度也低于传统燃烧器的火焰温度。分级空气燃烧器原理如图 3-4 所示。

② 分级燃料燃烧器。分级燃料燃烧器通常设两个独立燃烧区。燃料通过两级分别注入两个燃烧区。占比较少的一级燃料与大量空气混合在一次燃烧区完成燃烧，过剩的空气降低了火焰温度；占比较大的二级燃料在二次燃烧区与一次燃烧区过剩的空气混合燃烧，拉长火焰，减缓燃烧速度，火焰最高温度低于传统燃烧器的火焰温度，达到降低 NO_x 含量的目的。分级燃料燃烧器原理如图 3-5 所示。

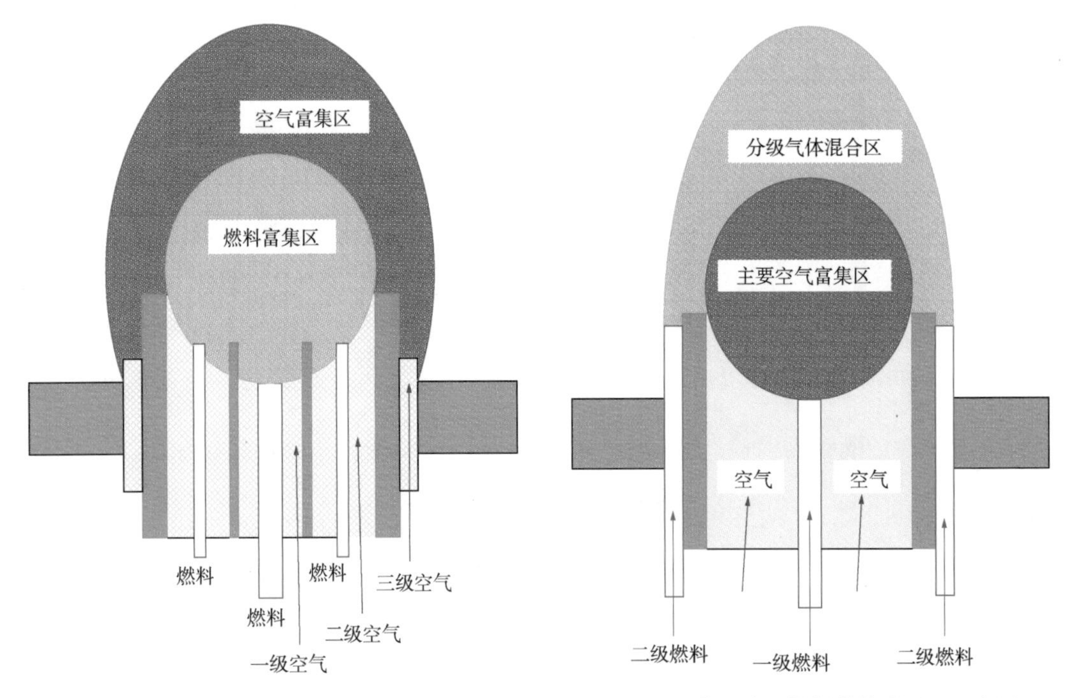

图 3-4　典型分级空气燃烧器原理示意图

图 3-5　典型分级燃料燃烧器原理示意图

③ 烟气再循环燃烧器。裂解炉中通常使用内部烟气再循环技术，通过烧嘴砖结构设计，利用助燃空气或燃料气流产生的低压区，使炉内烟气经过烧嘴砖上的通道进入燃烧器。不论是分级空气燃烧器还是分级燃料燃烧器，配合烟气再循环设计，与传统燃烧器相比，它们都延迟了燃料与空气的混合时间，降低了火焰中的氧含量，拉长火焰，降低了焰心温度，进一步降低了 NO_x 排放。烟气再循环燃烧器原理如图 3-6 所示。

④ 其他降低 NO_x 方法：

a. 烟气外部再循环技术。烟气可从炉子的低温段（通常在对流段的下游）通过引风机抽出，并通过炉外管道输送至燃烧器的进风口，与空气混合参与燃烧，达到降低 NO_x 含量的目的。

b. 蒸汽注入。通过注入蒸汽降低火焰峰值温度，可以根据实际情况将蒸汽注入火焰区的上游或直接注入火焰区。其作用类似于烟气再循环，但与烟气再循环不同的是，蒸汽从烟囱中排出，所有蒸汽能量都损失了。因此，相比外部烟气再循环，蒸汽注入方法运行成本较高。但由于不需要引风机及烟风道，因此蒸汽注入的一次安装成本低于烟气再循环。

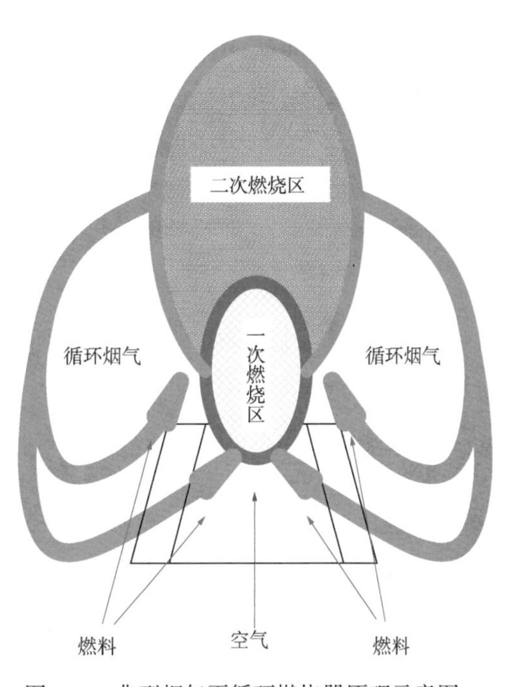

图 3-6　典型烟气再循环燃烧器原理示意图

（3）燃烧器性能测试。

燃烧器性能测试是在测试炉中进行热态测试。主要测试燃烧器的以下各项性能：燃烧器负荷及调节范围、长明灯点火、燃烧器点火、风门调节、喷头结焦、燃烧器火焰形状尺寸及稳定性、环保排放参数、炉膛热通量分布、炉膛温度、一氧化碳浓度、压力能量曲线及燃烧器对不同燃料工况的适用性等。

乙烯裂解炉全底烧燃烧器的热态测试原则上要求至少进行两台燃烧器测试，除了对上述关键参数进行测试外，还应测试相邻燃烧器火焰是否干涉，温度场是否均匀等。测试炉的主要尺寸和燃烧器的相对方位应尽可能与实际装置一致。测试炉的操作条件也应与实际装置的操作条件相匹配，测试前应提供以下信息：各种工况热负荷的操作范围；燃料组成；裂解炉结构尺寸及燃烧器布置；正常操作工况的桥墙温度；燃烧空气条件和可用抽力；排放指标要求；预期的火焰尺寸及热通量曲线。根据项目的不同，会有一些非典型的测试要求。

3）辐射段衬里

裂解炉辐射段是炉膛温度最高的区域，炉膛温度可达到 1200℃以上，在衬里结构设计中，除应考虑耐火材料的耐火度外，还应尽量采用导热系数低、密度小的材料，在减少炉壁温散热损失的同时降低炉墙厚度和重量载荷；还要考虑高温火焰对炉墙的冲刷，施工或检修过程中人员或机具对裂解炉衬里的影响以及安装、检维修的便利性。另外，在满足设计要求的基础上，还应考虑材料的经济性，使裂解炉最终达到稳定的操作性能、最佳的节能效果、低投资的总目标。因此，裂解炉辐射段衬里多采用复合式结构。

裂解炉采用全底烧燃烧器，当火焰附墙燃烧时，炉墙受火焰冲刷部位，通常选用“耐火隔热砖+陶纤背衬板”结构；炉墙上部及炉顶，则采用密度低、隔热性能好的“陶瓷纤维模块+陶瓷纤维毯”结构；而炉底则为“重质耐火砖+轻质耐火浇注料+陶纤背衬板”的复合式结构。

随着环保节能意识的加强，微孔板等具有更低导热系数的新材料已经推广应用，通过在辐射段衬里中使用新材料和优化衬里结构，进一步降低炉壳体壁温，延长衬里使用寿命，达到节能降耗、减少检维修工作的目的。

2. 对流段

裂解炉对流段利用高温烟气对对流段管束内介质进行加热，汽化、提升物料温度，尽可能回收烟气余热，提高裂解炉热效率，降低装置能耗。

对流段主要包含对流段管束、衬里、壳体和弯头箱等部件，并根据燃料情况设置吹灰器等配件。根据运输条件，可将对流段分成若干模块，进行模块化设计、制造和安装。对流段内的烟气通过炉顶引风机提供的抽力，克服各组管束的阻力，通过烟囱排入大气。目前，随着对烟气排放指标的要求日益严格，裂解炉选用“低 NO_x 燃烧器+SCR(选择性催化还原)烟气脱硝”方案来实现全运行周期达到环保要求。根据 SCR 催化剂的最佳使用温度，确定 SCR 脱硝段在对流段中的位置。

1）对流段管束

对流段管束主要由盘管、中间管板和端管板组成，对流段管束如图 3-7 所示。

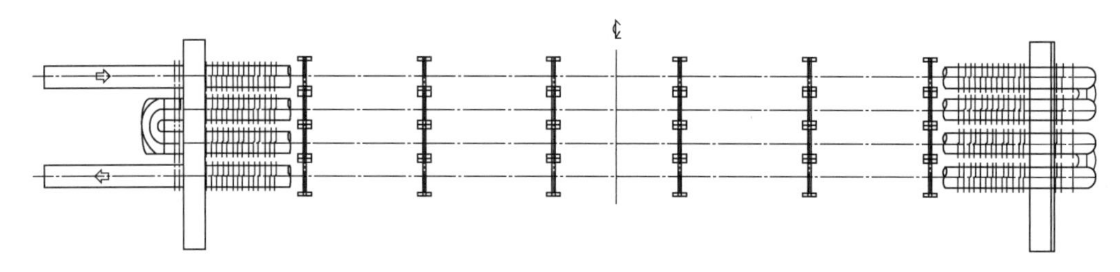

图 3-7　对流段管束示意图

（1）设计原则。

对流段计算是多段耦合、系统优化的过程；传热过程涉及对流和辐射，所处理的物料主要为组成复杂的石油馏分，同时预热锅炉给水和过热高压蒸汽。对流段设计优化以提高热效率为核心，对各段物料的温度、加热盘管尺寸、间距、排布方式、层数、盘管翅片类型、尺寸和材料进行了反复调整和优化。

对流段传热中，烟气流速对换热面积的影响很大，应合理选择管排数及有效换热长度，确定合理烟道面积，减少炉管材料量，提高整个裂解炉的经济性。

（2）对流段盘管。

对流段盘管由炉管、弯头组成。对流段换热面积通过传热计算确定。

对流段烟气入口处的遮蔽段，因受到辐射段高温烟气辐射，应采用光管，其他炉管采用扩面管，以增加换热面积，提高换热效率。由于裂解炉燃料相对清洁，炉管多采用通过高频电阻焊接技术制造的螺旋翅片管。翅片管分为连续型和锯齿型两大类。锯齿型翅片在翅片绕制时可减少加工变形量，同时起到强化传热的作用[2]。

（3）对流段管板。

对流段盘管水平放置，其重量由两端管板和中间管板共同承担。中间管板在对流室内与烟气直接接触，一般采用铸造工艺加工成型，对流段中间管板如图 3-8 所示。随着烟气温度由下至上逐渐降低，管板材料也由耐高温镍铁铬高合金钢铸件逐渐降为奥氏体不锈钢铸件、铬钼钢铸件及碳钢铸件，满足各工况及载荷条件下的强度要求。

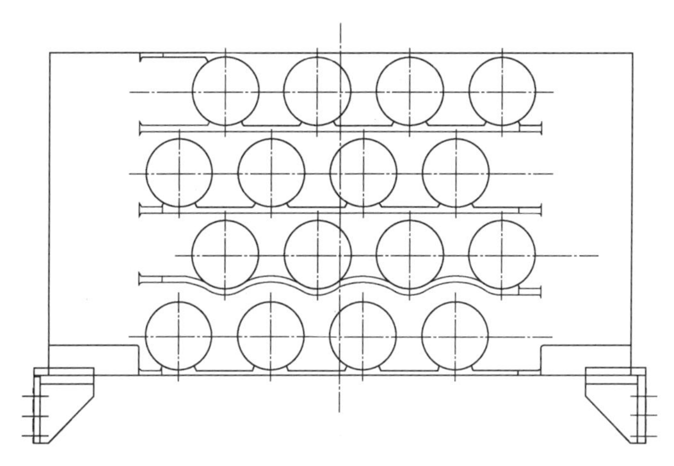

图 3-8　对流段中间管板示意图

中间管板通过管板上部的支耳悬挂在管板支架上或管板底部坐在管板支架上，管板支架安装在炉体钢结构立柱上，将整个对流段管系的载荷传递到炉体钢结构上。

对流段两端管板通过螺栓连接的方式固定于钢结构立柱上，通过剪力板支撑。两端管板一般采用结构钢板焊接加工而成，两端管板上每个管孔应焊接套管，便于炉管移动。

2）对流段零配件

为了清除对流段盘管外表面上的积灰，保证对流传热效果，提高裂解炉热效率，对流段模块可根据燃料条件设置吹灰器或清扫孔。清扫孔布置应保证人工吹灰操作时能够清除对流管表面积灰。

采用液体燃料或重质燃料容易产生积灰，对流段通常会设置吹灰器。常用的吹灰器类型分为蒸汽吹灰器、声波吹灰器和激波吹灰器。

目前，裂解炉多采用声波吹灰器，声波吹灰器是将声波送入对流段中，利用声波的能量使烟气分子与粉尘粒子产生震动，达到吹灰的目的。声波吹灰器的有效作用范围大，可以全方位清灰，同时具有体积小、结构简单、安装操作相对方便的优点[3]。但对于燃烧不完全产生的黏性灰尘粘到炉管表面，声波吹灰器的清灰效果不如蒸汽吹灰，具有局限性。

3）对流段模块

目前，对流段多采用模块化设计、制造及供货，将整个裂解炉对流段根据运输条件限制拆分为多个模块，如图 3-9 所示。

对流段模块包含钢结构、炉壳板及其加筋肋、管束、弯头箱、衬里及锚固件、仪表接管、人孔等组合部件。对流段模块在制造厂完成制造后，整体运输到现场进行安装。在每个对流段模块底部设置多个拉杆，增强模块的整体刚性，用于模块运输及吊装期间的加固。在模块运输和吊装过程中，还应采用运输拉撑架、运输支撑架、吊装梁和模块吊装平衡梁等临时支撑，保证对流段模块在运输和吊装过程中的安全性。对流段模块化设计制造增加了工厂预制的工作量，减少了施工现场的施工量，减少了施工用地及交叉作业等问题，能够有效地保证裂解炉的施工质量和施工进度。

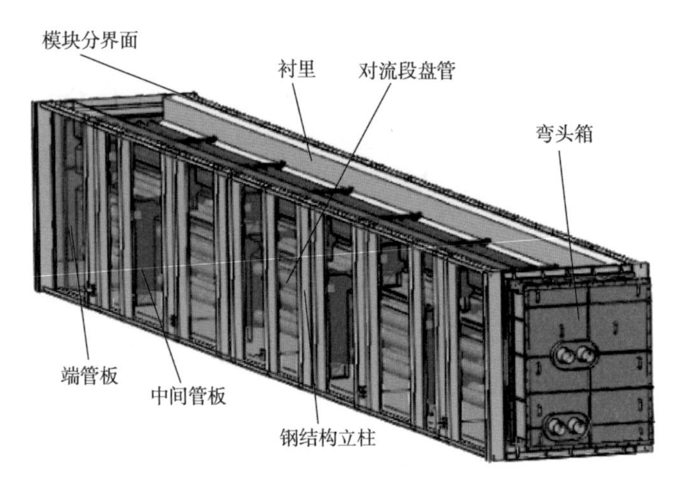

图 3-9　对流段模块化三维设计示意图

4）SCR 烟气脱硝

裂解炉的 SCR 反应器主要由反应器壳体、还原剂注入部件(包含还原剂分布器、静态分布器、导流板、整流格栅等)与催化剂及支撑格栅等组成，这些反应器部件可与上下盘管一起组成裂解炉对流段模块。

(1) SCR 反应器壳体。

SCR 反应器壳体布置在裂解炉对流段的中间，具体位置根据催化剂的适应温度区间确定。整个反应器壳体用钢板焊接制成，外部采用钢结构支撑，内部有衬里保护。

(2) 还原剂分布器。

还原剂经稀释后通过分布器注入反应器内的烟气中。还原剂分布器根据炉膛尺寸采用分区注入方式，每个区域应具有均匀稳定的流量，并且具有独立的流量控制和测量手段。分布器的设计还应防止烟气中粉尘等堵塞分布孔。

(3) 静态混合器。

静态混合器是促使还原剂与烟气(NO_x)均匀混合的部件。不同的专利商分别设计有不同形式的静态混合器。

烟气通过静态混合器会有一定的阻力降，结构形式的不同造成的阻力降也不同。过大的阻力降会增加引风机的能耗，因此在满足催化剂入口条件的情况下静态混合器的结构设计应尽量减小烟气阻力降，如果条件允许可不使用静态混合器。

(4) 整流格栅与导流板。

设置整流格栅与导流板的目的均为改变烟气流动方向。导流板主要是改变烟气的整体流向，而整流格栅主要用于调整烟气流向与催化剂通道方向一致，避免烟气对催化剂造成冲刷。

(5) 催化剂支撑。

SCR 催化剂支撑格栅将根据催化剂外形尺寸进行设计，满足催化剂布置要求。催化剂支撑上表面要平整，便于密封，整体强度、刚度满足最大催化剂装填量时在各工况载荷条件下安全操作。

在催化剂支撑与反应器壳体之间应采取密封措施，防止烟气短路，保证烟气从催化剂均匀通过。密封部件根据支撑格栅与反应器壳体的间距设计成不同结构形式，催化剂支撑及密封如图 3-10 所示。

图 3-10 催化剂支撑及密封示意图

(6) SCR 反应器设计。

SCR 反应器设计应综合考虑裂解炉的特点。裂解炉的操作工况较多，各个工况烟气温度、流量、烟气成分及 NO_x 含量不尽相同，需要在各工况操作中均满足还原气均匀混合的要求；SCR 反应器布置在裂解炉对流段中部，截面狭长，烟气向上流动；SCR 所在位置涉及的外部管线非常多，设计需要兼顾平台、支架等布置。SCR 反应器设计较为复杂，应通过数值模拟计算和物理模拟试验进行验证。

3. 急冷换热器

1) 概述

辐射段炉管出口裂解气温度高达 800~900℃，在此温度下裂解气易发生二次反应，乙烯等目标产品的收率受到影响。为快速终止二次反应，同时回收高位热能，降低装置能耗，在裂解炉辐射段出口设置裂解气第一急冷换热器。为了进一步回收高品位热能，提高超高压蒸汽产量，可根据原料不同另设置裂解气第二急冷换热器和裂解气第三急冷换热器。

中国石油开发了具有自主知识产权的线性急冷换热器技术，于 2012 年应用于大庆石化 60×10^4t/a乙烯装置上。根据轻质液体原料和气体原料特点，开发了挠性管板第二急冷换热器和第三急冷换热器，并于 2017 年在国能宁煤乙烯项目中投产运行。

2) 裂解气第一急冷换热器

裂解气在 600℃以上时，易发生二次反应，析出的游离炭在内壁表面易结焦。另外，裂解气中的高沸点组分在内壁表面易凝结，所形成的液滴与高温裂解气长时间接触而发生脱氢、聚合反应，逐渐形成附着在壁面上的焦垢[4]。因此，一方面裂解气需要在第一急冷换热器中迅速降温至 550℃以下，以终止二次反应，提高乙烯收率；另一方面，裂解气的出口温度应高出露点一定的温度，避免大量高沸点组分在换热管壁结焦。同时，高温裂解气在快速冷却过程中释放出的热量，可发生大量超高压蒸汽，用来驱动压缩机的汽轮机。根据上述裂解气急冷的特点，第一急冷换热器必须适应以下要求：

(1) 停留时间短。为了尽可能避免高温裂解气的二次反应，要求裂解气在 0.05s(最好在 0.015~0.03s 内)内通过第一急冷换热器，冷却至 550℃以下，因此换热管的设计，既要满足裂解气降温的需要，又不宜过长，以避免裂解气结露及过大的阻力降。

(2) 两侧压差高。裂解气的冷却介质为锅炉给水，其操作压力一般超过 11MPa，裂解气的操作压力一般为 0.07MPa，二者压差接近 11MPa。

(3) 低压降。低烃分压有利于提高裂解炉的选择性。通常裂解气压缩机入口压力为定值，则从辐射段炉管出口到压缩机入口之间各设备、管件及管线的压降越低，越有利于降低辐射段炉管出口的压力，从而提高目标产品的选择性。

综上所述，第一急冷换热器兼高温差、高压差和固体冲刷于一身，设计需要关注的因素较多，该设备的安全、平稳、长周期运行对于整个乙烯装置具有重要意义。

根据裂解气的工艺特点，中国石油的第一急冷换热器采用线性双套管式结构，将一组双套管组合安装在裂解炉辐射室顶部，其结构如图 3-11 所示。第一急冷换热器模块设有锅炉给水入口联箱、汽水混合物出口联箱及裂解气出口联箱，三个联箱将相应的套管单元连接在一起。各炉管中的高温裂解气直接进入第一急冷换热器，自下而上流经内管，进入顶部的裂解气联箱；锅炉给水从汽包经由下降管进入入口联箱，通过支管进入套管换热器的环隙；经过换热后的汽水混合物再通过出口支管进入出口联箱，经由上升管进入汽包，完成一次汽水循环。

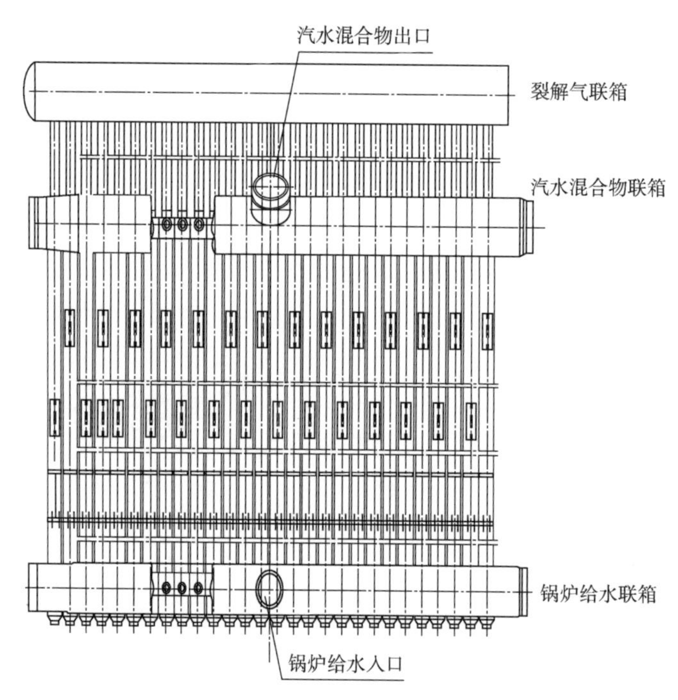

图 3-11　裂解气第一急冷换热器结构示意图

裂解原料不同，生成的裂解气组分不同，第一急冷换热器在工艺设计及结构尺寸上也有一定的区别。中国石油的裂解气第一急冷换热器主要有以下三种：

(1) 用于裂解轻石脑油、LPG、轻烃等轻质液体原料的裂解炉，第一急冷换热器内管与辐射段炉管一对一设置，内径尺寸小，冷后裂解气出口温度在 350℃ 左右。裂解炉规模不同，裂解炉辐射段炉管根数不同，则第一急冷换热器所包含的套管换热器单元数量也不同。

(2) 对于裂解柴油、重石脑油等重质液体原料的裂解炉，其裂解气组分偏重，露点高，为减缓管内结焦的影响，换热器内管与辐射段炉管采用二对一形式，即每个急冷换热器的内管处理两根辐射段炉管的裂解气量。

(3) 对于裂解乙烷或丙烷气体原料的气体裂解炉，其裂解气组分较轻，密度小，不易结焦，辐射段炉管直径大，急冷换热器既可以采用一对一的形式，也可以采用二对一的形式，内管内径相应扩大。

从设备设计角度来看，第一急冷换热器存在以下特点及难点：

(1) 套管长度长，金属壁温温差较大，受套管温度、压力和结构尺寸的限制，无法设置传统膨胀节结构补偿套管金属壁温差产生的温差应力。如何补偿内外管金属壁温不一致产生的温差应力是设计上的难点之一。

(2) 入口段锥体段裂解气操作温度高达 900℃以上，可选的材料种类少，温度梯度大，温差应力大。为了保证设备的安全、平稳运行，需进行合理的选材，并对设备温度场分布进行准确分析。

(3) 内管壁厚的选择是一个关键点，壁厚太薄，强度和稳定性差；壁厚太厚，由于结构的限制，会影响工艺性能。如何选择一个合适的壁厚，既能承受较大的周向外压，又能承受较大的轴向应力，同时还要保证良好的换热器性能，是设计过程中需要考虑的关键问题。

(4) 设备结构复杂，有较多异形件，常规设计无法满足强度计算的要求，该设备需对整体进行有限元应力分析计算，以提高设计准确性。

(5) 整个裂解炉区系统紧凑，温度高，管线上产生的温差应力对换热器的整体强度影响较大。

由于第一急冷换热器在设计过程中存在诸多难点，因此该设备需要长期引进。

中国石油在该设备开发设计过程中对入口处结构进行了流体模拟，提高了设计准确性。在设计过程中对上、下连接件进行了合理的结构设计。

中国石油设计研发的第一急冷换热器主要具有以下特点：

(1) 下连接件采用方形锻件，每根套管可单独更换。

(2) 锅炉给水入口切向布置，避免杂质沉积。

(3) 入口锥体与方形下连接锻件之间采用对接焊接结构，安全可靠性高。

(4) 入口锥体处特殊密封结构，有效保护耐火衬里。

(5) 结构简单，制造难度小，清焦周期长。

3) 裂解气第二急冷换热器

第一急冷换热器降低了二次反应发生的概率，第二急冷换热器的主要目的是回收裂解气余热，利用管壳式换热器即可满足要求。根据裂解炉规模的大小，可以每台裂解炉设置一台，对于双炉膛裂解炉也可每个炉膛各设置一台。换热器采用单管程设计，管侧介质为裂解气，壳侧介质为高压锅炉给水，冷、热物料逆流设计。通常锅炉给水被加热后的出口温度为 200~250℃，裂解气入口侧最高温度超过 500℃，入口端管板两侧温差较大，对第二急冷换热器提出了很高的设计、制造要求。针对其苛刻的操作条件，第二急冷换热器宜采用挠性薄管板结构。

在裂解气第二急冷换热器中，管侧介质为裂解气，壳侧介质为锅炉给水，换热器主体材料选用铬钼钢，设备设计参照标准 GB/T 151《热交换器》，采用应力分析法，对换热器整体建模，进行详细的温度场和应力分析。管板厚度、换热管规格、挠性段结构等因素均对管板及挠性段连接处、管接头的应力有较大影响，并且相互作用，故结构尺寸包括材料选择必须以应力分析结果为依据。为了得到最优化的结果，中国石油进行了大量的计算和分析比较，从中找出优化结果，在第二急冷换热器设计方面积累了丰富的设计经验。该挠性薄管板结构的第二急冷换热器应用于国能宁煤乙烯，该装置于2017年开车，挠性薄管板结构避免了厚管板高应力引起的设备变形，经过4年多的运行检验，设备达到设计要求，状况良好。

首台采用挠性管板结构的第二急冷换热器的管接头采用普通的焊接结构，在后续乙烯装置第二急冷换热器的设计中，中国石油又开发了深孔嵌入式全熔透管接头焊接结构，该结构受力好、强度高，换热管与管板间无缝隙，可以避免可能发生的缝隙腐蚀。该设计应用于独山子石化乙烯装置改造的9号裂解炉上，已于2019年投产运行，设备运行状况良好。该第二急冷换热器是国内首台开车的采用深孔嵌入式全熔透管接头的挠性管板急冷换热器。

中国石油设计的挠性管板第二急冷换热器具有以下特点：材料匹配性好，制造难度小；管板与壳体连接结构合理，管板应力小；合理的管箱结构设计，可以降低焦粉堆积的可能性，利于焦粉清除；管板与壳程壳体和管箱壳体均为焊接连接，无泄漏风险，安全性高。

4）裂解气急冷换热器技术应用情况

裂解气系列急冷换热器技术作为乙烯装置关键设备的重要组成部分，国产化技术获得成功后，随之得到了大量的推广应用，不仅作为核心设备配套于自有乙烯成套技术，还单独作为重要设备服务于其他专利商，还用于现有生产装置的裂解炉改造。截至2021年初，中国石油裂解气系列急冷换热器技术应用于10家企业48台裂解炉。

4. 支撑结构

裂解炉的结构形式为钢箱体和钢框架复合空间结构。作用于裂解炉钢结构上的载荷复杂，结构静力、动力计算难度大。载荷分类包括永久荷载(结构自重、设备及管道自重、设备及管道保温隔热重)、各工况设备及管道作用在结构上的操作荷载、试压荷载、检修荷载、平台活荷载、风荷载、雪荷载、温度作用和地震作用等，第二急冷换热器和第三急冷换热器占据了更多的结构空间，增大了管道应力，并且需预留第二急冷换热器、第三急冷换热器的检维修空间，大大提高了结构工程设计难度，属于抗震规范中定义的不规则结构[5]。

对于裂解炉这样大型复杂的钢结构，工程设计时通常采用国际通用软件STAAD Pro. 建立裂解炉钢结构力学计算模型，计算时受力方式可简化为：炉墙板主要承受结构的水平荷载，框架柱主要承受结构的竖向荷载，形成钢板剪力墙——钢框架结构受力体系。风荷载是裂解炉计算时的主要控制荷载，根据荷载规范给出的等效静力方法进行裂解炉风荷载计算，若条件允许，可以对裂解炉进行风洞试验，使裂解炉风荷载的取值更加合理。在裂解炉结构上布置消能减振阻尼器，采用消能减振控制技术，使裂解炉结构达到减振效果，有效地提高裂解炉的受力性能。裂解炉目前普遍采用的模块化设计方式为：辐射段采用地面焊接、整片吊装的模块化施工方式，对流段采用模块化设计和施工。

结构设计应根据施工安装、充水试压、正常操作、停产检修等工况可能存在的荷载进行设计和验算，从而保证结构能够满足工艺、设备各个工作状态的使用要求[6]。同时对裂解炉进行结构概念设计，采取构造措施，减少不规则性对结构带来的不利影响。

裂解炉支撑结构根据工艺布置，自下而上大体可以划分为柱脚范围部分、辐射段部分、过渡段部分、对流段部分、烟道支撑部分和烟囱支架部分。裂解炉结构如图 3-12 所示。

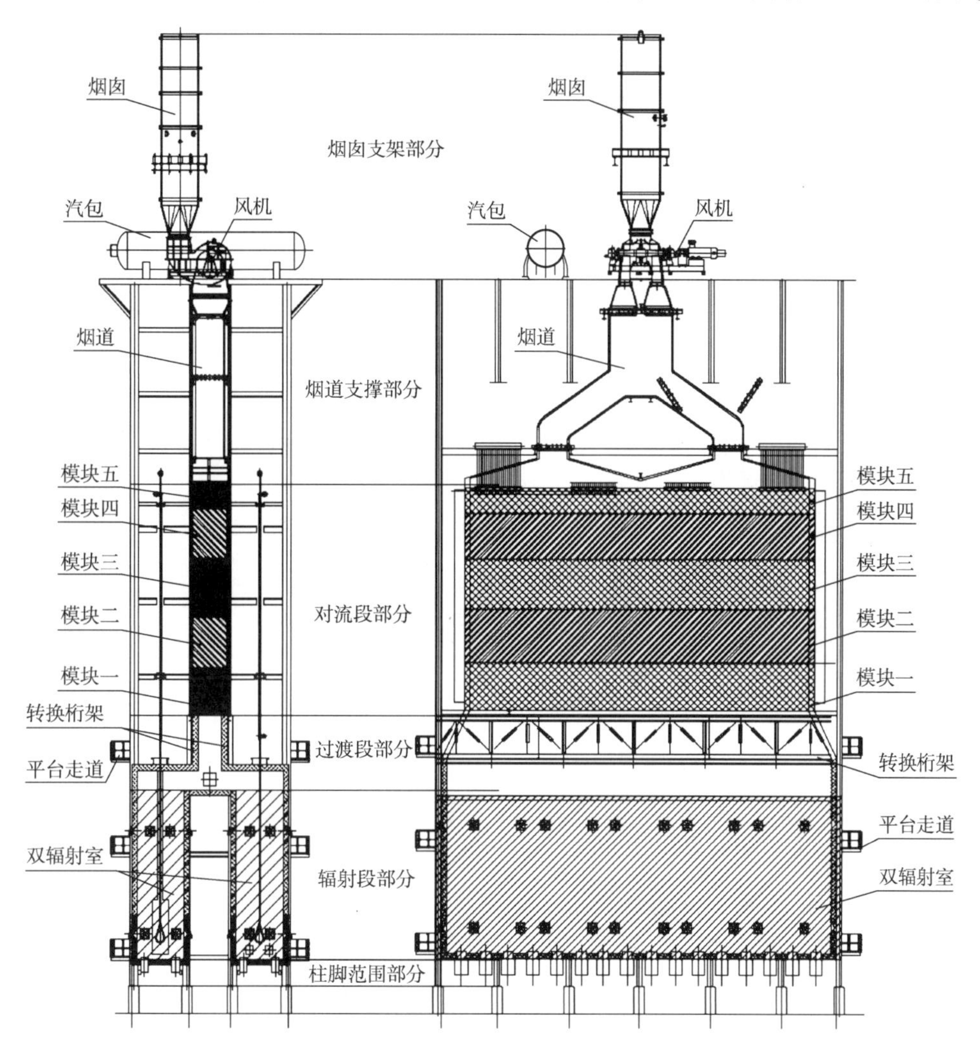

图 3-12 裂解炉结构示意图

1）炉墙板计算

炉墙板作为焊接在框架梁柱上的钢板，具有较高的延性、较大的初始刚度、饱和的滞回曲线和较强的能量吸收能力等特点，作为抗侧体系能有效地抵抗风荷载和地震作用。炉墙板抵抗水平荷载主要通过墙板的拉力带和相邻的柱子来抵抗倾覆力。设计时，炉墙板与钢结构框架整体考虑，将炉墙板假定为平面内刚度无限大，柱子承受裂解炉结构的竖向荷载，炉墙板承受裂解炉的水平荷载。同时，为了保证炉墙板平面内的刚度，保证局部不会失稳，在炉墙板外设置必要的加劲肋。

钢板墙通过锚固钉与炉墙内耐火材料和浇注料连接在一起，与通常意义上的钢板剪力墙在形式上有所不同，裂解炉对流段和辐射段炉内采用不同的耐火材料，在辐射段下部炉墙内是耐火隔热砖，辐射段上部炉墙内是几乎不提供刚度的纤维毯，对流段炉墙内采用浇注料，应根据炉墙钢板平面外约束来对钢板布置加劲肋。根据裂解炉炉墙板内侧衬里的刚度和约束情况不同，进行有限元数值模拟分析(图 3-13)，形成合理的裂解炉炉墙加劲肋设计方案。

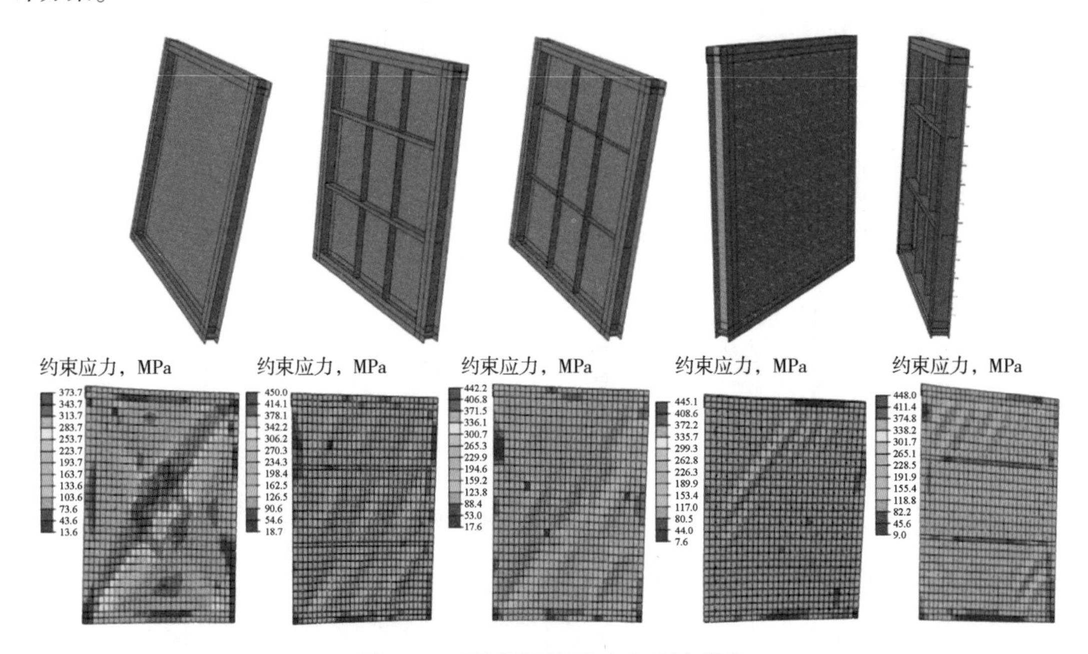

图 3-13　不同平面外约束应力示意图

2）裂解炉风荷载计算

裂解炉的高宽比达到 4 以上，对风荷载十分敏感。风荷载是控制载荷，风荷载的取值大小和合理性直接决定了裂解炉梁、柱的截面。

风荷载确定方法包括拟静力计算法、脉动风谱法和风洞试验法。在实际工程设计中，按照 GB 50009《建筑结构荷载规范》和 GB 51006《石油化工建(构)筑物结构荷载规范》等规范的相关规定，采用拟静力计算法进行计算[7-8]。辐射段和对流段炉体是封闭结构，围护框架是开敞式结构。在计算风荷载时，因炉墙和围护框架的相互遮挡作用，无法准确确定裂解炉的迎风面积，故对裂解炉进行风洞试验是十分必要的(图 3-14)。

3）裂解炉抗火性能化设计

没有耐火保护的钢结构，其构件的耐火极限只有 0.25h 左右，在火灾中很容易失去强度而破坏。因此，在进行钢结构设计时，需要对钢结构进行防火保护设计，以确保钢结构火灾时具有足够的耐火时间，不会马上发生倒塌。由于散热要求，裂解炉辐射段钢结构，一般不做防火处理，仅对炉底板下方的钢结构做防火保护，火灾时炉墙板失去承载力，给结构带来不利影响，需要对裂解炉进行火灾安全性计算。

火灾性能化分析涉及结构的材料非线性和几何非线性，通过对火灾温度场下炉墙板的力学性能研究，按照炉墙板高温后屈曲拉力带模型 TSM(Temperature String Model)的基本假

图 3-14 裂解炉风洞试验示意图

定[9]，推导出变温场下炉墙板后屈曲的水平承载力计算公式。

4）裂解炉消能减振设计

为保证裂解炉结构安全，需进行抗震性能化分析，应用塑性极限分析的安定性理论和塑性损伤理论进行动力稳定性的计算分析，实现裂解炉结构大震不倒。通过设置消能减振阻尼器，可以有效地提高裂解炉的受力性能，使结构减振达到10%以上的效果。应用有限元软件，建立裂解炉钢板剪力墙——钢框架结构的数值模型，在结构的不同位置模拟布置黏滞阻尼器。黏滞阻尼器是一种速度相关型的消能装置[10]，其原理公式为：

$$F = Cv^{\alpha} \tag{3-1}$$

式中 F——阻尼力，kN；

C——阻尼系数(与导杆直径、油缸直径、活塞直径和流体黏度等有关)，kN/(mm/s)；

v——阻尼器两端的相对速度，mm/s；

α——速度指数，与阻尼内部的构造有关。

当$0<\alpha<1$时，为非线性黏滞阻尼器；当$\alpha=1$时，为线性黏滞阻尼器；当$\alpha>1$时，为超线性黏滞阻尼器，即速度锁定装置。

5）裂解炉模块化设计

随着钢结构模块化设计的发展，裂解炉建造正在逐步从零散构件到货、现场拼装的建设模式向部分模块化或整炉模块化的方向发展。裂解炉的模块化设计是按照一定的规则逻辑划分为若干独立单元，在工厂制造成模块，然后运输到现场进行积木式安装。与传统建设模式相比，裂解炉模块化设计具有施工周期短、高空作业少、质量容易保证等显著优势。现阶段国内裂解炉模块化设计呈现出辐射段模块化水平较低、对流段模块化水平较高的特点。目前普遍的做法为：辐射段采用地面焊接、整片吊装的施工方式，对流段采用模块化设计和施工，如图 3-15 所示。裂解炉模块的划分方案决定了模块化设计的水平。

图 3-15　裂解炉对流段模块化安装图

裂解炉模块化设计可采用辐射段垂直或水平分块设计、对流段水平分块设计、其他部分模块化设计或以上方式组合，以及辐射段整体模块化设计、整炉模块化设计等方式。

6）裂解炉结构计算

裂解炉结构计算模型采用梁单元加炉墙板单元的复杂钢结构计算体系，在结构体系中炉墙板为主要抗侧力构件，计算假定的选取对结构计算的合理性影响较大。

裂解炉计算模型采用梁单元和简化为 4 节点板单元的混合体系，考虑几何非线性 P-Δ 效应的影响，增加转化桁架，改进的拉力带理论可应用 STAAD Pro. 软件进行等效分析。抗震验算采用输入地震反应谱进行模态分析；裂解炉计算模型如图 3-16 所示，模态分析结果如图 3-17 所示，一、二、三阶振型均为平动，四阶振型出现扭转，说明结构抗震性能较好。

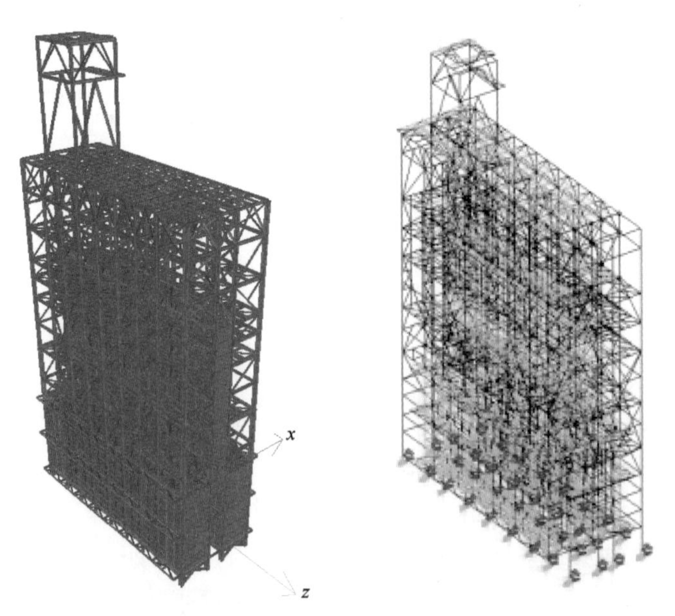

图 3-16　裂解炉计算模型示意图

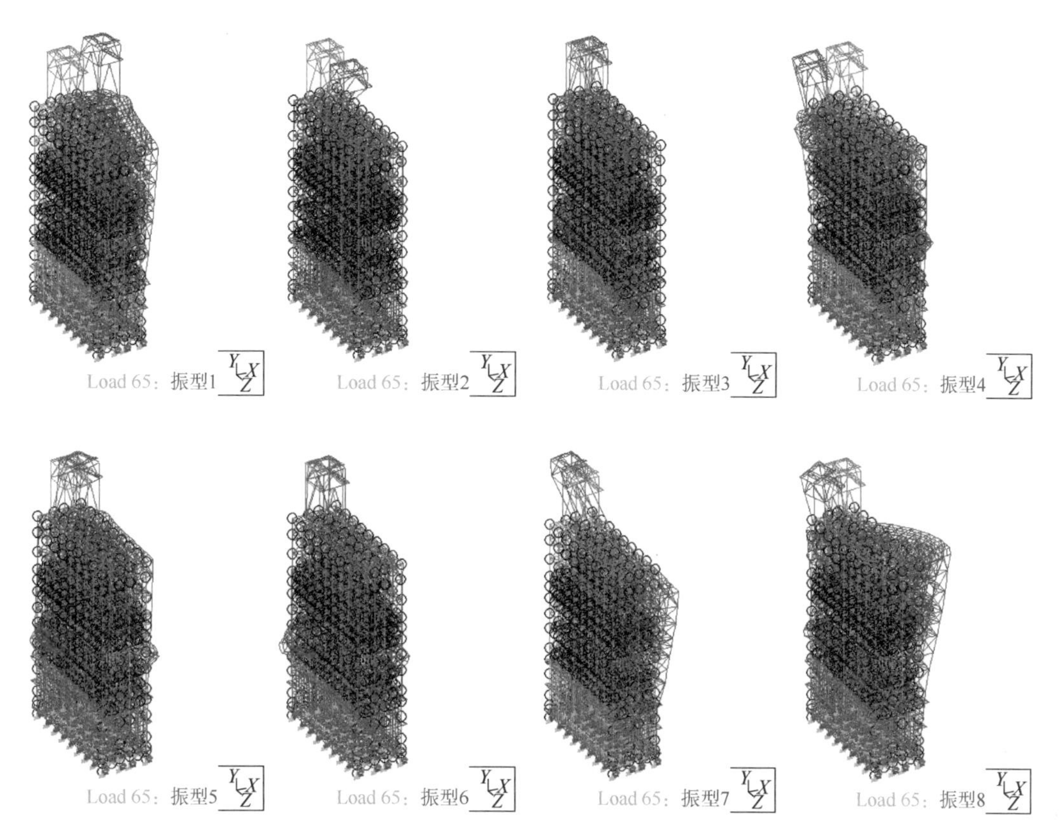

图 3-17 裂解炉模态分析结果示意图

综上所述，根据裂解炉结构的受力特点，通过理论分析、数值模拟以及试验研究等方式，保证裂解炉在施工安装、充水试压、正常操作、停产检修等工况下安全可靠，结构合理。通过进行炉墙板计算分析、风荷载计算、抗火性能化设计、抗震性能化设计、消能减振设计、模块化设计等方面研究，最终形成裂解炉结构设计技术。

第二节 其他关键装备

一、压缩机

乙烯装置三大机组包括裂解气压缩机组、乙烯压缩机组和丙烯压缩机组，是乙烯装置的“核心”装备。

1. 乙烯三大机组国内外进展

乙烯三大机组国外供货商包括美国的 GE 公司、德国的西门子公司、日本的三菱公司和 Ebara-Elliott 公司等国际压缩机厂商。他们均有提供整套机组产品能力，包括压缩机、汽轮机及机组辅助系统等。机组中的压缩机是由多个叶轮串联组成的多级离心压缩机，叶轮顺序分组组合，其中每个组合中的叶轮串联运行、共同完成一次工艺吸气和排气，称为一个压缩段；一个或多个压缩段会组成一个相对独立的压缩缸；一个或多个压缩缸串联形成能完成工艺需要的一台压缩机。压缩机一般由一到三个压缩缸串联，工艺气体经过多次吸入、压缩、排气、换热等处理后再吸入进行压缩的过程。其中：裂解气压缩机一般由三个压缩缸串联，并需要克服裂解气在其中的结焦和腐蚀等问题；丙烯压缩机一般为单缸多段压缩，需要具备在一个压缩缸内完成几次加气技术；乙烯压缩机可采用两压缩缸串联或单压缩缸，并在一个压缩缸内完成抽气和加气。

三大机组的驱动机多采用抽汽/凝汽式汽轮机驱动。其中：西门子公司的汽轮机为反动式汽轮机，级数较多，设计点效率能达到较高水平；其他几家国外供货商的汽轮机通常采用冲动式汽轮机，级数较少，适应抽汽及凝汽量变化的能力较强。

伴随着乙烯工业的发展和乙烯技术的国产化进展，三大机组的国产化应用也不断推进，经历从国外引进到逐步向国产化研制应用的方向发展。国产乙烯三大机组是由沈阳鼓风机集团股份有限公司(以下简称沈鼓)及驱动汽轮机制造商杭州汽轮机股份有限公司(以下简称杭汽)等共同研发、制造。

从20世纪90年代起，沈鼓和杭汽与中国石油、中国石化及其他相关建设单位一起，开始了国内乙烯三大机组的研发、制造。沈鼓首次在1998年为大庆石化24×10^4t/a乙烯装置提供了裂解气压缩机组，此后分别为扬子石化32×10^4t/a乙烯装置提供了丙烯压缩机组和二元制冷压缩机组，为燕山石化36×10^4t/a乙烯装置提供了二元制冷压缩机组。2009年，由寰球公司承担工程设计的辽宁华锦集团45×10^4t/a乙烯装置首次实现了三大机组完全国产化。

2007年，国家发展和改革委员会确定了百万吨级乙烯三大机组国产化的目标和任务，以抚顺石化、天津石化和镇海石化新建的百万吨级乙烯项目为依托，分别用抚顺石化的乙烯压缩机组、天津石化的裂解气压缩机组和镇海石化的丙烯压缩机组，进行国产化研发、制造，现均已成功运行多年，标志着中国已经具备百万吨级乙烯及其三大机组的工程设计及机组的设计、制造、运行维护等能力。

2010年后，国产三大机组在成套供货和机组大型化等方面持续进步，采用中国石油自主乙烷制乙烯技术的塔里木、长庆乙烷制乙烯装置三大机组均采用沈鼓和杭汽的国产机组，这是国产三大机组在国内乙烷制乙烯装置上的首次应用。同样采用中国石油自主大型乙烯成套技术建设的中国石油广东石化128×10^4t/a乙烯装置三大机组也采用了国产机组。

2. 机组组成与功能

乙烯装置三大机组均由压缩机、汽轮机及机组的润滑/控制油系统、轴端密封系统、检测控制系统、裂解气压缩机的注水注油系统、汽轮机的抽汽/凝汽系统等辅助系统组成。下面以典型百万吨级国产三大机组为例介绍其组成与功能。

三大机组为多段离心式压缩机，多采用抽汽/凝汽式汽轮机驱动，流量调节方式为变转速调节，转速调节范围以75%~105%为宜。机组一般应布置在有遮棚的厂房内，双层布置，其中压缩机、汽轮机等布置在二层平台上，润滑油站等布置在一层地面。

联轴器及护罩：采用膜盘式或叠片式联轴器，并配置全封闭无火花型联轴器护罩。

顶升油系统：为了减小盘车力矩、避免轴承损伤，有些大型机组设置顶升油系统，包括顶升油泵及防爆电动机、阀门、压力表及其连接管线等。

压缩机厂房内为电气爆炸危险区，机组中的所有电气设备应满足相应危险区的规定。

典型的机组布置如图 3-18 至图 3-20 所示。

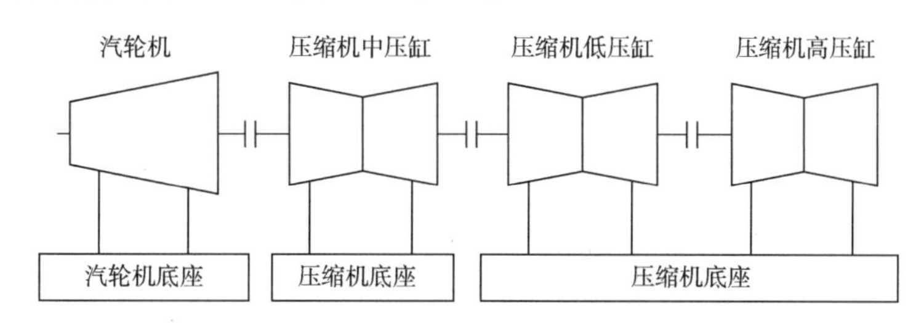

图 3-18　裂解气压缩机组布置示意图

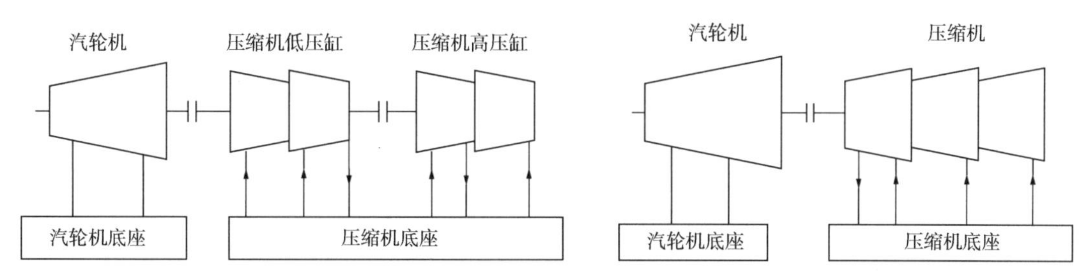

图 3-19　乙烯压缩机组布置示意图　　图 3-20　丙烯压缩机组布置示意图

1) 压缩机

压缩机主要由转子(轴、叶轮、轴套、平衡盘、半联轴器等)和定子(机壳、隔板、轴承、密封等)组成，为单轴、双支撑、多级离心压缩机。气体在压缩机流道中完成能量传递和转换，把压缩机机械能转化为气体压力能。

转子部件包括锻钢材质的主轴、不锈钢轴套和闭式锻造叶轮。压缩机壳体一般为水平剖分的焊接或铸造机壳。轴端密封为串联带中间迷宫密封的干气密封(双向旋转)，级间密封、叶轮口圈密封和轴端前置密封为迷宫式密封。

(1) 裂解气压缩机。

选材考虑硫化氢等应力腐蚀，叶轮选用符合 NACE MR0103 标准要求的沉淀硬化不锈钢或双相不锈钢，材料屈服强度不大于 827MPa。高压缸叶轮选材应考虑有较低设计温度的要求。

为防止结焦，压缩机采用注水注油技术，注水注油采用不同的喷头及控制盘，可在压缩机入口设置注油喷嘴，在压缩机壳体上设置注水喷嘴，其中注水管线及阀门均采用不锈钢材质。

裂解气压缩机组现场组装图如图 3-21 所示。

(2) 乙烯压缩机。

乙烯压缩机带有抽气和加气结构，低压缸一般采用铸造奥氏体低温钢，高压缸为焊接壳体。

图 3-21　裂解气压缩机组现场组装图

压缩机转子选用低温钢材料，并兼顾较优的耐低温性能与较好的强度和刚度，综合优选。高压缸叶轮结构设计应考虑采用小流量叶轮并具有较好性能。

乙烯压缩机组现场组装图如图 3-22 所示。

图 3-22　乙烯压缩机组现场组装图

（3）丙烯压缩机。

丙烯压缩机带有加气结构，压缩机缸体一般焊接壳体。

压缩机选材应适应低温工况，叶轮结构设计应考虑适应丙烯气体在高马赫数时的工况。

丙烯压缩机组现场组装图如图 3-23 所示。

2）汽轮机

汽轮机由汽缸、转子、汽封、轴承、支座、蒸汽调节系统和盘车装置等构成。汽轮机通过弹性联轴器与压缩机直联，并驱动压缩机转动。

图 3-23　丙烯压缩机组现场组装图

（1）汽缸。

汽缸由前汽缸（高压缸）和排汽缸（低压缸）组成，如图 3-24 所示。前汽缸为铸钢，排汽缸为焊接结构，前汽缸和后汽缸均为水平剖分，前后汽缸为径向法兰面连接。前汽缸通过“猫爪”支承在前座架上，排汽缸通过“猫爪”支承在底座上，并通过后部的立键和“猫爪”上的导向销组成膨胀死点。

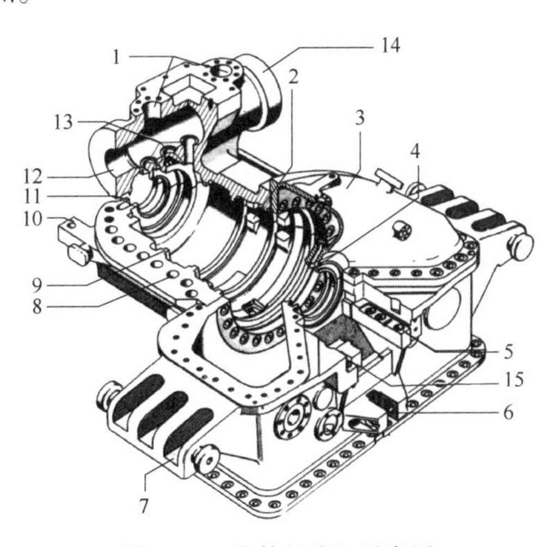

图 3-24　汽轮机汽缸示意图

1—调节汽阀阀杆装配孔；2—导叶持环支承搭子；3—排汽缸；4—后汽封装配凸环；5—后轴承座安装面；6—横向中心调整件搭子；7—后“猫爪”；8—中分面螺栓孔；9—导叶持环装配凸环；10—前“猫爪”；11—前汽封装配凸环；12—进汽室；13—调节汽阀阀座装配孔；14—速关汽阀阀壳；15—后轴承座导向键

汽缸内部装有蒸汽室、导叶持环及汽封体，导叶持环用于支承汽轮机叶片组的导叶片（静叶片），高压导叶持环材料为铸钢件，低压导叶持环材料为铸铁件。

（2）汽阀。

汽轮机汽阀包括速关汽阀和调节汽阀。速关汽阀位于汽缸前部，蒸汽通过该阀进入蒸汽室。机组正常运行时，速关汽阀中的油压克服弹簧力顶开阀门，出现故障时，油路中压力下降，阀门会立即快速关闭。调节汽阀用来调节进汽量，进而调节汽轮机的转速和功率，调节汽阀由一体式电液执行器控制。

（3）转子。

汽轮机转子包括轴和叶片等，轴由合金钢锻制，叶片均直接安装于轴上。转子前部有平衡活塞及汽封，用以平衡反动式叶片组的轴向推力，转子后部有汽封和支撑轴颈(图 3-25)。

蒸汽的热能在叶片处转换成机械能，叶片对于汽轮机的效率和运行的安全起决定作用，叶片均采用不锈钢材料，有调节级叶片、转鼓级叶片和低压扭叶片。

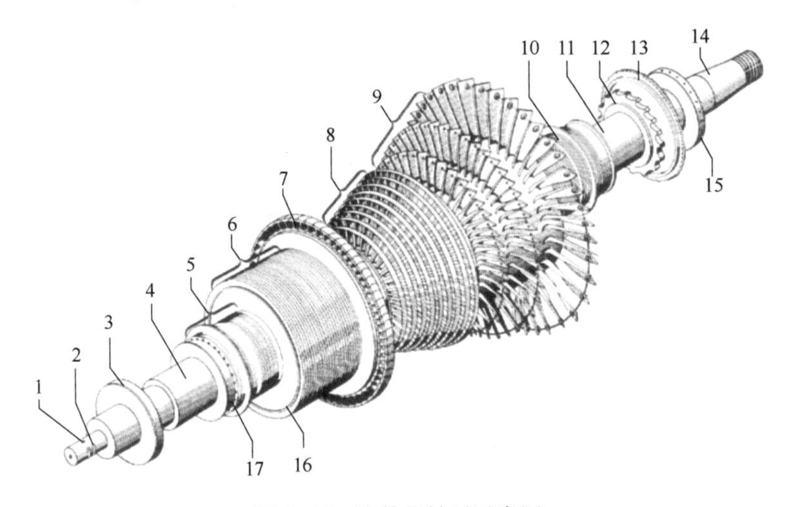

图 3-25 汽轮机转子示意图

1—危急遮断器；2—轴位移凸肩；3—推力盘；4—前径向轴承挡；5—前汽封；6—内汽封；7—调节级；8—转鼓段；9—低压段；10—后汽封；11—后径向轴承挡；12—盘车棘轮；13—盘车油轮；14—联轴器挡；15—后端平衡面；16—主平衡面；17—前端平衡面

（4）汽封。

转子和汽缸之间需要密封的地方装有迷宫式汽封，汽封体固定在汽缸上，允许热胀。汽封体的内圆上嵌有汽封片，它与嵌在转子上的汽封片或梳形齿组成汽封，在转子和汽缸之间起着相互不接触的密封作用。

除了凝汽式汽轮机的后汽封之外，其余的汽封漏汽在汽封体中部被抽出，引到压力较低处，这样可减少外漏到大气中的蒸汽量。凝汽式汽轮机在启动时，为了保持必要的真空，需要向汽封送入新蒸汽。

前汽封为正压汽封，绝大部分漏汽从其中间部位抽出，只有少量的蒸汽通过出汽端的冒汽管排到大气中或引至汽封冷却器。后汽封为负压汽封，其作用是阻止空气进入汽缸。

（5）支座。

汽轮机的支座包括前支座和后支座。前支座系统包括前座架、前轴承座、汽缸“猫爪”等。其作用是支承汽缸和转子，并用于这些部件的相互对中。汽轮机在各个方向的正确位置，由这些部件上的滑销系统来保证。

后支座系统包括底板、后轴承座、排汽缸“猫爪”等，其作用是支承汽缸和转子，并用于这些部件的相互对中，还组成了整个汽轮机热膨胀的基准死点。

（6）轴承。

推力轴承主要是承受转子的推力，并给转子轴向定位。推力轴承承受平衡活塞还没有平衡掉的部分转子推力以及联轴器传过来的推力。其主要零件是轴承体和推力块，若干块可倾式推力块装配成一个环，推力块通过轴承体和调整垫圈把推力传给轴承座。

安装在前、后轴承座中的径向轴承为动压轴承，其作用是承受转子的静、动载荷，保持转子转动中心与汽缸中心之间正确的位置关系，并在运行时使转子有良好润滑和稳定性。

（7）速关组件。

速关组件安装在前轴承座旁，汽轮机蒸汽调节系统中的液压件集装在一起，包括停机电磁阀、手动停机阀、手动试验阀和手动油路换向阀，这些阀门用来实现汽轮机就地启动、就地停机、遥控停机及速关汽阀联机试验。

（8）盘车装置。

盘车装置安装在轴承座端盖上，通过离合器与汽轮机轴头连接，用于开机前和停机后机组盘车。

3）汽轮机蒸汽冷凝系统

凝汽式汽轮机的排汽冷凝系统把汽轮机排出的蒸汽乏汽冷凝为水，返回锅炉循环发生蒸汽。蒸汽冷凝系统也使汽轮机排汽保持在较高真空度，蒸汽在汽轮机中实现较大的压比和焓降，提高蒸汽热能转化为机械能的转化率。

汽轮机的乏汽可以用管壳式换热器将其冷却为冷凝水，也可采用空气冷却器。其中，空气冷却方式可节约用水，但投资费用较高，占地面积较大。

4）润滑及控制油系统

润滑及控制油系统为机组提供润滑油、控制油和顶升油等。机组的润滑油站由润滑油箱、油泵、双联冷却器、双联过滤器、调压阀等组成。润滑油系统还包括高位油箱、蓄能器等。所有进、排油集合管及支管材质均为不锈钢。润滑油站的所有设备和仪表安装在一个联合底座上，润滑油站向压缩机润滑系统、汽轮机润滑系统、调节油系统和顶升油系统（如有）等设备供油。

5）轴端密封系统

轴端密封系统采用干气密封，确保压缩机内的工艺介质不直接泄漏到压缩机外的环境中。

该干气密封为串联结构。在密封的动环上加工有呈楔形的浅槽，运转时在动环和静环之间形成压力梯度，达到密封工艺气体的目的。干气密封是一种非接触式密封，一般不会污染工艺气体，运行维护较方便。

6）机组检测及控制系统

三大机组控制系统完成压缩机组（包括压缩机、汽轮机、干气密封、润滑油系统等）的参数显示、报警、控制、调节及联锁逻辑保护，实现压缩机的防喘振控制、性能调节以及汽轮机调速等控制功能。

控制系统的控制器应采用冗余、容错型控制器，能够保证控制系统在内部出现故障的状态下，仍能正确地执行程序，系统模块均能在线热更换。

三大机组在中心控制室 CCR 内通常设置 SOE 站(兼工程师站)和操作站，在现场机柜室(FAR)内设置工程师站。

3. 机组技术特点与发展

乙烯三大机组的压缩机段数多，多缸串联，在单个缸体中有抽气、加气结构，技术要求高，系统复杂。机组具有以下特点：

(1) 高压比。三大机组的压比均较高，多压缩缸串联，气体从开始压缩到压缩结束，实际体积流量变化很大，在同一转速下就会很难实现从首级大流量叶轮到末级叶轮的全部高效和宽流量调节范围。

(2) 抽气、加气结构。由于乙烯工艺技术的要求，压缩机需采用缸内直接抽气、加气的操作，同时可以降低乙烯装置压缩机数量，满足工艺气体多温位需求，优化装置能耗。抽气、加气结构加大了压缩机组的技术难度，降低了压缩机体内的气流稳定性，提高了机组喘振控制难度等。

(3) 宽调节范围需求。根据实际运行需求，三大机组需要考虑多个设计工况，以满足其对装置处理量、原料、产品等的操作弹性需求。这使机组流量范围需求通常较宽，实现难度较大。

(4) 裂解气高温结焦。由于裂解气中有微量易于结焦的双烯烃类气体，压缩机需要增加注水、注油和防结焦涂层等措施来减缓结焦，这增加了压缩机的复杂性，对其稳定运行有不利影响。

(5) 乙烯机低温操作。乙烯压缩机操作温度低，其低温部件坯料制备、机械加工、设计、装配等技术要求高。

(6) 丙烯机高马赫数运行。丙烯气体分子量较大，在压缩机叶轮中流动的马赫数较高，这对叶轮的结构设计、宽流量范围、高效率等技术提出较大挑战。

(7) 裂解气分子量变化。随着乙烯原料的多元化、操作工况复杂化，乙烯装置裂解气的分子量从石脑油裂解制乙烯的 27 左右变化到乙烷裂解制乙烯的 19 左右。为适应分子量变化，裂解气压缩机的叶轮级数、单级叶轮性能、压缩机结构等都应做出相应变化。

(8) 汽轮机抽汽/凝汽量变化需求。乙烯装置三大机组的汽轮机一般也同时承担着全厂蒸汽平衡、压力等级分配、蒸汽量调节的作用，以期望达到蒸汽使用效率最大化。但从汽轮机设计和使用来看，当其抽汽量和凝汽量偏离该机型的常规值范围时，对汽轮机的效率和运行可靠性等会产生不利影响。有时汽轮机为满足较宽的蒸汽条件范围，采用一些非常规型叶片和结构设计，这种情况下依然要保证汽轮机的高效可靠，具有较大的技术难度。

综上所述，乙烯装置三大机组具有显著的特殊性和技术难点，需要机组制造方与乙烯技术方、工程设计方及建设用户等一起，持续推动机组技术进步。

二、冷箱

1. 冷箱的国内外进展

冷箱是乙烯装置的关键设备之一，在乙烯装置分离流程中，均采用低温分离的方法，而冷箱是低温分离普遍采用的设备。冷箱的核心换热元件是板翅式换热器，早在 1930 年英国的马尔斯顿·艾克歇尔瑟公司就用铜合金浸渍钎焊的方法制造了航空发动机散热用板翅式换热器；1959 年，该公司提供了第一套用于乙烯装置的板翅式换热器。20 世纪 60 年代以后，美国大力发展了铝制板翅式换热器。日本也于 60 年代后从美、英等国引进技术设备进行试验研究，生产高压板翅式换热器。苏联在 80 年代开始批量生产大型空分板翅式换热器。国外大型乙烯冷箱的设计制造厂商主要为德国的林德、美国的查特、法国的法孚、日本的神户制钢和住友等。这五家制定了板翅式换热器标准 ALPEMA[11]。

“八五”之前，我国建设的乙烯装置中的冷箱几乎全部是从国外引进的。乙烯冷箱的设计、制造技术一度完全被国外公司垄断，严重制约了国内乙烯工业的发展。1975 年，机械部、化工部和石油部联合组织冷箱联合攻关组，将板翅式换热器传热计算方法研究列入国家“七五”科技攻关项目。但限于当时所掌握的资料及计算机技术水平，也只解决了单相流动的计算方法。“九五”期间，杭州氧气股份有限公司依托“九五”乙烯改扩建工程和设备更新改造工程完成成套冷箱国产化研制，完成了国家重点科技项目攻关计划——乙烯冷箱成套国产化。“十一五”期间，实现了容器内板翅式换热器(CORE-IN-VESSEL)国产化。从20×10^4t/a乙烯冷箱到 40×10^4t/a 乙烯冷箱，再到 60×10^4t/a 乙烯冷箱、80×10^4t/a 乙烯冷箱、100×10^4t/a 乙烯冷箱，到百万吨级以上的乙烯冷箱，乙烯冷箱国产化进程一步一个脚印。我国的冷箱设计制造技术已位列国际先进水平，成本低，不但满足了国内乙烯市场需求，而且可以出口海外市场。国内的冷箱制造厂有杭州氧气股份有限公司等，实现了所有乙烯装置冷箱的国产化设计制造。截至 2021 年，国内制造的板翅式换热器最高耐压 12.8MPa、最大尺寸 1600mm×1800mm×9000mm。国内的板翅式换热器标准为 NB/T 47006《铝制板翅式热交换器》。

1999 年，首台国产化乙烯冷箱在中国石油辽阳石化乙烯装置获得成功应用；2009 年，辽宁华锦乙烯装置实现冷箱和容器内板翅式换热器的全部国产化。2008 年，寰球公司在开发大庆石化 60×10^4t/a 乙烯工艺包的过程中，对各种冷箱的设计进行了研究，掌握了多流股和罐内置式板翅式换热器的设计方法。中国石油多套新建和改造乙烯装置中的冷箱都采用国产化制造。

要实现板翅式换热器技术赶超国外，需在自主设计软件开发、新翅片材料开发、高度紧凑芯体的精密加工和热应力处理、CFD 模拟和计算机辅助设计等方面不断努力，研发适应发展趋势的新型冷箱技术。

2. 冷箱结构

冷箱的核心部分为铝制板翅式换热器，其将深冷分离单元中的多台串联、并联在一起的铝制板翅式换热器及罐、连接管路，置于一个碳钢箱体内，在保冷壳体内填充膨胀珍珠岩(珠光砂)进行保冷，各流体通过法兰与外接管道相连接，如图 3-26 所示。乙烯冷箱的工作温度为-170~40℃，裂解气在冷箱内与冷剂、返流尾气等进行复杂的、有相变的热交换，在低温下被逐级冷凝分离，凝液进入各类精馏塔进行精馏。根据不同工艺流程，为乙烯冷箱提供冷量的冷剂一般有丙烯、乙烯、甲烷或这些冷剂的混合物。铝制板翅式换热器结构紧凑，单位体积内换热面积可达 2200m^2，换热效率高，多个板翅换热器可以集成到一个箱体内，占地面积小。

如图 3-27 所示，典型的铝制钎焊板翅式换热器是由板束、封头、接管等附件组成。不同流体通过相应的接管进入封头，然后经由导流翅片流入主换热翅片流道与相邻流股换热，换热完成后再经由导流片、封头、出口接管流出换热器。

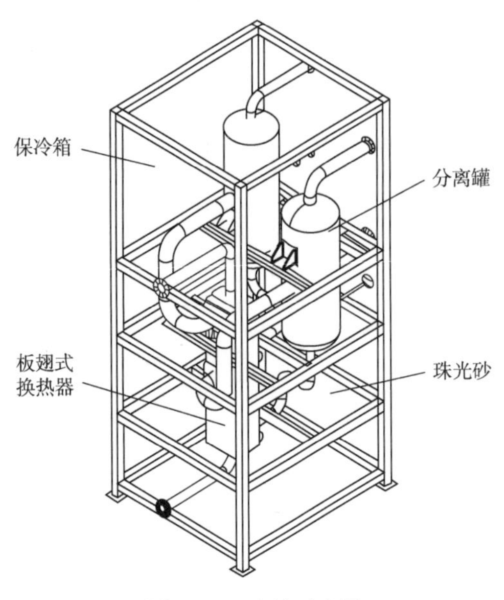

图 3-26　冷箱示意图

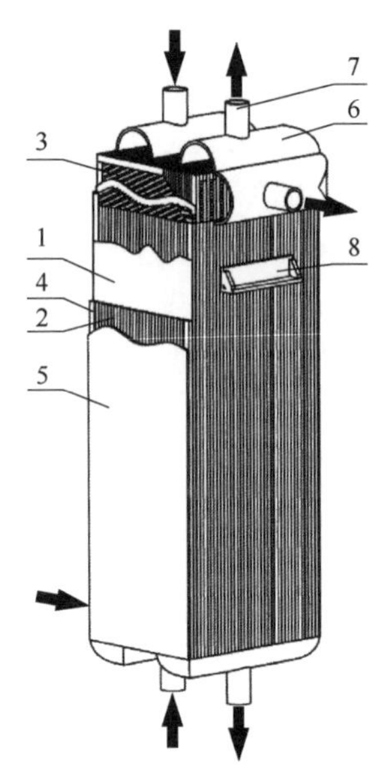

图 3-27　典型板翅式换热器结构示意图

1—隔板；2—传热翅片；3—导流片；4—封条；
5—盖板；6—封头；7—接管；8—支座

翅片是板翅式换热器最基本的元件之一，热量传递主要通过翅片和隔板来完成，在一般设计中，翅片传热面面约占总传热面积的 70%。乙烯冷箱常用的四种形式是平直翅片、多孔翅片、波纹翅片和锯齿翅片，其传热能力和压降依次增加，其翅片形式、结构特点和流动传热特性对比见表 3-2。

表 3-2　翅片特点对比

名称	翅片形式	结构特点	流动传热特性
平直翅片		流道截面可冲压成三角形、矩形、梯形、正方形、半圆形等。流道光滑，其换热和流动阻力特性与圆形管道中的传热和流动特性相似	主要起到扩展换热面的作用，传热系数较低，压降小。适用于冷凝场合和冷热流体压差、温差较大的场合
多孔翅片		由平直翅片上冲出许多孔洞而成，一般开孔率为 5%～25%，孔的形状有圆形、矩形。孔的排列有长方形、平行四边形、三角形等	表面孔洞破坏流体流动边界层和热边界层，增强传热。雷诺数过高时，会诱发噪声和振动。适用于沸腾相变场合
波纹翅片		金属板冲压或滚轧成一定的波形，形成弯曲流道，不断改变流体的流动方向，从而产生系列旋涡流动	产生复杂的 Coertler 涡旋，促进流体湍动，分离和破坏热阻边界层。适用于高雷诺数烃类和高压气体
锯齿翅片		翅片形成矩形横截面，且被分割为一定长度的小条，相邻小条之间沿横向错置大约节距的 50%	流体流过时，边界层被破坏，同时流动湍流程度增加，因此它的传热系数高，压降也大。适用于低雷诺数场合

3. 冷箱设计要点

1）热力、水力设计

冷箱用于实现多个低温流股之间的热量传递，在满足阻力降要求和介质进出口温度要求的前提下，重量越轻、单位体积的换热量越大，经济性越好。因此，提高传热系数、降低流动阻力是大型化冷箱设计的重点考虑因素。

通常，翅片的传热特性和阻力特性都需要通过试验来得到。用 Colburn 因子 j 来表示传热性能，用范宁摩擦因子 f 来表示压降特征，式(3-2)、式(3-3)给出了 j 因子和 f 因子定义式。一般情况下，f 因子、j 因子与雷诺数的关系式比较复杂，需通过实验数据来拟合。扩展表面的传热、阻力特性的试验方法有 Keys 和 London 的稳态法、Wilson 绘图法和瞬态测试法。对于板翅换热器，不同类型翅片的 f 因子和 j 因子的经验关联式各不相同，由于翅片的形式和尺寸不同，不同厂家开发有各自的翅片，翅片对应的 f 因子、j 因子就是厂家的核心技术秘密之一。

$$j=StPr^{2/3} \tag{3-2}$$

$$f=\frac{\tau_w}{\dfrac{G^2}{2g_c\rho}} \tag{3-3}$$

式中　St——斯坦顿数；

Pr——普朗特数；

τ_w——有效壁面切应力，Pa；

G——流体质量流量，kg/(m^2·s)；

g_c——牛顿第二定律中的比例常数；

ρ——流体密度，kg/m^3。

多流股板翅式换热器流动传热计算模型引入了一些理想假设，以使问题能抽象出易解决的数学模型。其传热计算是将几股热流体和冷流体分别拟合成相当的两股流体，把多流股换热简化成两股流换热，并按逐步热平衡法进行热力计算，然后把换热器分成很多段，采用微分算法得到详细的流动传热信息。寰球公司在某乙烯开发项目中的四股流模拟计算结果如图 3-28 所示。

多流股板翅式换热器的设计难度较大，多流股换热有复杂的温度场与热交换工况，尤其是涉及相变与质交换的情况；设计计算中待选参数较多，而且错综复杂；有些参数事先无法确定，需要通过多方案比较与多次迭代才能确定；为使换热器同一横截面壁温尽可能接近，防止可能产生的温度交叉和热量内部损耗，流道分配和流道排列是设计的关键，在计算时必须对每一条流道做详细模拟。

为使换热器同一横截面壁温尽可能接近，防止可能产生的温度交叉和热量内部损耗，在计算中必须对每一条通道做周密考虑。若通道排列不当，易造成局部热量不平衡及换热器效率下降，将无法用纯粹增加换热面积的方法来补偿。

确定流道排列时一般应考虑如下原则：

（1）尽可能做到局部热负荷平衡，使沿换热器横向各通道的热负荷在一定的范围内达到平衡，以减小过剩热负荷，减少过剩热负荷的横向传导距离。

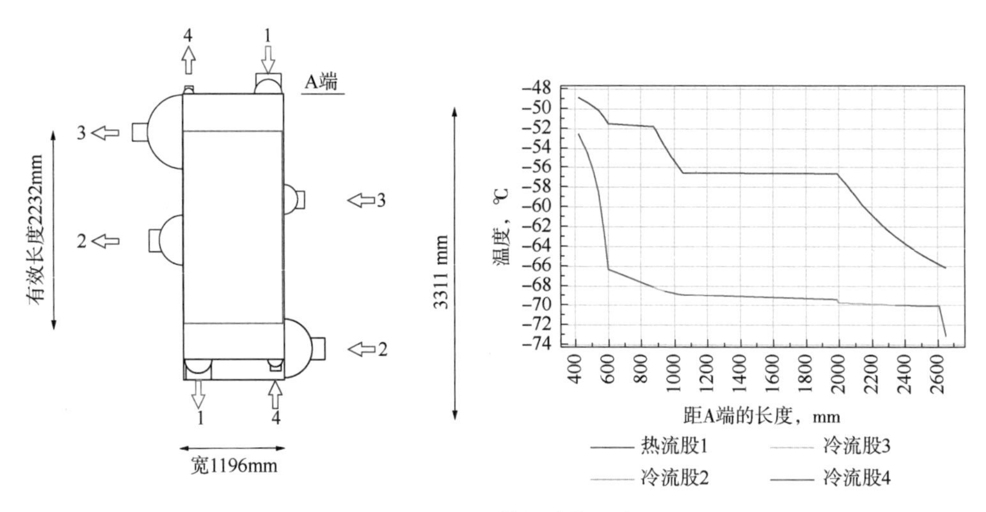

图 3-28　四股流模拟计算示意图

(2) 流道的分配应使同一股气流在各个通道中的阻力基本相同，流道排列应避免温度交叉。

(3) 同一股介质各个流道的翅片规格应相同；不同气流的通道可以使用不同规格的翅片，但从制造工艺的角度出发，应尽可能减少翅片规格的品种。

(4) 流道排列原则上应对称，这不仅便于制造，而且受力也较好；从强度考虑，两外侧的通道应布置低压流体。

应用软件设计多流股板翅式换热器时，通常包括如下方面：根据工艺条件选择板翅式换热器的类型(轴流、错流、热虹吸)；输入物性数据或输入组分计算；选取翅片形式、规格，输入 f 因子、j 因子参数；用 design 功能大致确认流股的温度条件是否合适；使用 layer by layer(stream by stream)模式详细排布传热通道以及分布通道的结构和尺寸；计算和调整通道布置；分析传热计算和阻力计算报告。

2) 强度设计

由于板翅式换热器芯体结构复杂，钎焊缝的检查受到结构限制，不能采用 X 射线无损检查，也不能做强度核算。为了满足强度要求，用试件爆破压力来确定芯体的最大许用工作压力，规定试样爆破压力值应不低于设计压力的 5 倍，且以翅片拉伸断裂为合格。为得到翅片最大许用工作压力，翅片材料做退火处理，使拉伸强度达到或接近最小值。

3) 结构设计

乙烯冷箱的板翅式换热器多数是有相变的多组分流体换热，流体在板束流道中的均匀分配是结构设计中的重要问题，直接影响换热器性能。对多组分气液两相流混合物，如果流体在流道中分布不均匀，会使沸腾、冷凝在不同的气液平衡条件下进行，换热系数会大不相同。若严重偏离设计工况，将会使传热性能大为恶化，在两相流换热器结构设计中，对此应给予足够重视。

第三节 中国石油工程化技术

乙烯装置工艺流程长，设备品种多，数量大，操作条件变化大，管道材料种类多。随着装置规模不断扩大，设备和管道尺寸很大，由大尺寸和高温差、高压差引起的应力也不容忽视，设备布置是否合理、设备设计的细节等往往也对装置的操作带来很大影响。因此，工程设计的水平也是保证乙烯装置“安、稳、长、满、优”运行的重要因素。

一、大型塔器设计技术

塔器的设计技术主要包括工艺过程的模拟计算、水力学计算、塔内件选型及结构尺寸的确定。工艺过程的模拟计算基于现代计算机模拟计算软件。乙烯装置的塔器包含了常用的塔内件形式，如填料塔的散堆填料、规整填料、液体分布器等，板式塔的筛板、浮阀、固阀和泡罩塔盘等。需要根据气液相负荷、体系性质选用合适的内件形式。通过塔内件的水力学计算可以确定塔径、溢流形式、降液管宽度、底隙堰高等详细内件结构尺寸，确定板间距、核算分布器尺寸，从而确定塔高。随着乙烯装置大型化，设备直径相应增加，对气液传质要求不断提高，因此塔器的优化设计显得尤为重要。以下针对乙烯装置典型塔器的设计进行介绍。

1. 急冷油塔

急冷油塔通过急冷油循环洗涤降低裂解气的温度，并回收中位热量，分离燃料油组分。根据原料裂解特点常用三段循环(急冷油、中油和裂解汽油)或二段循环(急冷油、裂解汽油)。在乙烷裂解装置中，可以不设急冷油塔。

急冷油塔系统是乙烯装置长周期运行的关键工序之一，结合急冷油塔的操作特点，对设计提出了相应要求。

(1) 抗结焦和堵塞。因此，上段内件要求分离效率高，同时抗堵性能好的内件类型，下段通常采用角钢塔盘。沉淀在塔釜的焦粉，会造成急冷油泵、换热器及相关管线等部位堵塞，因此塔釜也要做抗堵设计。

(2) 压降低。降低急冷系统的压降对降低裂解气压缩功耗具有重要作用。因此，需要对内件结构参数进行详细设计，确保全塔平稳操作情况下压降最低。

(3) 设备直径大。大塔径对分布器的水平度提出了挑战，因此需要严格把控设计及安装质量，保证液体均匀分布。此外，支撑装置很重要，由于塔径大，处理量大，有的集油箱甚至高达3m多，集油箱的自重加上液体重量，总重量大，对集油箱的支撑形式和坚固程度有很高要求，通常设计桁架梁及自支梁，进行强度计算，满足支撑强度要求。

(4) 操作弹性大。塔器设计计算时需要考虑多种原料组合的工况，使得塔径及内件的选择能够满足操作上下限。

(5) 进料状态复杂。裂解气进料通常含有气液固三相，且进料量大，速度快，雾沫夹带严重，易聚合，因此分布器的设计要同时考虑均布气体，分离液体和固体颗粒，减少雾沫夹带，减少冲击等。通常设计的进料形式有单切、双切环向分布器等，重点是分离出进料中的气液固物料，同时抗冲击、抗堵塞。单切、双切环向分布器如图 3-29 和图 3-30 所示。

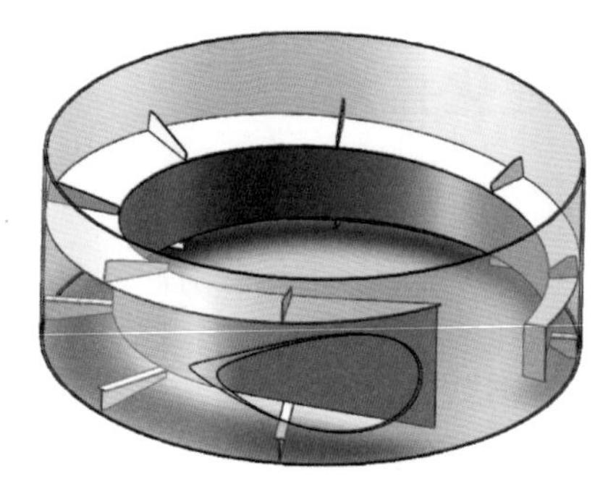

图 3-29　单切环向分布器示意图

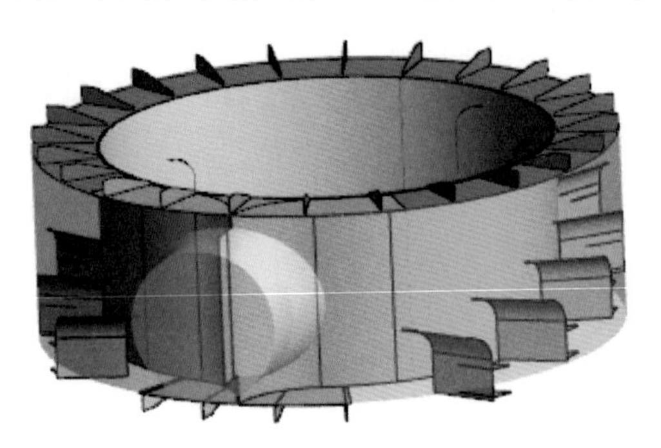

图 3-30　双切环向分布器示意图

2. 急冷水塔

急冷水塔的裂解气进料来自急冷油塔顶出口，通过急冷水循环，进一步冷却裂解气，同时最大限度地回收裂解气的低温位热能并在塔釜分离出裂解汽油产品。常规水洗塔包含两段水洗和油水分离，上部采用常规的散装填料，下部采用整装填料，根据塔径的大小通过水力学核算确定具体的填料型号。底部油水分离采用聚结板强化重力分离。急冷水塔的设计技术要求与急冷油塔有相似之处，均有直径大、操作弹性大、液相负荷大、易结焦等特点。此外，设计时应关注如下要点：

（1）急冷水流量大，液相负荷较大，要求对液体分布器合理选型，保证气液分布均匀，且压降低，设计制造完成后应进行分布器的水力学测试试验，确保所有参数满足设计要求。

（2）塔径大，要求填料和分布器的支撑强度满足长期平稳运行，并应保证支撑结构的开孔率；对分布器的设计和安装需严格把控水平度要求，避免液面梯度造成分布不均匀。

（3）裂解气进料分布器。选用双列叶片式气体分布器（图 3-31），可以实现对气相的均匀分布，同时分离液相和固相，并且有效降低进料对上方填料和下方液面的冲击，从而可以降低塔高，节省投资。

（4）塔釜油水分离器的设计和优化，需保证油水足够的停留时间，防止出现乳化现象。常规设计利用多层波纹斜板增加油水两相接触时间，通过塔釜油水分腔输出控制油水分离效果。

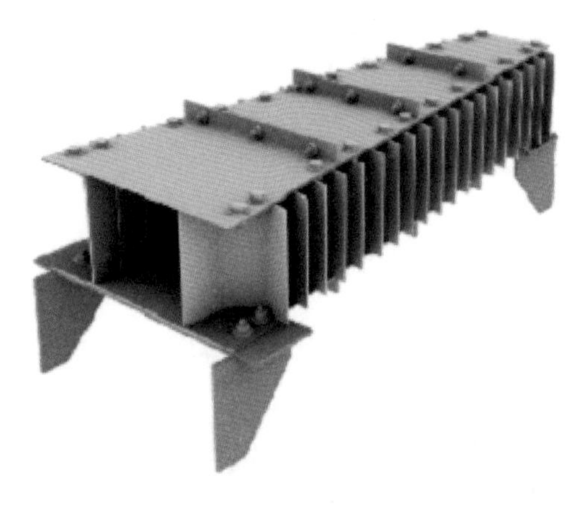

图 3-31　双列叶片式气体分布器示意图

3. 乙烯塔和丙烯塔

乙烯与乙烷、丙烯与丙烷的沸点差较小，相对挥发度低，需要高塔板数才能达到分离要求。

乙烯精馏塔按照操作压力分为高压法和低压法，按照进料是否含有轻组分分为带巴氏段的精馏塔和常规精馏塔。

由于丙烯和丙烷的相对挥发度接近 1，较难分离，因此丙烯塔理论板数较多，回流比较高。生产聚合级丙烯产品时，丙烯精馏塔的实际塔板数多达 200 左右，为降低单塔高度通常采用双塔串联设计。

乙烯塔和丙烯塔通常采用筛板塔盘或浮阀塔盘，也有厂家采用固阀。由于固阀塔盘传质效率、操作弹性和机械强度等方面都优于筛板塔，因此近些年大型乙烯装置中丙烯塔大量采用固阀塔盘。

由于乙烯装置规模逐步大型化，丙烯塔和乙烯塔的直径也随之增大，乙烯塔由常规的双溢流增至四溢流，丙烯塔由四溢流增至六溢流。

四溢流和六溢流塔盘分别如图 3-32 和图 3-33 所示。与四溢流相比，六溢流结构更复杂，但也具有更高的液相处理能力，广东石化乙烯装置中的丙烯塔就采用了六溢流结构。

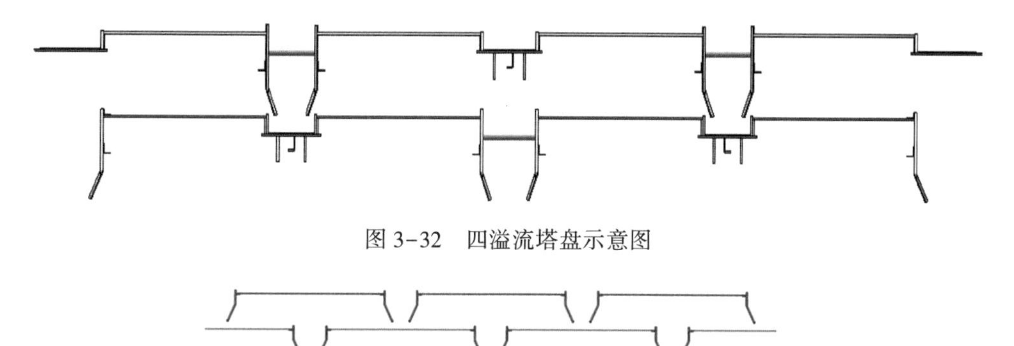

图 3-32 四溢流塔盘示意图

图 3-33 六溢流塔盘示意图

四溢流和六溢流塔盘设计有等鼓泡面积法和等流道长度法两种方法，需合理分配塔盘的鼓泡区和各种降液管的面积和位置，以保证各鼓泡区气液比相等。此外，通常需要设置气相连通管以平衡不同鼓泡区的气相流量，使得四溢流和六溢流各区域的气液传质均匀。等流道长度法相对等鼓泡面积法更优[12-13]。

4. 碱洗塔

碱洗塔一般采用三段碱洗加一段水洗，上部水洗段液相负荷较小，需采用泡罩塔盘防止漏液，下部碱洗段可采用浮阀塔盘或填料。由于碱洗塔塔盘上会发生化学反应，需要一定的持液量，因此溢流堰高度较常规设计更高，从而增大气液接触时间。

碱洗塔的设计不仅要关注内件的类型，同时由于裂解气中的不饱和烃聚合生成黄油，并积聚在塔釜，因此要特别注意黄油的采出位置。

5. 脱甲烷塔

脱甲烷塔主要用于分离碳二和甲烷，设计重点是降低气相产物中的乙烯损失。脱甲烷塔物料有一定的发泡性，且低温低压时更易发泡，因此必须对塔内的流速、板间距等加以控制，以防止液泛。脱甲烷塔大多数采用板式塔，低压脱甲烷塔有选用散装填料的情况。

6. 脱丙烷塔

在前脱丙烷流程中，脱丙烷塔进料中含有大量的碳四及碳四以上不饱和烃，在较高温度下易生成聚合物而使再沸器结垢，甚至造成塔板堵塞，提馏段需要选用抗垢能力强的塔盘。

前脱丙烷前加氢工艺流程中高压脱丙烷塔由于全塔气液相负荷差异较大，在进料位置往往需做变径设计，且上段和下段通常溢流形式不同。因此，在设计时需要设计上段液相至下段塔盘的导流装置，一般采用液封盘加导流管的形式。

二、换热器设计与选型

乙烯装置中的换热器主要用于实现流体的冷却、冷凝、加热、蒸发等工艺要求，实现热量(冷量)的合理传递，降低能耗，所用到的换热器数量多、类型广、温度跨度大，包括管壳式换热器、板翅式换热器、盘管换热器、套管式换热器等类型。随着装置规模的扩大，设备尺寸越来越大，遇到的问题也越来越多，如尺寸超限、管束振动、声音振动等。乙烯装置热能、冷能级别跨度大，用户多，工艺条件复杂，为获得全装置能量的合理利用，需对装置换热网络进行夹点分析，优化换热设计，合理高效利用各等级能量；设计过程需要根据换热器的工艺要求和特点，慎重选型、优化设计，以保证换热器在整个装置中安全平稳运行。

1. 管壳式换热器

管壳式换热器应用范围广泛，内部结构多样，适应性强，其允许压力可以从高真空到41.5MPa，温度可以从-100℃以下到1100℃。此外，它还具有容量大、结构简单、造价低、清洗方便等优点，因此是最广泛使用的换热器形式。按管程与壳程间的结构关系特点，可分为固定管板式、U形管式和内浮头式三种，并可以通过采用特殊类型的换热管来提高其传热性能。乙烯装置中用到的三种典型管壳式换热器的结构如图3-34至图3-36所示。

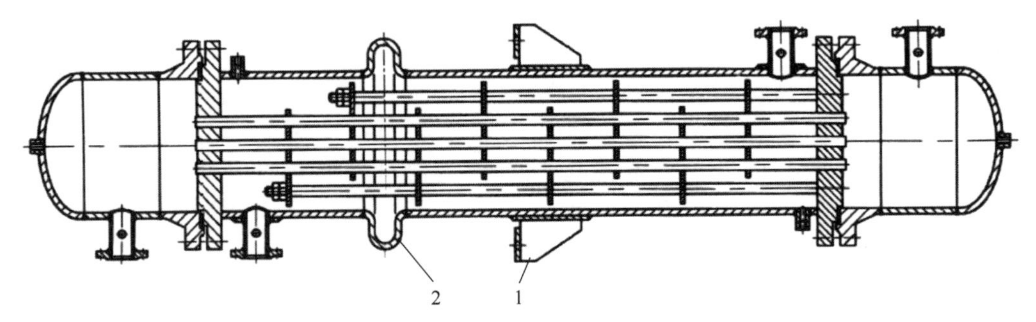

图3-34　立式固定管板换热器(BEM型)示意图

1—耳式支座(部件)；2—膨胀节(部件)

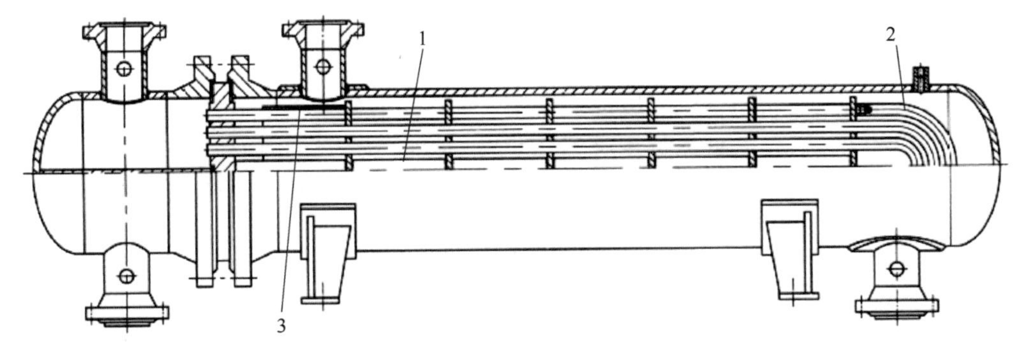

图3-35　卧式U形管式换热器(BEU型)示意图

1—中间挡板；2—U形换热管；3—内导流筒

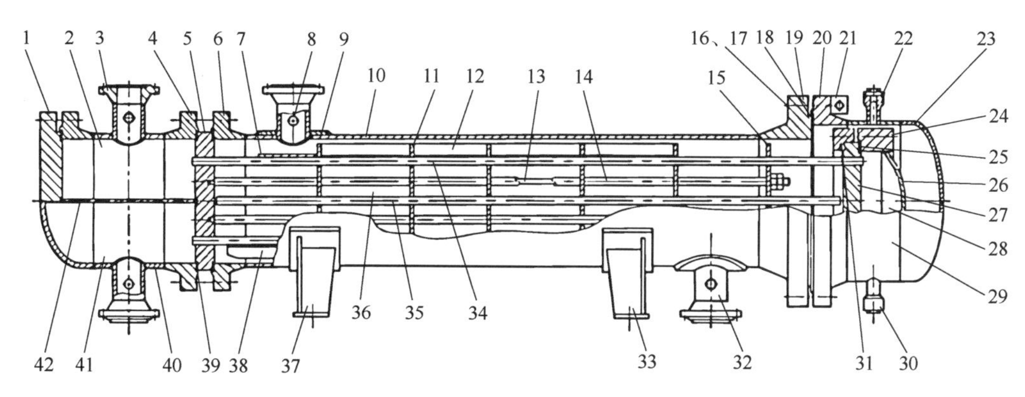

图 3-36 卧式浮头式换热器(AES/BES 型)示意图

1—管箱平盖；2—平盖管箱(部件)；3—接管法兰；4—管箱法兰；5—固定管板；6—壳体法兰；7—防冲板；8—仪表接口；9—补强圈；10—壳程圆筒；11—折流板；12—旁路挡板；13—拉杆；14—定矩管；15—支持板；16—双头螺柱或螺栓；17—螺母；18—外头盖垫片；19—外头盖侧法兰；20—外头盖法兰；21—吊耳；22—放气口；23—凸形封头；24—浮头法兰；25—浮头垫片；26—球冠形封头；27—浮动管板；28—浮头盖(部件)；29—外头盖(部件)；30—排液口；31—钩圈；32—接管；33—活动鞍座(部件)；34—换热管；35—挡管；36—管束(部件)；37—固定鞍座(部件)；38—滑道；39—管箱垫片；40—管箱圆筒；41—封头管箱(部件)；42—分程隔板

固定管板式换热器，将换热管两端固定在位于壳体两端的固定管板上，管板与壳体固定在一起。与 U 形管式换热器和浮头式换热器相比，结构最简单，在壳体内径相同、管程数相同的条件下，可布的换热管数最多，造价最低。但由于壳程不能检修和机械清洗，因此通常只适用于清洁流体，对污垢系数大、易结垢、结焦及含固体颗粒的介质不宜布置在固定管板式换热器的壳程。另外，由于管壁两侧流体的温度不同，导致壳体与管束间存在温差，或由于管束和壳体的材料不同，造成管束与壳体的伸长受到约束，产生拉应力或压应力，称为温差应力或热应力。当管束与壳体间的温差应力达到一定程度时，会引起换热管弯曲变形、裂口及换热管与管板的接口脱裂等情况，影响设备使用。因此，对于固定管板式换热器，除考虑其在正常操作工况下的管、壳侧金属壁温外，还需考虑换热器在开车、停车、吹扫、事故及其他特殊工况下的管、壳侧金属壁温，以保证换热器在任何工况下的安全运行。

U 形管式换热器只有一个管箱，管束和每根换热管均可自由膨胀，管束可抽出。这类换热器的优点是：管束可以抽出，管间可清洗；壳体、管束可以自由伸缩，没有温差热应力；若壳侧介质清洁，不易结垢，管板也可设计成与壳体焊接的形式。缺点是：管内侧不易机械清洗，适用于洁净不易结垢的流体，否则需要化学清洗；弯管处换热管壁会减薄，影响换热管强度；壳体直径较大时，最外侧换热管的不支撑长度过大，会导致流动诱发的振动问题；受换热管最小弯曲半径的影响，管板直径方向上有较大面积不能布管，形成大流道，造成材料的浪费；当流体流动方向与大流道平行时，漏流较大，会降低传热效率。

内浮头式换热器包括一个固定管板和一个浮动管板，浮动管板与浮动封头盖构成浮动管箱，可以连同管束自由伸缩。内浮头式换热器分为两种：一种为钩圈式浮头，用字母 S 表示；另一种为可抽式浮头，用字母 T 表示。在浮头式换热器中，多数采用 S 型浮头，这是因为S型浮头相对于T型浮头更加紧凑，可以节省材料，并提高换热效率。钩圈式浮头的结构复杂，有内置式管箱，用钩圈和浮头法兰夹持管板，钩圈的外径大于筒体的直径，因此从外观上看，S型换热器有一个“大头”。浮头式换热器的优点是换热管内外均可机械清洗；管束可自由移动，没有温差热应力的问题。缺点是：结构复杂，金属耗量高；管束抽出时需要拆掉壳体的外头盖、钩圈等结构，维护耗时耗力；因浮头端管箱较重，需要在浮头端放置全撑板，全撑板后的换热面积一般不计入有效传热面积中。

图3-37为T型浮头示意图，结构相对于S型浮头结构简单，管束抽出方便，但是需要有更大的壳体直径以及前端管板和管箱，不仅增加了材料量，也使管束与壳体间的间隙增加，增加了漏流，降低了换热器的效率，所以只在少数情况下使用。

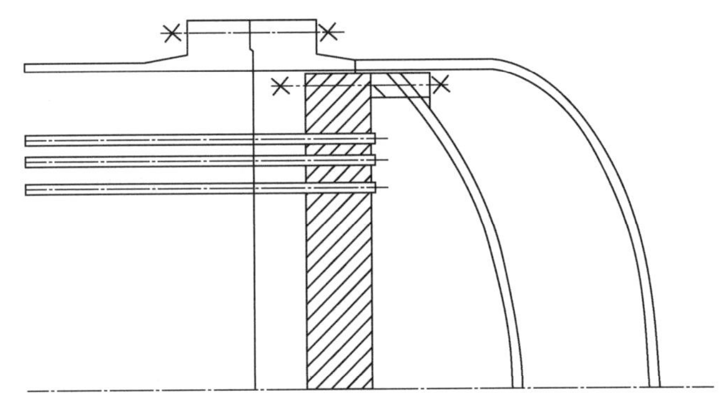

图3-37　可抽式浮头(T型)示意图

浮头式换热器管程数多为偶数，在某些特殊场合，管程为单程时，通常需要在浮头管箱与壳体之间设置膨胀节，这使结构更加复杂，造价增加且容易泄漏，所以浮头式换热器尽量避免使用单管程。

2. 板翅式换热器

板翅式换热器通常为铝制板翅式换热器，在乙烯装置中用于热效率要求高、传热温差小、阻力降低的低温场所。其由板束、封头、接管等组成，板束单元由翅片、隔板及封条构成。板翅式换热器的应用有三种形式：一种单独放置，即普通的板翅式换热器；另一种是与其他相关的低温设备及管线集中放置在同一个箱体中，构成冷箱；还有一种是类似于板壳式换热器，将板束放置在罐中。

3. 其他形式的换热器

其他形式的换热器，如板框式换热器、工艺空冷器、汽轮机空冷器、电加热器等在乙烯装置中也得到一定的应用，但总体数量较少。

三、管道应力分析

管道应力分析的目的是保证管道在设计和操作条件下，具有足够的强度和合适的刚度，防止管道因热胀冷缩、支承点或端点的附加位移及其他的荷载(如压力、自重、风、地震、冲击、振动等)造成下列问题：

(1) 管道的应力过大或金属疲劳引起管道或支架破坏。

(2) 机械振动、声频振动、流体锤、压力脉动、安全阀泄放等动荷载造成的管道振动及破坏。

(3) 管架因强度或刚度不够而造成管道或管架破坏。

(4) 管道作用在与其相连设备上的荷载过大，或在设备上产生大的变形或应力，而影响了设备的正常运行。

(5) 管道的位移量过大而引起的管道自身或其他管道的非正常运行或破坏。

(6)管道连接处法兰泄漏。

(7) 管道弹性失稳而造成管道破坏。

管道应力分析分为静力分析和动力分析。对一般管道，通常只需做静力分析。但对一些特殊动态工况的管线(如往复泵、往复式压缩机的进出口管线)则应做动力分析。

静力分析包括但不限于以下内容：

(1) 管道在持续外载(压力、重力、集中力等)作用下的持续应力计算及评定。

(2) 管道在温度荷载及端点附加位移荷载作用下的膨胀应力计算及评定。

(3) 管道对设备管口的作用力计算。

(4) 管道支吊架的受力计算。

(5) 管道上的法兰和分支点受力计算。

(6) 危害介质管道的法兰泄漏计算。

动力分析包括但不限于以下内容：

(1) 管道固有频率分析。

(2) 管道强迫振动响应分析。

(3) 往复式压缩机(泵)气柱频率分析。

(4) 往复式压缩机(泵)压力脉动分析。

下面分别从高温管道、低温管道、大口径管道、裂解炉相关管道、大型压缩机及其驱动汽轮机管道的应力分析，以及乙烯装置其他特殊应力分析六个方面对乙烯装置特殊管线的应力分析进行简要介绍。

1. 高温管道应力分析

高温管道由于温度高，管道热位移大，管道易发生塑性变形、泄漏等破坏，因此需要进行详细的柔性设计和应力分析。对于温度高于管道材料蠕变限的管道，还应考虑蠕变和应力松弛问题，保证管道在服役期内安全运行。

乙烯装置中对于管道温度及口径符合图 3-38 中Ⅲ类管道范围内的高温管道，都需进行详细的柔性分析，采用专门的管道应力分析软件进行计算机辅助分析。图 3-38 中的Ⅰ、Ⅱ类管道，可以采用目测法或图表法等简单分析的方法进行柔性分析，如果难以判断，则也需进行详细的柔性分析。

不同管道材料如果在表 3-3 所列温度范围内，则应考虑材料的高温蠕变问题。金属在恒载荷或恒应力作用下，除了瞬时应变以外，还会出现缓慢变形。通常在较高的温度下，这种缓慢变形更加明显，这种现象即称为蠕变。蠕变是指在高温和持续载荷作用下，金属材料产生随时间增长而发展的塑性变形行为。对于在高温条件下服役的压力管道，仅考虑常温短时静载下的力学性能是不够的，在高温下载荷持续时间对结构的力学性能有很大影响。

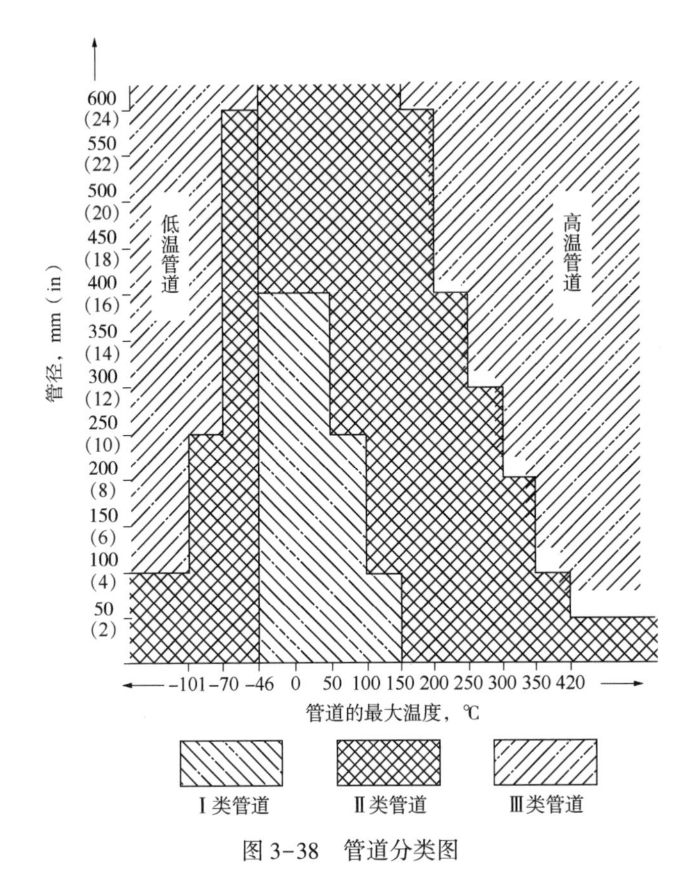

图 3-38 管道分类图

表 3-3 不同金属材料的蠕变温度

金属材料	蠕变温度,℃	金属材料	蠕变温度,℃
碳钢、低合金钢	370～480	铝合金	150
不锈钢	425～538	镍合金	480～595

工程上对于处于高温蠕变范围内的金属管道，主要从确定许用应力和控制计算应力两方面考虑。在 ASME 规范中，蠕变范围内的许用应力用斜体字表示，这些应力值在设计中可直接当作许用应力。ASME 规范对于材料进入蠕变范围，其许用应力值取下面三种情况之中的小值：

（1）产生 0.01%/1000h 蠕变率的平均应力的 100%。

（2）工作 100000h 发生断裂，取材料内部应力平均值的 67%。

（3）工作 100000h 发生断裂，取材料内部应力最小值的 80%。

另外，在高温蠕变状态下，焊接材料的强度相对于母材会有所下降。ASME B31.3 规范引进了高温焊接接头强度降低系数来考虑蠕变的影响，它们适用于在压力设计中的纵向和螺旋形焊接接头，以及在由于持续性荷载所引起的纵向应力评定中的环向焊接接头。对处于高温蠕变状态的管道系统，在计算由内压、管道自重等持续荷载引起的持续应力时需考虑焊接强度降低系数，将管系的持续应力控制在一个较低的水平，这将对管系的安全及使用寿命起到积极作用。在控制管系计算应力方面，需关注由内压、重量及温度综合作用下的应力强度，将其控制在一定范围内。

除了高温蠕变问题，还应关注材料的高温脆性问题。高温脆性是指钢在变形温度为(0.4~0.6)T_m(钢的熔点)时所出现的高温塑性急剧降低的现象。在高温工况下，Incoloy 800HT、TP347H 等不锈钢材料会出现再热裂纹或应力松弛开裂[14]，焊接加工会在使用过程中提高这种敏感性，在焊接热影响区的粗晶区沿晶间会析出金属间化合物相 σ 相(FeCr 合金)，σ 相会导致材料脆化，在外力作用下容易发生脆性断裂。因此，要控制焊缝处的应力，尤其是由重量、温度等引起的弯曲应力，高应力会加速材料断裂。

目前，乙烯装置都在向节能降耗方向发展，对高温管道的管架采用高温隔热管托，主要用于蒸汽热力系统管道以及温度高于400℃的高温管道。隔热管托的隔热层由硬质和软质复合隔热层组成，硬质隔热层以硅酸盐混合物为基础，能支撑管道的重量，而且还能对管道支吊架的支撑点起到保温作用，起到节能降耗效果，同时提高钢结构等承载构件的承载能力。高温隔热管托如图 3-39 所示。

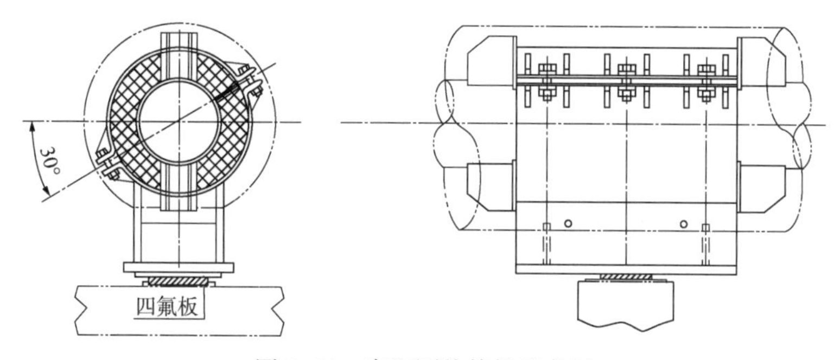

图 3-39　高温隔热管托示意图

2. 低温管道应力分析

低温管道的应力分析主要考虑低温设备(如膨胀机、低温泵、板翅式换热器等)与管道连接部位的管口受力、接管局部应力及法兰泄漏问题。对于铝制法兰与钢制法兰的连接，尽可能降低连接面的荷载，必要时考虑特殊密封。

一般把 5℃以下的物料管道统称为低温管道，但低碳钢在-20℃以上时，钢材主要处于延性状态，而低于-20℃时，碳钢管就逐渐变为以脆性状态为主，使用应有一定条件的限制，所以低于或等于-20℃的管道属于低温管道。通常-46~-20℃时选用低温碳钢，-101~-46℃时可选用 3.5Ni 钢，也可选择奥氏体不锈钢，-101℃以下时一般选择低碳奥氏体不锈钢。

对于管道温度及口径符合图 3-38 中Ⅲ类管道范围内的低温管道，以及连接铝制冷箱等对管口荷载较敏感的管道，都需进行详细的柔性分析。由于奥氏体不锈钢线膨胀系数较碳钢大，管道冷收缩位移较大，而且多数低温管道壁厚比较薄，在应力分析及管架设计时要尤为注意。低温管道最大的特点是“低温脆性”，选材上要选择冲击韧性高的钢材，同时从配管设计、管道应力分析、管道支架设计以及管系施工上防止脆裂和脆断。

低温管道的管架设计原则为：保冷管道应设置保冷管托，非保冷管道也应注意防止冷桥出现，必要时应设置隔冷块。保冷管托的结构主要由保冷块、密封胶、防潮层、金属薄覆层、橡胶板、金属管壳、螺栓组、低摩擦副(若有)等组成。滑动型和固定型保冷管托如图3-40和图3-41所示。保冷管托的保冷层材料目前比较常见的是高密度聚异氰脲酸酯(HDPIR)或高密度聚氨酯泡沫(HDPUF)。不同密度的聚异氰脲酸酯和聚氨酯泡沫，其导热系数和抗压强度不同。密度越高，抗压强度大但导热系数高；密度越低，抗压强度小但导热系数低。设计时应根据管径、管架承重荷载等选择合适密度的保冷材料，兼顾导热系数和管托强度。

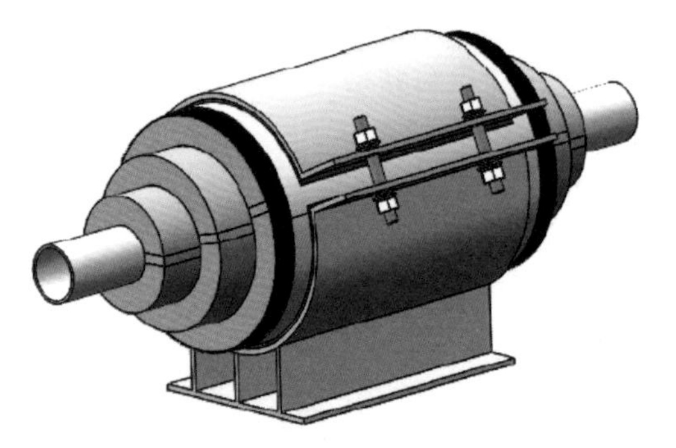

图3-40　滑动型保冷管托示意图

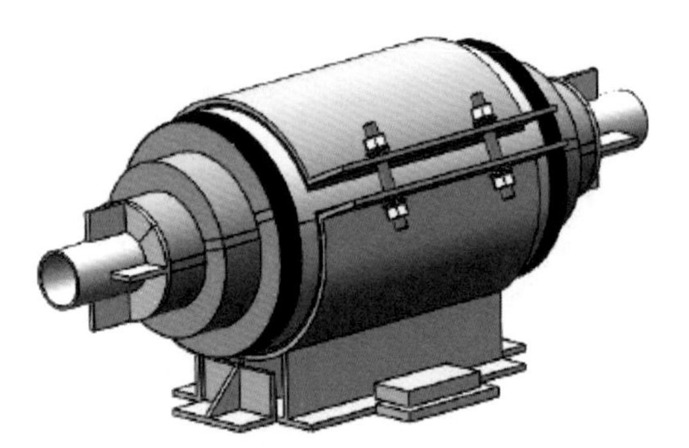

图3-41　固定型保冷管托示意图

3. 大口径管道应力分析

一般把公称管径大于1000mm的管道定义为大口径管道，若$t/D \leqslant 0.01$(t为壁厚，D为管径)则定义为薄壁管道。随着乙烯装置的规模大型化，大口径薄壁管道非常常见。大型乙烯装置的裂解气总管、火炬总管等都属于大口径管道，其壁厚应按容器的设计规范进行计算，要同时考虑内压和外压以及腐蚀裕量、管道跨距等因素。

常规的管道应力分析软件都是基于两节点六自由度的梁单元，因此对于大口径或大口径薄壁管道，只能进行宏观的分析与校核，无法正确评定应力集中处、附件(支架等)或分支管的局部应力，还应借助其他分析手段来进行局部应力分析和稳定性分析，二者结合才能保证管道安全可靠运行。

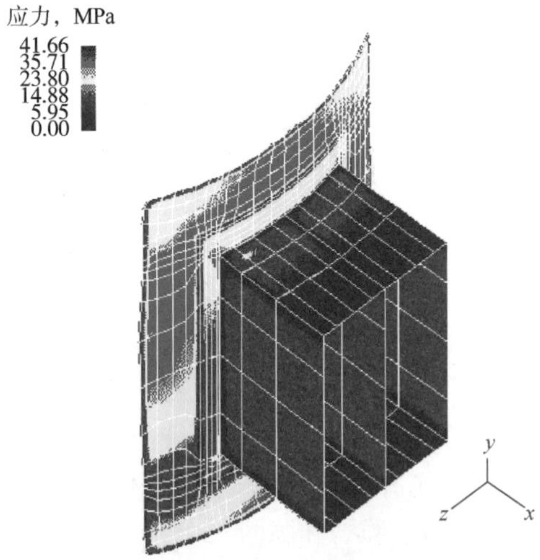

大口径管道的局部应力问题主要存在以下几个方面：一是弯头、三通等应力集中处；二是管架等管道附件与主管焊接处；三是鞍式支座与跨中截面的强度和稳定性问题。这些问题的解决思路通常都是先用常规管道应力分析软件进行宏观的分析与校核，然后再对管道局部进行有限元建模，利用常规应力分析计算出的荷载进行局部有限元分析和评定，常见的局部应力分析工具主要有ANSYS、NOZZLE PRO、FE/PIPE等。利用NOZZLE PRO和ANSYS进行立管支耳及分支管处的局部应力分析如图3-42和图3-43所示。

图3-42　用NOZZLE PRO软件进行立管支耳局部应力分析示意图

鞍式支座与跨中截面的强度和稳定性分析可以借鉴容器的设计思路，依据NB/T 47042《卧式容器》，再针对管道特点进行一定的修正。管道支撑的连续性与设备有本质的区别，例如管廊上的管道可能几百米，而设备大多为两个鞍座支撑的整体结构，那么两个支座之间的跨中截面处及各支座截面处的受力相比设备有很大区别，所以用规范中的公式计算剪力和弯矩，计算结果不准确。采用管道应力分析软件先对整个管系进行分析，从其计算结果中摘出需要的荷载和应力作为输入项，代替规范中的部分计算式，可以保证计算的准确度。对管道支座进行特殊设计，调整垫板的包角，让垫板起到加强作用，直至强度满足设计要求。依据 NB/T 47042《卧式容器》编制的大口径薄壁管道局部应力校核程序如图 3-44 所示。

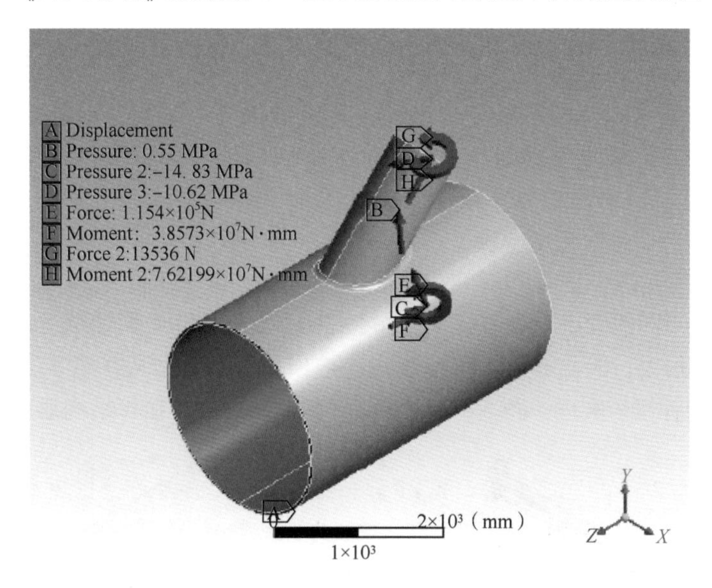

图 3-43 用 ANSYS 软件进行分支管局部应力分析示意图

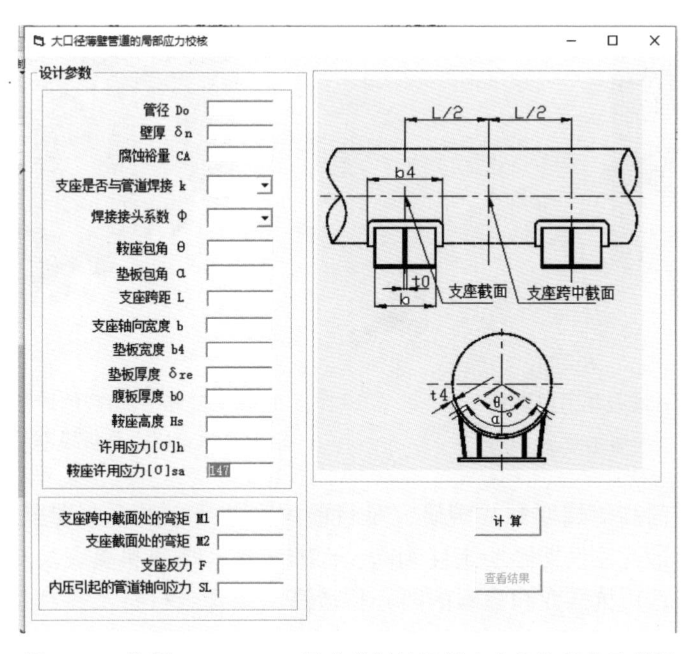

图 3-44 依据 NB/T 47042 标准编制的局部应力校核程序示意图

4. 裂解炉相关管道应力分析

裂解炉相关管道应力分析主要包括转油线及辐射段炉管系统、对流段盘管系统、超高压蒸汽过热系统、上升下降管汽水系统、第一急冷换热器出口至急冷油塔裂解气出口系统等。裂解炉相关管道具有温度高(转油线、跨接管、裂解气出口管线等)、压力高(超高压蒸汽、上升下降管)、工况复杂(原料的多样性及操作多样性)、边界条件复杂(大位移)等特点，应力分析具有一定难度，在大型乙烯国产化之前，这部分管道的应力分析通常由专利商完成。

1) 转油线及辐射段炉管系统应力分析

转油线及辐射段炉管系统是乙烯裂解炉非常关键的部分，由原料和稀释蒸汽的混合物第二级预热盘管、转油线及辐射段炉管组成，具有温度高、工艺工况特殊、结构复杂、材料性能要求高等特点，通常由专利商完成此部分管线的应力分析工作。图 3-45 和图 3-46 为不同炉型转油线及辐射段炉管系统的应力分析模型示意图。转油线一般由恒力吊簧支撑(有的用平衡锤)，而且配管走向较柔，除了吸收一部分炉管入口管和出口管的温差位移外，也是考虑在高温蠕变情况下炉管和转油线本身的安全性。由于不同专利商的炉型特点，其结构形式决定了采用不同的管道布置方案。比如，Linde 公司裂解炉炉管结构设计中，横跨管在轴向比较长，位移很大，因此采用猪尾管形式连接横跨管和辐射段炉管，其他大多采用对转油线增加立式 π 型补偿来实现，图 3-47 为不同专利商采用的跨接管结构形式示意图。

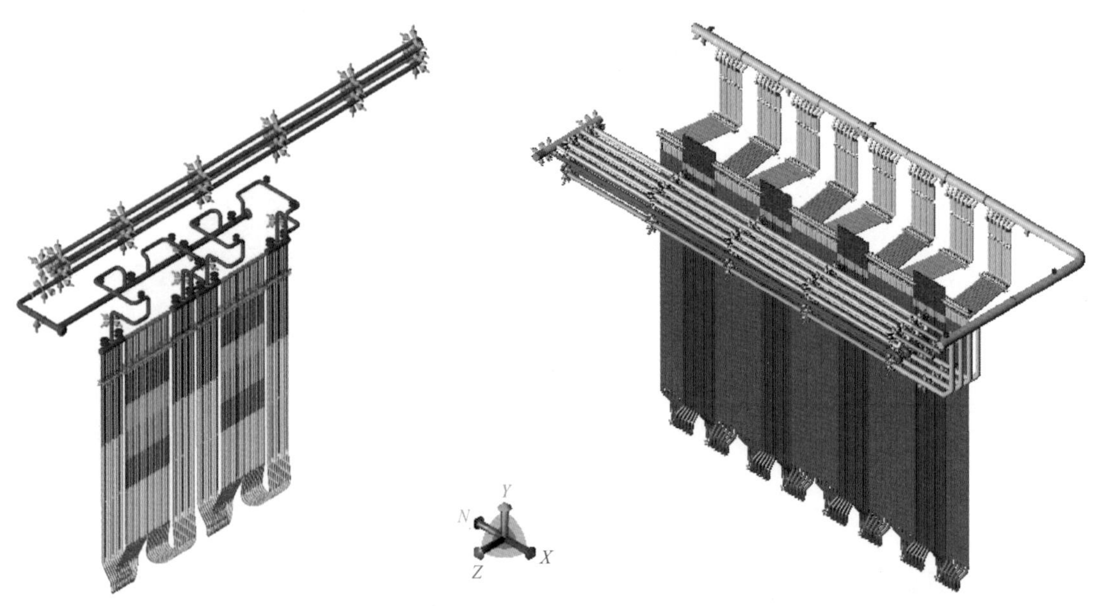

图 3-45　裂解炉转油线及辐射段炉管系统的应力分析模型示意图

图 3-46　Linde 公司裂解炉转油线及辐射段炉管应力分析模型示意图

复杂受力系统的高温蠕变和渗碳研究是目前国内外研究的重要课题。在工程设计中，对蠕变和渗碳的考虑往往根据经验定性判断，而非量化。蠕变和渗碳是降低炉管使用寿命两个最重要因素，选用抗蠕变和渗碳的离心铸造高铬镍合金材料及控制系统应力是延长炉管使用寿命最主要的途径。

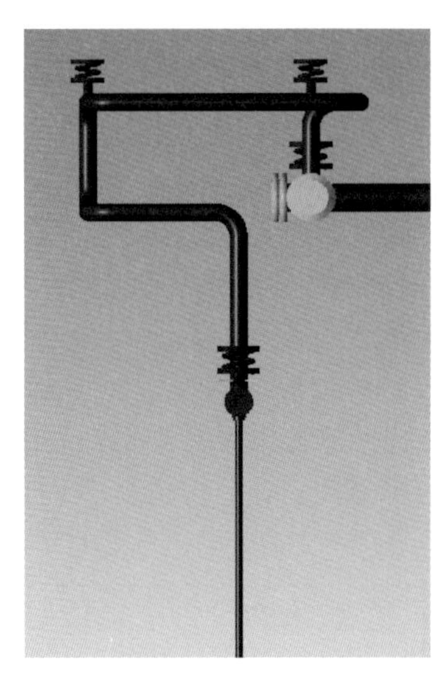
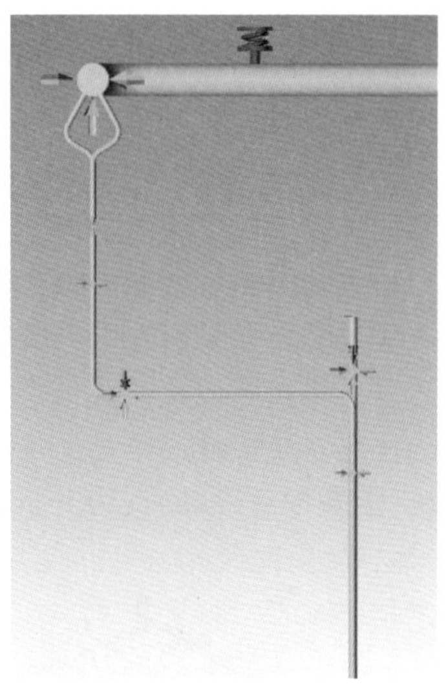

图 3-47 不同专利商的跨接管结构形式示意图

转油线及辐射段炉管系统应力分析的另一个问题是炉管许用应力的确定。炉管的主体分为入口管、弯管、出口管、过渡段及其他连接管件等。炉管及其管件的许用应力，是根据材料的许用断裂应力选取，即对于一给定的设计寿命，断裂许用应力为该材料在所给温度下最低蠕变断裂强度的 80%。根据材料在不同温度和设计寿命下的最低蠕变断裂强度曲线选取许用应力。设计寿命通常根据运行工况取 100000h 或 10000h。由于炉管在运行过程中会聚集焦粒，从而影响炉管的金属壁温，即炉管在运行初始阶段(SOR)和运行结束阶段(EOR)的温度分布是不同的，在应力分析时需要分别加以考虑。当前，针对裂解炉炉管材料在渗碳和蠕变以及它们联合作用下对炉管蠕变应力影响的研究正广泛开展。但是渗碳对炉管材料蠕变应力的影响在工程上无法量化，这也是影响裂解炉炉管使用寿命的原因之一[15]。

在炉管应力评定方面，沿用管道应力评定标准，并在此基础上进行一些修订或补充。在评定由重量、压力等持续荷载产生的应力时，按管道规范的计算公式计算应力，使其小于炉管的许用应力(根据不同工况下的温度按不同设计寿命确定)。

辐射段炉管的实际称重对系统的应力分析也有一定影响，炉管一般采用离心铸造的方式成型，每根炉管的重量都会有所不同，因此，炉管必须在单根及组焊后分别称重，根据实际称重设定弹簧荷载。

2）对流段盘管系统应力分析

对流段盘管系统主要指连接原料及稀释蒸汽预热的对流段盘管及其之间的跨接管。在进行此系统的管道应力分析时，应密切注意边界条件的正确性，不能将对流段盘管与连接管道割裂开来。炉管的排列和进出口的位置与管道间有密切关系，应力分析时若忽视这些关系，将导致错误的结果。

3）裂解气出口系统应力分析

裂解气出口系统是指第一急冷换热器出口至急冷油塔裂解气管系，含第二急冷换热器及清焦管线，系统较大，管道温度高，口径大，工况复杂，应力分析时需要注意以下问题：

(1) 从裂解气第一急冷换热器出口至裂解气第二急冷换热器管线，温度高，同时要考虑裂解气第一急冷换热器对各分支管的附加位移，配管的柔性应满足两级急冷换热器间的膨胀差。

(2) 整个管系的计算工况要考虑正常操作、清焦、热备、开停车等工况。

(3) 裂解气、清焦大阀的供货商应根据设计提供的阀门受力计算阀体和法兰的强度和刚度，以免阀体或法兰受力太大而发生变形后泄漏。

(4) 若第一急冷换热器后设置湿式油急冷，急冷器应立式布置，不做固定；若为干式急冷，即第二急冷换热器通常卧式布置，并按传统换热器设计有固定端和滑动端。图 3-48 为裂解气出口系统(湿式油急冷器)应力分析模型示意图。

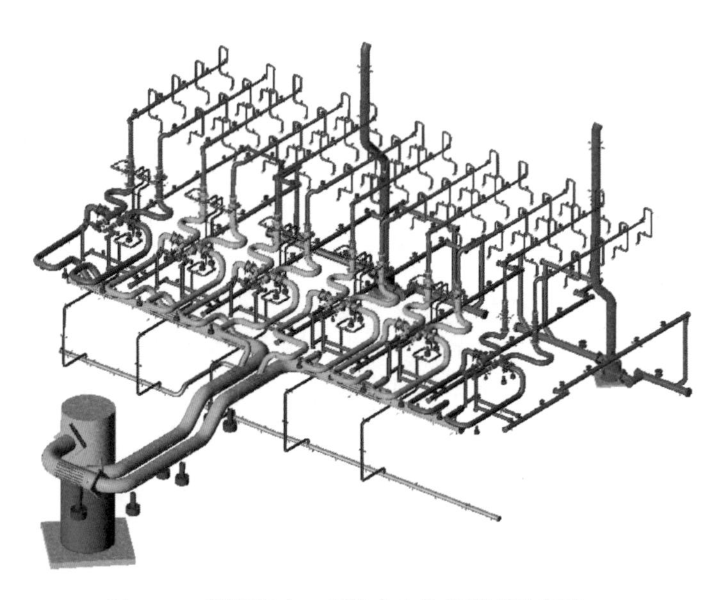

图 3-48　裂解气出口系统应力分析模型示意图

乙烯装置规模大型化导致裂解气管线的直径增大，也导致裂解气清焦大阀随之增大，给管道布置提出更多要求，再加上裂解气系统工况复杂多变，温度较高，分支管与总管局部应力、大阀受力等要求高，裂解气管系的柔性设计变得更加困难。应不断优化炉区、急冷区设备布置及管道布置，使得裂解气管线安全、美观、经济。

4) 上升下降管汽水系统应力分析

第一急冷换热器是乙烯装置中的关键设备，为小口径双套管急冷换热器。从应力分析边界上看，其裂解气进口(管程入口)为转油线及辐射段炉管系统提供边界条件，裂解气出口(管程出口)为裂解气系统提供边界条件，因此上升下降管汽水系统的应力分析起到承上启下的作用。上升下降管应力分析时应注意以下问题：

(1) 上升管、下降管通常设计为坡度管，在支架实现上要充分考虑此点。

(2) 上升管、下降管的柔性要满足第一急冷换热器管口荷载(套管设计，受力比较复杂，应力较集中)的要求，同时还应满足管线自身的应力要求及汽包管口荷载的要求。

(3) 上升管为两相流管线，在管线约束上应充分考虑振动，限制性支架尽可能多做，以保持管道垂直和水平方向稳定性，而且在管架结构设计上也要保证足够的刚度。

(4) 在满足柔性的同时，各上升管或下降管管线当量长度尽量相等，管道布置尽可能对称。图 3-49 为上升下降管系统应力分析模型示意图。

5. 大型压缩机及其驱动汽轮机管道应力分析

1) 压缩机管道应力分析

对于离心机，除满足压缩机管口对荷载的要求之外，还应满足管口无应力安装的要求以及有防止管线振动的措施。对于往复式压缩机，除常规静力分析之外，还应对管线进行动力分析，并设置行之有效的防振管架。

乙烯装置的“三机”，即裂解气压缩机、乙烯压缩机和丙烯压缩机，均为离心式多级压缩。离心压缩机的管道，在配管及支架设计方面是装置中要求较高的部分，制造厂对设备管口的受力限制非常严格，除了管道应有的柔性外，还要通过支架的合理设计，使离心压缩机的管口所受的力和力矩控制在允许值以下，同时满足管口无应力安装要求。离心压缩机管口荷载校核，通常以 NEMA SM23 为校核基准，许用值为 NEMA SM23 规定值的倍数，需要与压缩机供应商商定。以压缩缸体为单位，对其上所有管口进行单个管口的荷载校核及联合校核。图 3-50 为离心压缩机某段出口管线应力分析模型示意图。

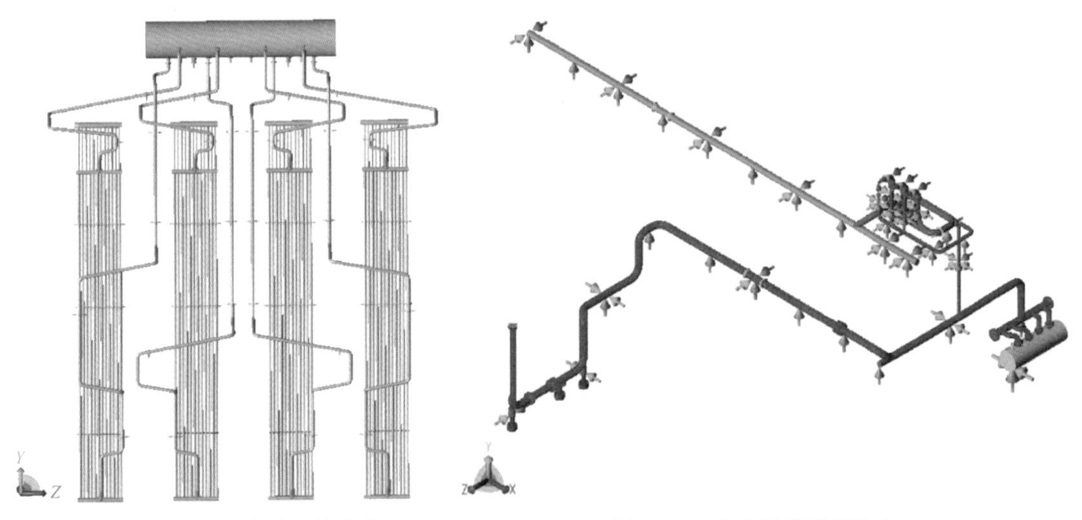

图 3-49 上升下降管系统应力分析模型示意图

图 3-50 离心压缩机某段出口管线应力分析模型示意图

离心压缩机管道应力分析主要注意以下问题：

(1) 支架设置。对于水平剖分的离心压缩机，吸入和排出管口一般向下，机体和管道热膨胀均向下，因此靠近管口的管道支架应采用弹簧架(变化率取较低值)，管道与机器固定点相交点附近应设置限位支架，立管段靠下部位宜设导向支架，多级压缩的压缩机管道支架应统一考虑。

(2) 计算时应考虑最不利工况时机器管口的热态位移。

(3) 计算应考虑机器管口处管道法兰重量。

（4）综合考虑各管口受力，使不同管口处的作用力相互抵消，以保证各管口受力的整体校核满足要求。

（5）管道上不使用冷紧。

2）汽轮机管道应力分析

汽轮机有严格的管口受力要求，由于汽轮机操作温度较高，受力较严格，其管道应力分析是较为困难的问题之一。在校核汽轮机管口荷载时，不仅考虑正常的操作工况，还应考虑开车阶段出现的暖管、暖机工况，同时也需满足管口的无应力安装要求。汽轮机管道的柔性设计与离心压缩机管道有相似的地方，因此应注意的问题与离心压缩机相似，同时还应注意：

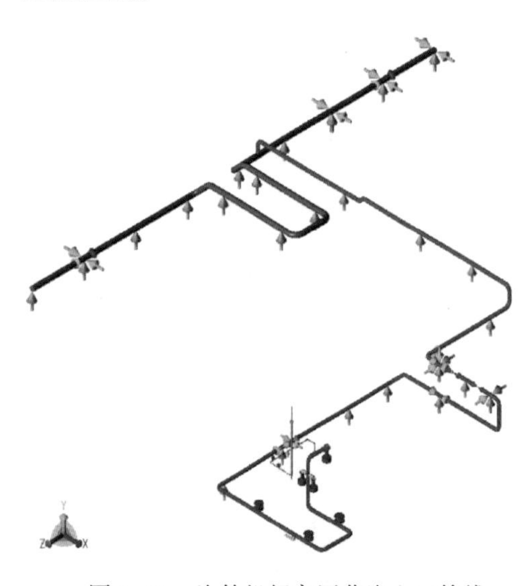

图 3-51　汽轮机超高压蒸汽入口管线应力分析模型示意图

（1）计算与校核应包括进汽口、排汽口和抽气口（若有）。

（2）管口附近的几组支吊架用弹簧支吊架，以减小因垂直管道的热膨胀引起的管口热态作用力，同时减小摩擦力的影响。

（3）依靠管道自身柔性吸收热膨胀，以汽轮机固定点为中心，管道布置时应使水平方向至少各经过一次固定点，并在其附近设置限位管架，以减小管口作用力满足标准或供应商要求。

图 3-51 为汽轮机超高压蒸汽入口管线应力分析模型示意图。汽轮机的管口荷载校核，也以 NEMA SM23 为校核基准，许用值为 NEMA 的倍数，需要与汽轮机供应商商定，所有管口也需要进行单个管口的荷载校核及联合校核，校核要求与离心压缩机类似。

6. 乙烯装置其他特殊应力分析问题

1）斜接三通应力分析

乙烯装置中裂解气总管与分支管的连接形式为非标斜接三通，考虑常规管道应力分析软件无法完整、准确地校核三通局部应力，为保证非标斜接三通的运行安全，应使用通用有限元分析软件（如 ANSYS）进行详细分析，根据计算模型的有限元分析结果，在选定的评价位置进行应力线性化处理，得到的应力强度按 JB 4732《钢制压力容器分析设计标准》规定的评定原则进行分类及评定。图 3-52 和图 3-53 分别为用 ANSYS 软件对斜接三通进行有限元网格划分及分析结果示意图。

过去乙烯装置中裂解气总管与分支管大都采用开孔补强的连接形式，近年来均采用整体焊接型三通，所有焊缝均为对接焊缝，支管与主管连接处也为圆滑过渡，局部应力集中已明显改善。应利用管道应力分析软件进行整个管道系统的计算，提取出三通各点的单元力和弯矩，采用有限元分析方法计算三通处的局部应力，再采用容器分析设计的方法进行应力评定，则将较为准确地确定斜接三通的厚度，安全且经济。

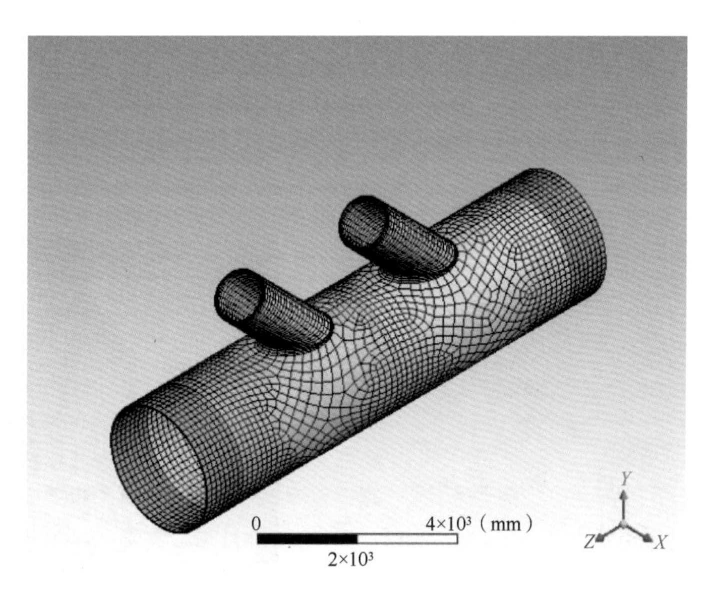

图 3-52 用 ANSYS 软件对斜接三通进行有限元网格划分示意图

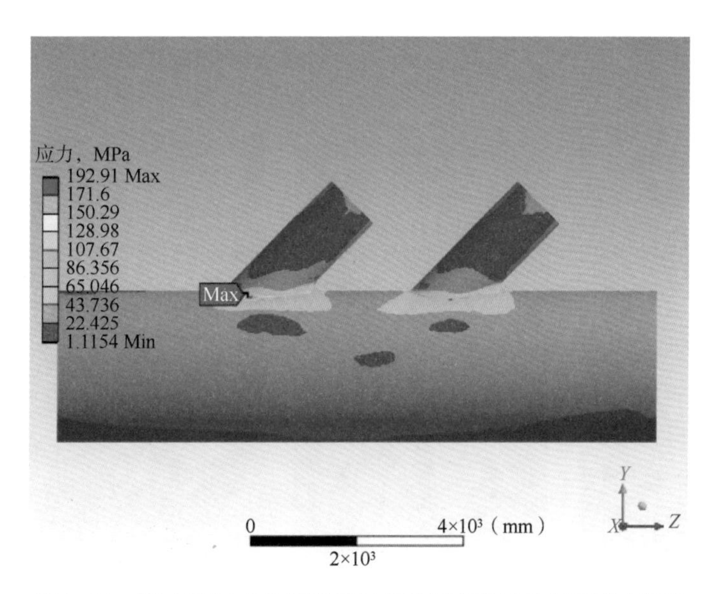

图 3-53 用 ANSYS 软件对斜接三通进行有限元分析结果示意图

2）小口径分支管局部应力问题

乙烯装置中高温管线小口径分支管，包括温度计引出管、压力计引压管、取样管线、排净放空等，在温度、重力、振动、风等荷载作用下，分支管根部易发生破坏[16-17]，应采取适当的措施，比如扩大直管根部口径、支撑加固等，保证分支管在各种荷载作用下安全运行。超高压蒸汽管道排净支管根部断裂如图 3-54 所示，该分支管处于超高压蒸汽 Π 形补偿器的根部，此位置各向位移都非常大，而分支管向下引出至管廊底部，在出管廊位置现场设置了固定管夹，此管夹阻碍了管道位移，因此发生断裂破坏。

图3-55为裂解炉辐射段入口压力计引压管支撑结构图，压力计分在线和远传两种，即使引压管口径较小，但在管件、阀门的重量作用下，接管根部长时间承受弯曲应力，同时奥氏体不锈钢处于晶间腐蚀敏化区，易发生应力腐蚀和晶间腐蚀，造成破坏。图3-56为裂解气出口管道取样管线支撑结构图，图3-57为高温管道上的温度计引出管加固结构图。

图3-54　超高压蒸汽管道排净支管根部断裂图

图3-55　辐射段入口压力计引压管支撑结构图

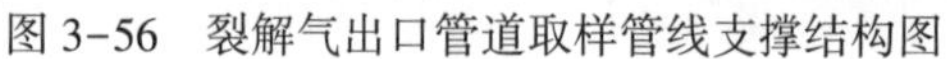

图3-56　裂解气出口管道取样管线支撑结构图

图3-57　高温管道温度计引出管加固结构图

3）乙烯装置的管道振动问题

管道振动主要来源于管道结构系统和流体系统。激振力可分为来自系统本身和系统外两大类，系统自身主要是与管道直接相连接的机械振动或管道内部流体不稳定流动引起的振动，系统外的有风荷载、地震荷载等。

乙烯装置中较为常见的管道振动问题主要有以下几种情况：

(1) 最小回流阀在一定开度时管道振动。

(2) 两相流管道振动。

(3) 调节阀前后压差引起的管道振动。

(4) 离心压缩机出口管道高频振动。

(5) 往复压缩机管道振动。

(6) 流量分配不均造成的管道振动。

(7) 温度计外保护套管振动。

(8) 减温减压器管道振动。

(9) 盲管段分支管道振动。

管道减振技术主要从以下几个方面考虑：改变管道的固有频率，通过增加系统的支承、调整支承位置或改变支承性质以达到消振的目的，比如，对两相流管道温度计外保护套管进行扩径削减气流振动，避开气柱共振；降低脉动压力强度，往复式压缩机管道在靠近气缸进出口处设置缓冲器，降低压力脉动不均匀度。合理设计管道系统，避免管道弯头急转弯，尤其对于压缩机管道，走向尽量平直。对于气液两相流管道，要防止液袋，当管道有变径时，应逐级变径，避免过大的变径，在阀门附件及转弯处应增加管道支撑，支架的刚度要足够。

第四节 过程控制设计

随着国内石化技术水平的提高，乙烯装置的控制水平也在逐渐提高。选用高性能、高可靠性的仪表及控制系统，进行装置的监视、控制和管理，采用分散型控制系统(Distribution Control System，DCS)及子系统完成装置控制，并在中心控制室进行集中操作和管理。装置重要的安全联锁保护、紧急停车系统及关键设备联锁设置在安全仪表保护系统(Safety Instrumented System，SIS)。同时，在DCS系统基础上建立生产信息数据集成平台，做到信息准确、资源共享，为生产和管理决策提供实时、可靠的依据。近年来，有些企业在过程控制的基础上进行了先进控制(Advanced Process Control，APC)和实时优化(Real Time Optimization，RTO)的开发和应用，使乙烯装置取得了较好的效益。以下从现场仪表、过程控制、先进控制和实时优化几方面分别介绍乙烯装置的控制系统。

一、主要现场仪表

乙烯装置的主要现场仪表有温度仪表、压力仪表、流量仪表、液位仪表、分析仪表、控制阀、裂解气传输/清焦阀及减温减压器等。

1. 温度仪表

乙烯装置主要温度仪表类型有双金属温度计、热电阻、热电偶、光学高温计及特殊温度仪表。特殊的温度仪表有测量裂解炉辐射段盘管出口的表面温度仪表和插入式温度仪表，以及用于反应器床层温度的多点温度仪表。

1）裂解炉辐射炉管出口温度(COT)仪表

控制裂解炉的实质是控制辐射炉管出口温度，裂解气出口温度能间接地反映出裂解深度(烯烃收率)。

辐射炉管出口温度测量有两种方式：一种是采用表面温度仪表，即表面温度计；另一种是采用插入式裂解炉专用热电偶温度仪表。使用表面温度计会有测量误差，但和介质没有接触；使用插入式温度计测量精度较高，但对保护套管需要选择特殊材质，要求其具有耐磨、耐高温、耐冲刷和耐腐蚀的特性。

2）反应器床层温度仪表

反应器床层温度采用多点温度仪表测量，因反应器尺寸较大，需要测量不同高度、不同径向深度的床层温度，以便实现温度测量。多点温度仪表多采用单个套管内安装多支热电偶的结构。

2. 压力仪表

乙烯装置主要压力仪表类型有弹簧管压力表(包括普通压力表、普通差压表)、膜片压力表、隔膜压力表(隔膜压力表、隔膜差压表)、压力变送器等。

测量高黏度、易堵、易结晶、腐蚀性强的介质压力时(如急冷油)，宜选用隔膜式变送器或采用隔离措施；对于工艺介质温度较高的应用场合，应选择高温硅油作为填充液。

测量易汽化的液体物料的压力时(如乙烯、丙烯)，压力变送器应高于取压点，以保证液化的组分可以回到管线或设备内，防止在导压管内形成两相流，给测量带来误差。

3. 流量仪表

乙烯装置主要流量仪表类型有差压式流量计(孔板、经典文丘里管、楔形流量计、均速管流量计)、转子流量计、电磁流量计、超声流量计、科里奥利质量流量计、靶式流量计、涡街流量计等。

测量高黏度、易堵、易结晶、腐蚀性强的介质流量时(如急冷油)，宜选用楔式流量计或靶式流量计；测量易汽化的液体物料的流量时(如乙烯、丙烯)，差压变送器应高于取压点，以保证液化的部分可以回到管线或设备内，防止在导压管内形成两相流给测量带来误差。

高压蒸汽的流量测量采用高压文丘里管，对高温物料选择耐高温的F11或F22材质，对低温物料采用低温碳钢(LCC)和不锈钢；碱性物料的流量测量选用电磁流量计。对维护量大、精度要求不高的物料流量测量可选用涡街流量计。

4. 液位仪表

乙烯装置主要液位仪表类型有磁翻板液位计、双色玻璃板液位计、筒式液位计、差压液位测量仪表、超声波液位测量仪表、雷达液位计等。

测量高温、高压的急冷换热器汽包液位时，应采用双室平衡容器。

5. 分析仪表

乙烯装置主要分析仪表类型有工业气相色谱仪、红外线分析仪、氧化锆分析仪、微量水分析仪、电导仪、pH计、密度计、烟气排放连续监测系统(CEMS)等。

用于裂解炉出口的裂解气组分的分析采样系统可采用带旋风制冷装置的专用采样探头，以防止采样管结焦。

6. 控制阀

乙烯装置主要控制阀类型有直通单座阀、直通双座阀、角形阀、偏心旋转阀、蝶阀、球阀等。

对于高黏度的急冷油、盘油等介质选用偏心旋转阀；高压锅炉水的连续排污选用角阀；对管径较大的循环水管线采用蝶阀；高温裂解气采样管线上选用高温球阀。

7. 裂解气传输阀和清焦阀

裂解气传输阀和清焦阀配对设置，在高温条件下操作，当裂解炉由操作状态转为烧焦状态时，两阀门同时动作，逐渐由裂解气输送转为清焦气输送，由于清焦过程有空气进入，为防止空气进入裂解气系统，要求两阀门具有较高的密封性能。裂解气中有焦粉存在，如果冷却不当，还会有二次反应生成的聚合物等胶质液体，这给阀门开启与密封带来难度。

常见的裂解气传输阀和清焦阀多为平板闸阀，其密封形式有软密封、金属密封和双闸板平行式，广泛应用的是双闸板平行式闸阀。双闸板平行式闸阀具有以下优点：

（1）双闸板平行式闸阀兼有楔式闸阀和平板闸阀的优点，在闭位、开位和开关过程中均考虑了防焦措施，从理论上讲阀腔不可能结焦。

（2）阀座密封面堆焊硬质合金，使用周期长。

（3）闭位具有双重密封功能。

（4）防焦性能好，开位膨胀节弹性密封，开关过程中全导板浮动密封。

（5）在开位和闭位，阀座被完全覆盖，避免颗粒在阀座上堆积。

（6）阀板和阀座的摩擦小，使用寿命长。

（7）内部设置楔式机构，防胀死设计，适合于高温工况。

（8）在开位相当于直通管道，压力损失小。

双闸板平行式闸阀的缺点：体积大、阀门重，制造成本高，需要安装空间大，在设计过程中需要考虑载荷和应力等问题。

使用时注意事项：裂解气传输阀和清焦阀是特殊阀门，是按使用条件而不是磅级进行设计的，故订货时的使用条件要准确，特别是管线的载荷条件，包括力和力矩，以便制造商在设计时进行应力校核，模拟在线情况。

该阀组有裂解、烧焦和切换三种操作模式。裂解模式时，裂解气传输阀开启，清焦阀关闭；切换模式时，裂解气传输阀正在“关”中，清焦阀正在“开”中，至裂解气传输阀全关，清焦阀全开进入清焦模式；在清焦模式时，裂解气传输阀关闭，清焦阀开启。为了防止焦粉和聚合物进入密封系统，要用蒸汽始终对阀门进行吹扫。

该阀门的设计和制造一直是个难题，长期由德国公司独家垄断，是裂解炉的关键设备之一。多年来，国内企业致力于裂解气传输阀和清焦阀的国产化研究和制造，经过努力，国产阀门由最初的检修、改造到替换单个阀门，逐渐发展到成套阀门可用于新建乙烯装置中。航天十一所制造的裂解气传输阀和清焦阀在揭阳石化等多个新建乙烯装置中使用，标志着该重要设备成功实现了国产化制造。

8. 减温减压器

乙烯装置通常设置超高压蒸汽、高压蒸汽、中压蒸汽和低压蒸汽，在进行各级位蒸汽负荷调整和裂解炉超高压蒸汽过热过程中均需设置减温减压器。

常用的减温减压器包含蒸汽辅助雾化结构和环喷机械雾化结构。

蒸汽辅助雾化结构对减温水进行预热，避免蒸汽和减温水温差引起的热应力和热冲击，雾化效果好，管道直管段要求短。

环喷机械雾化减温水直接喷入蒸汽，有一定的热应力和热冲击。对蒸汽管线流速要求高，需要进行一定的缩径来提高流速，并需要更长的直管段来保证雾化效果。

一般减温减压器可分为一体式减温减压器和分体式减温减压器。

一体式的减温减压器结构比较紧凑，节省空间，雾化精度会更高，而且一体式的减压器，一般采用环喷结构，这种结构管道里面不会有插入的部分存在，所以不存在被蒸汽吹弯或折断的风险，故一体式减压器的使用寿命更长，而且一体式减压器大多采用角式结构，降噪效果会更好。分体式减温减压器的优点是价格比较便宜，缺点是减压和减温分为两部分，空间上需求更大，分体式的减温减压器的减温部分一般采用插入式结构，因蒸汽温度比较高，有热应力存在，插入部分容易折断，使用寿命比较短。

高压蒸汽减温器多采用可变节流口式减温器。可变节流口式减温器如图 3-58 所示。

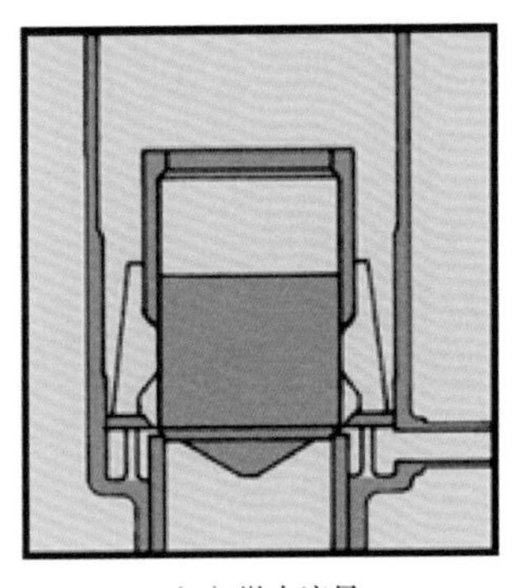

（a）微小流量

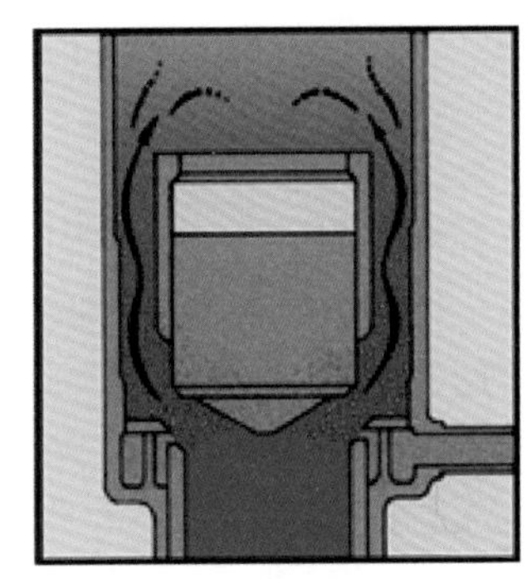

（b）正常流量

（c）最大流量

图 3-58　可变节流口式减温器示意图

二、过程控制概述

乙烯装置通常分为裂解、急冷、压缩、分离等工序，每个工序的控制原理和策略各有不同，既有简单的常规控制，又有前馈、超驰、解耦等复杂控制。

1. 裂解炉控制

裂解炉主要包括工艺系统、蒸汽系统和燃料气系统三大部分，为了保证裂解炉的安全运行，除常规的单回路控制外，还有复杂控制回路，并设置了安全联锁。

1）控制部分

裂解炉的控制目的是保证热裂解过程稳定，产品收率达到最佳，热效率高，要获得预定目标的产品收率，就需达到最佳的裂解深度。裂解炉的基本控制流程如图 3-59 所示。

理想控制方案是依据原料裂解评价预测软件进行计算，通过裂解气在线分析，得到主产品分析数据，控制最佳裂解深度。裂解炉出口裂解气在线分析仪表一般采用气相色谱仪，在实际操作中也常以裂解气出口温度作为裂解反应的主要控制参数。

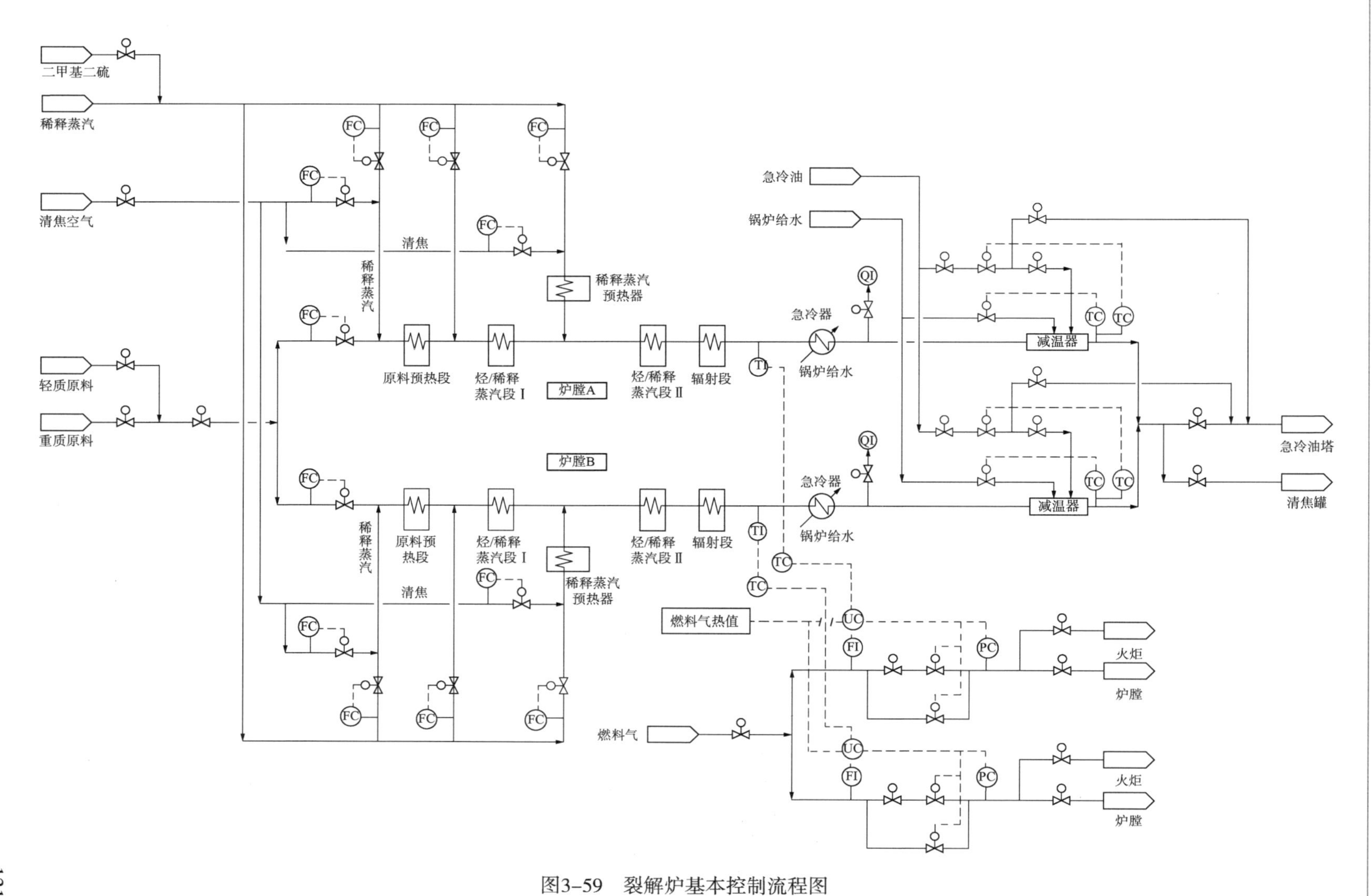

图3-59 裂解炉基本控制流程图

裂解炉其他主要的控制方案为：进入每组炉管的烃和稀释蒸汽都采用了流量控制或压力控制，以保证期望的稀释蒸汽/烃流量配比，大多数专利商均采用流量控制；辐射盘管的出口温度是基于每组炉管的平均温度，它通常用来调节流入该炉程的烃的进料量；裂解炉的燃料控制基于燃料热值在线分析值计算燃料气的热量进行控制，燃烧后的烟道气在变频引风机的控制下经烟囱排放到大气；汽包的液位控制使用经典的三冲量控制系统调节进水量，三冲量控制可以克服汽包液位、蒸汽用量波动和汽包虚假液位造成的影响，汽包的三冲量控制流程如图 3-60 所示；汽包出来的饱和蒸汽进入对流段蒸汽过热盘管过热后，在蒸汽减温器内注入锅炉给水进行调温，之后汇入超高压蒸汽总管。

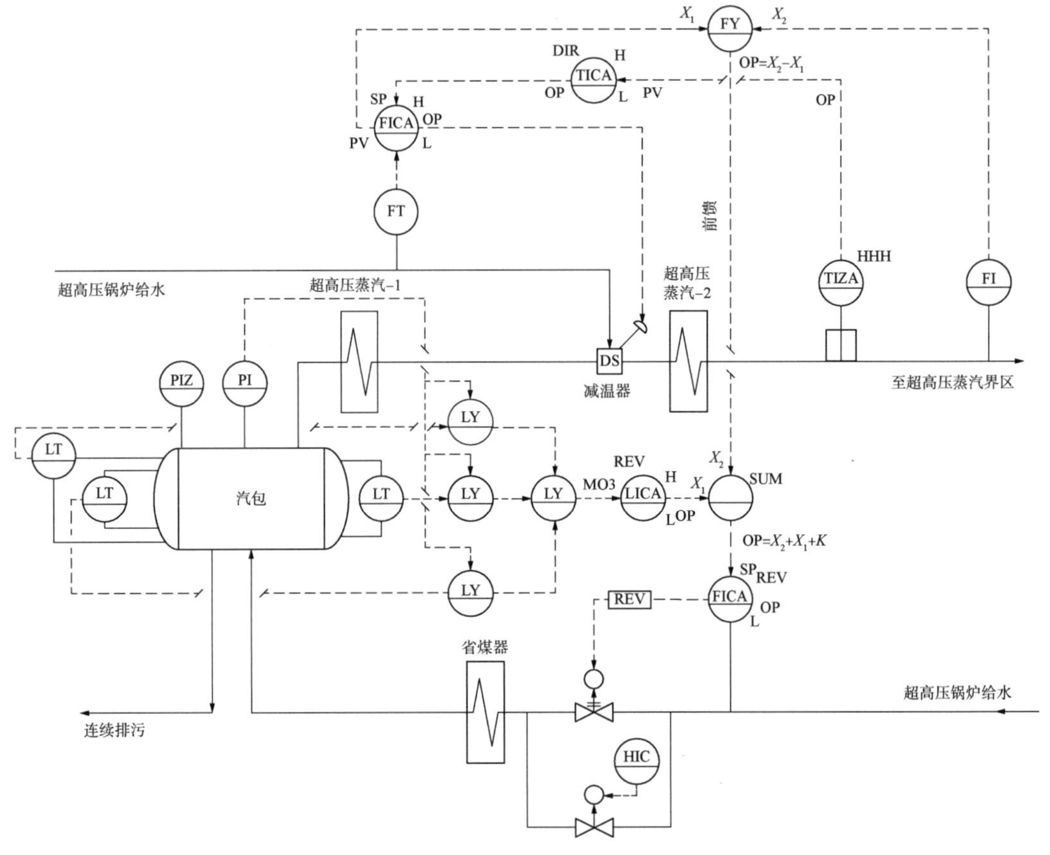

图 3-60　三冲量控制流程图

2）安全联锁

为了及时消除故障，快速恢复生产，根据裂解炉发生故障的等级，将裂解炉停车逻辑设置为 SD(Shut Down)-1、SD-2 及 SD-3 共三个级别的停车逻辑。

SD-1，当裂解炉超高压蒸汽温度高高、原料进料流量低低、汽包液位低低、裂解气出口温度平均温度高高、急冷换热器出口温度高高，上述任一条件发生时，触发 SD-1，安全联锁系统自动关闭所有进料阀。

SD-2，当裂解炉燃料气压力低低、超高压蒸汽温度高高高、稀释蒸汽流量低低、汽包液位低低低、裂解气出口温度平均温度高高高、急冷换热器出口温度高高高，炉膛压力高高高、引风机故障等，上述任一条件发生时，触发 SD-2，安全联锁系统自动关闭所有主燃料气阀并打开燃料气放空阀。

SD-3，裂解炉长明灯燃料气压力低低，关燃料气长明灯阀。

2. 三大机组的关键控制

压缩机的控制系统要求具有汽轮机转速控制[又称调速(SIC)或压缩机负荷控制(PIC)]、压缩机防喘振控制(UIC)、压缩机工艺过程控制和压缩机机组保护四项基本控制功能，如图 3-61 所示。

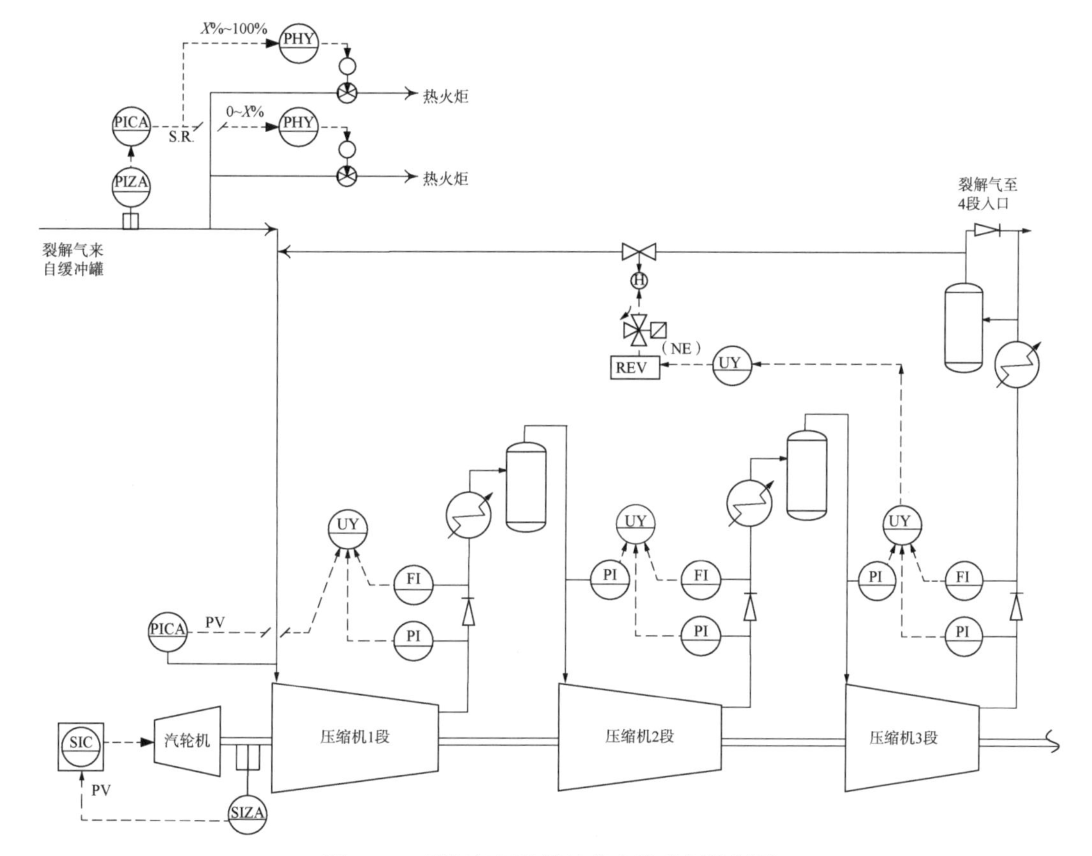

图 3-61　裂解气压缩机性能和防喘振控制图

由于上述四项基本控制功能彼此之间存在着耦合现象，控制系统必须对其进行解耦计算，压缩机的控制系统应具有先进控制功能。为了实现上述控制，一般采用汽轮机/压缩机综合控制系统(CCS)。由于 CCS 是采用了冗余冗错全数字化的控制系统，它将上述四项基本控制功能以及解耦等先进控制功能完全融合在一套综合的控制系统，避免了采用传统的机组控制系统各部分之间的通信问题和响应时间滞后，消除了各个功能之间的相互影响。

3. 加氢反应器及干燥器关键控制

1) 加氢反应器

以碳二加氢反应器控制为例，由于存在操作压力的波动、进料量的变化、进料中反应物及杂质浓度的变化、进料温度的变化、催化剂活性的变化等干扰因素，其控制方案包括反应器入口温度控制、反应器段间冷却温度控制、反应器高温保护和联锁。

碳二加氢反应器的控制目的在于保证乙炔转化率，保证聚合级乙烯产品质量。为避免反应器飞温，设置碳二加氢反应器的SD-1、SD-2两级安全联锁。

(1) SD-1，反应器床层温度差高高。触发SD-1后，进料加热器的控制阀关闭；进料加热器的旁通控制阀打开；段间冷却器旁通控制阀关闭；段冷却器控制阀打开。

(2) SD-2，反应器床层温度高高高。触发SD-2后，反应器入口和出口的隔离阀关闭；排火炬的隔离阀打开；事故氮气阀打开降温。

2) 干燥器

乙烯装置设置有裂解气干燥器、液态烃干燥器、第二干燥器和氢气干燥器。

干燥器一个循环周期包括泄压、吹扫、再生、冷却、升压的过程，其由顺序控制来完成。再生气的控制采用流量和温度的解耦控制，既要保证再生气的流量，又要保证再生气的温度，裂解气干燥器再生气的流量和温度的解耦控制如图3-62所示。

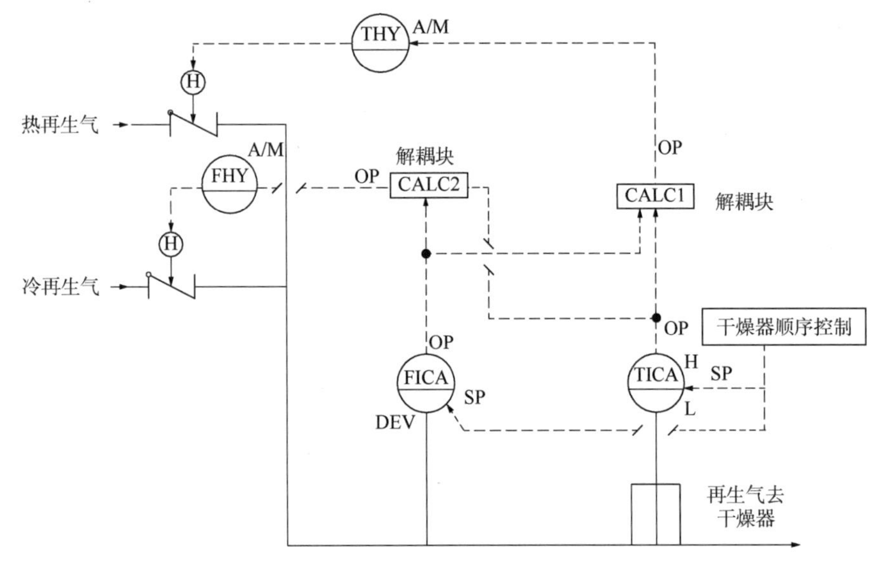

图3-62 裂解气干燥器再生气的解耦控制图

三、先进控制

1. 先进控制的目标

根据乙烯装置运行特点和过程控制需求，设计以保证生产安全稳定、提高裂解产物收率、保证产品质量、降低能耗为主要控制目标的先进控制系统(APC)。通过先进控制系统，乙烯装置将实现如下控制目标：

(1) 提升控制系统的抗干扰能力、解耦能力和鲁棒性，实现装置平稳运行。

(2) 在保持装置稳定生产的同时，预判工艺参数变化趋势，优化装置运行。

(3) 充分挖掘装置生产运行潜力，实现物料、能量、产品和设备能力最佳组合，“卡边操作”实现整体经济效益最大化。

2. 先进控制策略

针对乙烯装置全流程各生产单元及设备，先进控制系统采用多变量协调预测控制策略，各控制目标既相对独立又相互关联，在先进控制系统中实现多目标、多层次、多尺度协同优化，综合考虑生产装置各单元设备的横向(并联)和纵向(上下游)间约束关系，处理不断变换的工艺约束条件及复杂干扰因素，保证装置在整体上长期保持优化运行。

3. 先进控制系统架构

先进控制系统由先进控制软件和分散型控制系统(DCS)中基础控制回路共同完成，其中先进控制软件更多地考虑优化整体控制目标，而基础控制回路则起到满足局部平稳控制需求和辅助先进控制软件的作用。

先进控制通常采用成熟的先进控制软件，全面地确定操作约束和采取有效的过程调节手段，充分利用软件的预测功能，开发先进控制系统，以提高生产过程操作的平稳性和产品质量，节能降耗。先进控制系统安装在上位机服务器上，可以通过过程接口软件与DCS进行通信，完成读写功能，实现闭环控制。客户端采用配套软件进行数据浏览与监控。先进控制系统的总体架构如图3-63所示。

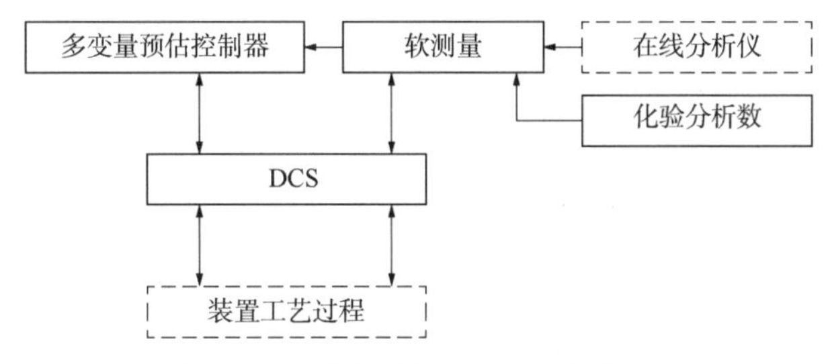

图3-63 先进控制系统总体架构图

4. 先进控制系统功能设计

根据装置生产特点，先进控制系统可以有效处理各生产单元的物料和能量关联，利用操纵变量、干扰变量与被控变量之间的动态模型关系，实现生产装置的整体协调控制，有效处理各种不断变化的工艺约束条件及各种干扰因素，确保装置的优化运行。

乙烯装置先进控制系统将从以下几个方面提升乙烯装置自动化水平，实现装置优化运行。具体如下：

(1) 裂解炉裂解气出口温度控制。

平均裂解气出口温度是裂解炉的关键指标之一，运行预测控制，引入燃料气热值、进料量、稀释蒸汽等作为前馈量，协调双炉膛热交换耦合，实现裂解气出口温度精确控制，使裂解气出口温度波动幅度降低到1℃之内。

(2) 裂解炉热效率控制。

结合在线分析仪表，应用软测量技术，实现裂解炉热效率实时计算，通过燃烧优化控制，提升裂解炉燃烧效率。燃烧效率的优劣直接关系到裂解炉节能效果，而影响燃烧效率的因素主要有过剩氧含量和排烟温度。由于裂解炉排烟温度可优化空间有限，因此过剩氧含量是决定因素。

应用先进控制技术和软测量技术，可实现裂解炉热效率实时计算，同时以变频为主要手段，控制炉膛负压达到间接控制过剩氧含量的目的，兼顾排烟环保指标和排烟温度(避免设备腐蚀)，实现过剩氧含量“卡边”控制，继而优化燃烧，提高裂解炉燃烧效率。

(3) 碳二/碳三加氢反应器优化控制。

碳二/碳三加氢反应器控制目标为平稳各反应器出口温度，确保各反应器出口炔烃、双烯烃含量在控制范围内，各反应器床层温差在一定范围内。

碳二加氢反应器控制策略是以各段温升、最高温度为主要约束变量，以入口温度为主要手段分配各反应层转化率，以满足加氢反应要求。

碳三加氢反应器控制策略是以床层温升为主要约束变量，以床层入口温度、氢烃比为主要手段，选择合适的循环比保证反应后 MAPD(丙炔和丙二烯)含量合格，降低烯烃损失。

(4) 精馏塔系统控制。

精馏塔系统优化控制：实现精馏塔“卡边”控制，可降低单位产品能耗。

以脱甲烷塔为例，主要控制目标有降低塔顶甲烷尾气中乙烯损失，控制塔釜甲烷含量，脱甲烷塔回流罐液位需维持稳定。

四、实时优化

先进控制系统能全面提升乙烯装置自动化水平，实现装置稳定运行与优化操作，提高高附加值产品收率，降低装置物耗、能耗。实时优化(RTO)先进控制系统基础上，可进一步提升乙烯装置运行水平，优化装置运行工况边界，使装置趋于最优工况运行。APC/RTO 系统集成应用如图 3-64 所示。

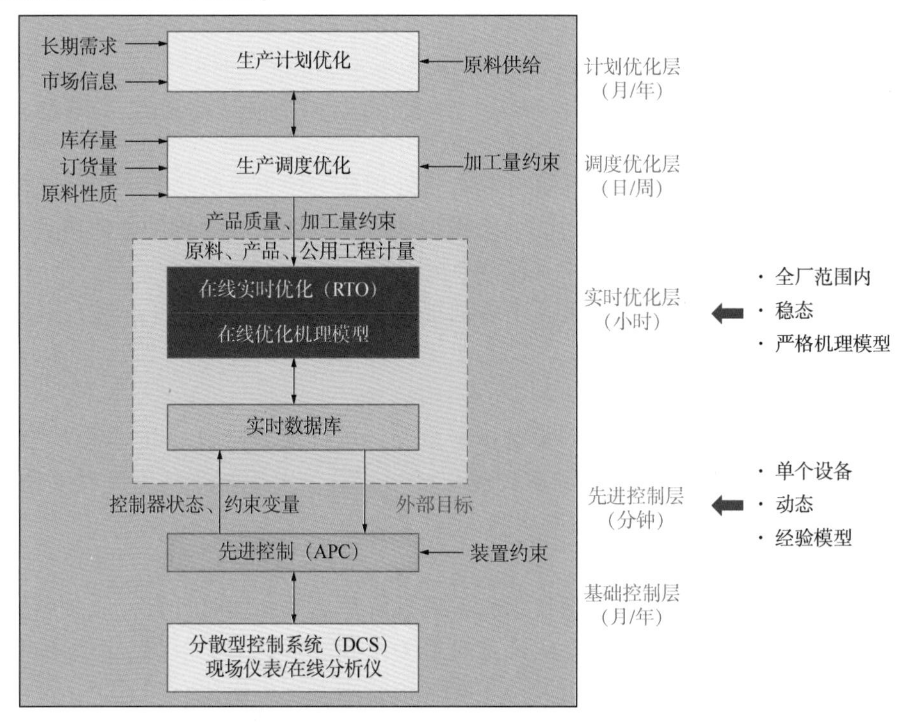

图 3-64　乙烯装置 APC/RTO 系统集成应用示意图

1. RTO 现状

国内外已有应用了先进控制与在线优化技术的乙烯装置，并取得显著的经济效益。世界各国的经验表明，乙烯生产操作采用原料的实时在线测定，把原料的组成性质反馈先进控制，实时在线测定裂解气关键组分，通过实时优化运行技术，充分发挥生产设备的内在潜力，优化裂解选择性提高目的产品收率，消除乙烯装置“瓶颈”，结合产销计划和生产调度，以低能耗、低成本消耗、高产品质量和产量获得较高的企业经济效益，提高企业的国际市场竞争能力。大庆石化、吉林石化、抚顺石化、辽阳石化和兰州石化在裂解炉先进控制上都做了一些工作，大庆石化和兰州石化开发投用了原料近红外在线分析，投用效果各不相同，但裂解深度实时优化尚未能实现，主要原因是在线分析手段不稳定，先进控制系统集成度不够，RTO 软件不能很好地实时优化运行。

2. RTO 系统的目标

乙烯装置 RTO 系统首先构建乙烯装置机理模型以及实时优化模型。提高裂解炉高附加值产品收率，原料配比和投料负荷在裂解炉间动态优化，在提高高附加值产品收率的同时节约能耗，最终提高装置经济效益。

机理模型包括原料自动更新模型、反应动力学模型、基于 EO 的基础模型、参数更新模型和优化模型。

3. RTO 系统的组成

RTO 系统平台包括数据通信、稳态判定(优化稳态判定和执行稳态判定)、数据校验与坏值处理、模型校正与参数更新、优化及通过 APC 对装置进行过程控制。

4. RTO 功能设计

乙烯装置 RTO 的总体功能架构如图 3-65 所示，工艺数据经实时数据库(Real Time Database，RTDB)进入实时优化系统，首先进行稳态检测，当装置过程操作进入稳态后，实时优化系统的过程优化系统开始按照内部逻辑执行，包括数据采集与处理、逻辑判断、参数更新、优化计算、执行稳态确认和数据输出等操作。

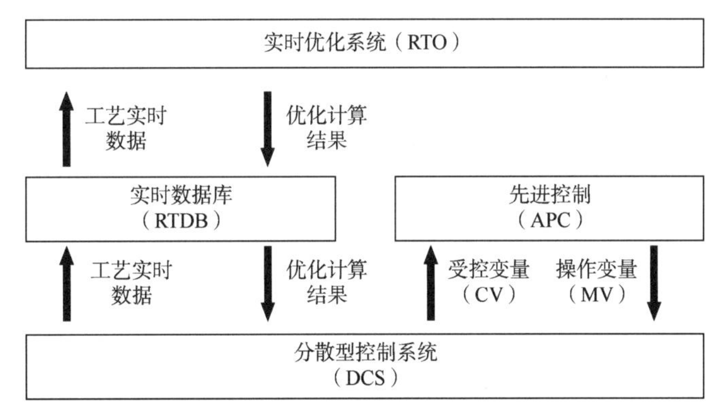

图 3-65　RTO 系统功能架构示意图

当完成优化计算并经执行稳态确认后，将优化计算结果经实时数据库返回 DCS，作为先进控制受控变量(Controlled Variable，CV)的设定值，然后通过先进控制对装置进行控制操作，最终使装置达到最优操作状态。

第五节　安全环保设计

一、安全设计

乙烯装置是典型的化工生产装置，其原料和产品为可燃、易燃、易爆介质，存在潜在的火灾、爆炸危险。此外，还含有硫化氢、一氧化碳、苯等有毒有害介质，存在潜在的中毒危险。乙烯工艺流程长且复杂，既有高温裂解反应，又有催化反应，高温高压和低温低压同时存在，其风险涵盖了石油化工企业常见的多种危险因素。

乙烯装置可能处理的原料有石脑油、轻柴油、凝析油、抽余油、乙烷以及轻烃，主要产品和副产品有氢气、乙烯、丙烯、裂解汽油、裂解燃料油和燃料气等，均为易燃、易爆物质。主要物料的火灾爆炸危险特性见表3-4。

表3-4　主要物料火灾爆炸危险特性

序号	物料名称	自燃点，℃	闪点，℃	爆炸极限，%（体积分数）		爆炸危险性		火灾危险性类别
				下限	上限	组别	类别	
1	乙烷	472	<-50	3.0	16.0	T1	ⅡA	甲
2	丙烷	446	-104	2.1	9.5	T1	ⅡA	甲
3	氢气	570	<-50	4.1	74.2	T1	ⅡC	甲
4	甲烷	537	-188	5.0	15.0	T1	ⅡA	甲
5	乙烯	540	-136	3.1	28.6	T2	ⅡB	甲
6	乙炔	335	<-50	2.5	80.0	T2	ⅡC	甲
7	丙烯	410	-108	2.0	11.0	T2	ⅡA	甲
8	正丁烷	405	-90	1.6	8.5	T2	ⅡA	甲
9	异丁烷	465	-76	1.9	8.4	T1	ⅡA	甲
10	1-丁烯	371	-79	1.6	9.3	T2	ⅡA	甲
11	异丁烯	465	-77	1.8	9.6	T1	ⅡA	甲
12	1,3-丁二烯	415	-78	2.0	11.5	T2	ⅡB	甲
13	戊烷	260	<-40	1.4	7.8	T3	ⅡA	$甲_B$
14	己烷	244	-22.8	1.1	7.5	T3	ⅡA	$甲_B$
15	苯	574	-11	1.3	7.1	T1	ⅡA	$甲_B$
16	甲苯	536	4.4	1.3	7.0	T1	ⅡA	$甲_B$
17	汽油	225~530	<-20	1.1	5.9	T3	ⅡA	$甲_B$
18	轻石脑油	480~510	<-20	1.2	6.0	T3	ⅡA	$甲_B$
19	重石脑油	480~510	-22~20	1.2	6.0	T3	ⅡA	$甲_B$

乙烯装置存在的有毒、腐蚀性物质主要为苯、甲苯、一氧化碳、硫化氢、甲醇等。主要有毒、腐蚀性介质的危害特性见表3-5。

表3-5 主要有毒、腐蚀性物质的危害特性

序号	物质名称	侵入途径	毒物危害程度分级	职业接触限值，mg/m³			备注
				PC-TWA	PC-STEL	MAC	
1	苯	吸入、食入、经皮吸收	Ⅰ	6	10		皮，G1
2	甲苯	吸入、食入、经皮吸收	Ⅲ	50	100		皮
3	甲醇	吸入、食入、经皮吸收	Ⅳ	25	50		皮
4	一氧化碳	吸入	Ⅱ	20	30	1700	
5	氨	吸入	Ⅲ	20	30		
6	硫化氢	吸入	Ⅱ			10	—
7	氢氧化钠	吸入、食入	Ⅳ			2	—
8	汽油	吸入、食入、经皮吸收	Ⅲ	300			G2B
9	硫酸	吸入、食入	Ⅰ	1	2		G1
10	1,3-丁二烯	吸入、经皮吸收	Ⅰ	5			G1

注：(1)“毒物危害程度分级”根据国家标准GBZ 230—2010《职业性接触毒物危害程度分级》。

(2)“职业接触限值”数据引自GBZ 2.1—2019《工作场所有害因素职业接触限值 第1部分：化学有害因素》。

(3)“备注”栏中，“G1”指确认人类致癌物，“G2B”指对人可疑致癌物。“皮”指即使该化学有害因素的空气浓度≤PC-TWA值，劳动者接触这些物质仍有可能通过皮肤接触而引起过量接触。

1. 危险和危害因素分析

1）火灾、爆炸危险

（1）裂解炉区。

乙烯装置裂解炉为明火设备，生产过程中若高温物料的管道、阀门、法兰连接处密封不严，热应力破坏，或者由于操作失误等导致可燃物料发生泄漏，可能被炉内明火点燃，从而引起火灾、爆炸事故。另外，稀释蒸汽中断、炉管未及时清焦等，会导致炉管超温破裂，可燃物料泄漏后被炉膛内明火点燃发生火灾。裂解炉燃料气如果发生压力过低，可能造成裂解炉烧嘴回火，火焰不稳定，燃料气未完全燃烧，严重时甚至损坏烧嘴，可能会引起裂解炉内闪爆。裂解炉风机因故障停止运行后，炉膛内火焰外漏，可能导致炉外火灾[18-19]。

（2）急冷系统。

急冷油塔如果发生急冷油、盘油的输送泵故障，可导致设备、管线损坏，物料泄漏，可能引发火灾、爆炸事故。

（3）裂解气压缩机。

裂解气压缩机出口温度过高、喘振等可能导致管线破裂、裂解气泄漏，引发火灾、爆炸事故。

压缩机泄漏喷出的高压高速气流易产生静电，与设备或地面碰撞产生的静电火花形成点火源，可能导致火灾、爆炸事故的发生。

(4) 加氢反应器。

碳二加氢反应器、甲烷化反应器及碳三加氢反应器的反应温度失控时，存在爆炸危险。

加氢反应为强放热过程，操作条件苛刻。反应初期，催化剂活性高、裂解气中炔烃含量高或反应器进料温度高，反应热有可能使催化剂床层温度大幅上升，烯烃加氢等副反应加速，进一步导致反应条件恶化，造成反应器飞温。

装置在飞温情况下会损伤催化剂，可能导致器壁发生热蠕变，导致设备刚度、强度迅速下降，易发生物料泄漏着火，严重时甚至会引起爆炸。

(5) 冷分离系统。

深冷分离在超低温下进行，开停工时温度变化速率高易造成管道设备损坏、泄漏；若裂解气含水或设备系统残留水分、杂质等，深冷系统设备会发生堵塞、超压损坏，进而可能引起火灾、爆炸。

丙烯冷剂中断时，可能使循环乙烷、氢气以及甲烷膨胀/再压缩机的排出尾气在离开冷箱时的温度低于下游管线的耐受温度下限，导致管线损坏，可能引发可燃物料泄漏发生火灾、爆炸事故。

(6) 其他区域。

低压脱丙烷塔和高压脱丙烷塔回流中断或塔釜再沸器热源控制失效，可能会导致塔超压破裂，造成可燃物料泄漏，引发火灾、爆炸事故。

脱乙烷塔和乙烯精馏塔塔顶回流中断或塔釜再沸器加热蒸汽控制失效，会导致超温、超压事故发生，造成可燃物料泄漏后引发火灾、爆炸事故。

可燃介质输送泵、压缩机如果未采用可靠密封，会导致可燃物泄漏，引发火灾、爆炸事故。

2) 毒性、腐蚀性

乙烯装置主要毒性物质有苯、甲苯、硫化氢、一氧化碳、甲醇、氨、二甲基二硫等；主要腐蚀性物质为硫酸、氢氧化钠、氨液、废碱液等。硫酸、氢氧化钠等溶液对皮肤、黏膜等组织有强烈的刺激和腐蚀作用，可致眼灼伤和皮肤灼伤。

3) 高、低温危险分析

乙烯装置的高温设备主要为裂解炉，其辐射段出口温度高达850℃左右，副产的高压蒸汽温度达520℃。另外，汽包、汽轮机组、急冷油泵、中油泵等也为乙烯装置的高温热源。

高温设备发生保温隔热层脱落或高温物料泄漏时，操作人员接触到这些设备或泄漏的高温物料，有被灼伤或烫伤的可能。同时，高温、高湿环境会加速管道、设备材料的腐蚀失效，使可能的火灾、爆炸危险性增大。

在冷分离系统，乙烯制冷机最低温度达-100℃，氢气分离罐最低温度约为-170℃，这些低温设备对设备材质的耐低温性能要求较高。温度急剧变化时，因热胀冷缩造成材料变形或热应力过大，在低温下金属会发生晶型转变，甚至引起破裂而引发泄漏、火灾、爆炸事故。当低温介质泄漏时，由于环境温度高，在高低温差作用下可能导致泄漏物料急剧蒸发、汽化，使周围环境温度急剧降低，对巡检人员及维修、抢险人员可能造成低温冻伤伤害。同时，极低温度也会造成物料堵塞，损伤设备或管路。

4）噪声危害分析

乙烯装置的噪声主要来自裂解炉引风机、压缩机、输送泵、蒸汽管网放空及火炬泄放等。噪声不仅影响周围环境，同时对巡检职工也会有一定危害。噪声对人体的危害表现为引起头晕、恶心、失眠、心悸、听力减退及神经衰弱等症状。

2. 主要安全措施

1）防泄漏、防火、防爆措施

针对乙烯装置生产工艺中的原料、产品易燃易爆的特点，为确保安全，对处理危险性物料的设备均设置了安全报警和自动联锁控制系统。对受内压的设备及主要管道装设压力释放系统，包括安全阀、爆破片、压力控制阀和火炬系统，一旦超压，通过安全阀泄放，可燃物料泄放至火炬。

裂解炉由风机控制炉膛负压，如果风机故障造成炉膛负压值降低，则裂解炉跳车，切断燃料气，切断原料同时通入稀释蒸汽。为维持汽包内液位，防止出现干烧，对于汽包液位采用液位、锅炉给水补充流量、蒸汽发生量三冲量控制。

各分离塔塔顶设置压力自动控制、安全阀等不同层级的压力保护措施，避免超压风险，安全阀能力按照最苛刻的超压场景进行设计。在装置内形成高低压界面处根据需要设置一道或多道止回阀，或者板隔离。在有吹扫置换需求处设置蒸汽或氮气置换系统。

压缩机入口压力由转速控制，在一定范围内通过汽轮机转速调节，当压缩机出口压力超过设定值时，通过出口压力调节阀将物料排向火炬泄压。压缩机控制系统检测轴温、轴震动、轴位移、油压、油温等重要参数，超过限定值后，将联锁压缩机停车；压缩机设置防喘振控制系统，保护压缩机安全。

设备选材、工艺参数控制、安全联锁实现设备完整性控制，避免物料因设备/管道的损坏而泄漏，如裂解炉炉管选择能耐受炉膛高温的材料，炉管表面设有温度监测高温报警及高高联锁停炉。炉膛内设置可燃物浓度和在线氧含量分析仪监测及报警，用于监测裂解炉炉膛内可燃物浓度及过氧度，以防止开车点火时因炉膛内可燃物浓度不合格发生闪爆。

对于可能发生可燃气体泄漏的泵或压缩机的动密封，液体和气体物料采样口、液体(气体)排液(水)口和放空口、经常拆卸的法兰和经常操作的阀门组等位置处，设置可燃气体探测器，探测信号引入独立的气体检测系统(Gas Detection System，GDS)。

2）安全联锁控制措施

乙烯装置设置 DCS 系统、SIS 系统、GDS 系统及三大压缩机组控制系统，实现对乙烯装置的统一控制、监测、报警及报表输出等操作。

3）装置布置

乙烯装置布置执行现行有关规范、规定，保证安全合理间距。乙烯装置与相邻装置之间、装置与建筑物之间、建筑物与建筑物之间及装置内设备之间的间距均符合防火规范间距要求。

装置采用露天布置的原则，采用框架结构，便于通风，使可燃、有毒物质不易积聚，保证安全生产。

4）设备及管道选材

设备和管线严格按其压力/温度等级进行选材，特别关注与氢气、硫化氢介质接触的设备，以避免氢脆和硫化氢腐蚀。

5）电气安全

乙烯装置采用一级、二级负荷，其中关键工艺设备及大型机组的盘车电动机、紧急润滑油泵、仪表控制系统中的DCS及SIS电源、电信及火灾自动报警系统和事故照明电源等属于一级负荷中特别重要的负荷。

在爆炸危险区域内，所有电气设备均采用防爆型。通风设备按不同使用场合和要求，分别采用防爆型或普通型的离心和轴流通风机。

6）消防措施

在生产装置区危险场所设置手动报警按钮。装置机柜间、变电所设置感烟探测器，电缆夹层设置感温电缆。火灾报警信号传输至火灾报警控制盘，当值班人员发现事故或在可能发生事故时，可及时通知控制室、调度室和消防队，以便及时处理。

乙烯装置区按规范设置高压消防水系统，并配泵、消火栓、消防水炮、消防喷淋系统、消防竖管及其他消防设施，设置推车式及手提式灭火器。在有明火的裂解炉周围设置蒸汽幕系统，用以分散、稀释烃蒸气云并分隔可燃气体介质，减少在发生事故时裂解炉与周围区域之间的相互影响。

7）防高、低温

装置区表面温度高于60℃的管道、设备均采取隔热保护层，并有保温防烫措施。高温物料采样均经冷却后再采样。

火炬分液罐、水封罐、凝液泵等设备在管道布置区域局部考虑适当增加防护设施(火炬管廊部分区域及泵区设置防辐射挡板)，发生最大事故排放时，可作为屏蔽，确保操作人员在火炬区的安全。

对可能产生低温危害的设备和管道采取保冷设施，防止人身接触冻伤。

二、环境保护设计

1. 乙烯装置环保要求

随着国内环保标准的日趋严格，国家、地方及行业颁布了越来越多的污染物排放标准及环保设计标准，乙烯装置作为复杂的化工装置，在设计、生产运营过程中，需遵循多个标准规范以满足相应的环保要求，包括废气排放标准、废水排放标准、固体废物处置标准、噪声和振动控制标准、防渗工程设计规范、污染源监测规范及卫生防护距离规范等。

1)废气及废水排放控制

乙烯装置的废气及废水排放执行石油化学行业排放标准，若裂解炉配置SCR脱硝，应参照烟气脱硝工程技术规范设置防止氨逃逸的措施，同时氨的排放还需满足恶臭污染物的排放要求。乙烯装置一般不单独建设污水处理装置，而是依托建设于炼化或化工厂的全厂污水处理装置。乙烯装置排放的处理后废碱液、含油污水、污染雨水等送至全厂污水处理装置，与其他工艺装置和公辅工程排放的污水统一处理。

2）固体废物处置

乙烯装置产生的各类固体废物按照《国家危险废物名录》及相关危险废物鉴别标准进行分类处置。

3）噪声和振动控制

乙烯装置在设计、建设过程中，应按照噪声设计等标准规范的要求，减轻装置对外环境的噪声和振动影响。

4）防渗工程

为防止地下水和土壤污染，乙烯装置在设计、建设过程中，应按照防渗设计规范的要求建设防渗工程。一般可将装置区分为非污染防治区和污染防治区，其中污染防治区分为一般污染防治区和重点污染防治区。一般污染防治区防渗性能不低于1.5m厚、渗透系数为1.0×10^{-7}cm/s的黏土层的防渗性能，重点污染防治区防渗性能不低于6.0m厚、渗透系数为1.0×10^{-7}cm/s的黏土层的防渗性能。典型乙烯装置的污染防治分区见表3-6。

表3-6　典型乙烯装置的污染防治分区

区域	防治等级
地下管道；地下罐的底板和壁板；生产污水井及各种污水池的底板及壁板；变电所事故油池的底板和壁板	重点污染防治区
生产污水沟；装置区的地面；系统管廊集中阀门区的地面	一般污染防治区
其他	非污染防治区

5）污染源监测

乙烯装置废气及废水排放口应按照废气及污水监测技术规范设置监测口或采样平台，同时根据国家或地方发布的监测要求，对不同污染物排放因子开展连续监测或定期监测。

6）卫生防护距离

为了防控乙烯装置通过无组织排放的大气污染物的健康危害，乙烯装置需制定装置边界至周边环境敏感区边界的最小距离，即卫生防护距离。乙烯装置的卫生防护距离应根据无组织排放量按照卫生防护距离技术导则中规定的方法进行计算。

2. 乙烯装置废气排放及相关控制技术

1）主要废气排放节点及污染物

乙烯装置排放的有组织废气主要包括裂解炉烟气、清焦废气、碳三加氢反应器再生废气、废碱氧化废气等，主要污染物有颗粒物、氮氧化物、二氧化硫及挥发性有机物。无组织排放主要来自设备动静密封点泄漏、废水集输系统等，污染物主要为挥发性有机物。典型乙烯装置废气排放节点及主要污染物排放情况见表3-7。

表3-7　典型乙烯装置废气排放节点及主要污染物排放情况

排放源名称	主要污染物	排放规律	排放去向
裂解炉烟气	二氧化硫、氮氧化物、颗粒物	连续	大气
裂解炉清焦烟气	颗粒物、挥发性有机物、一氧化碳	1次/60天，3天/次	返回裂解炉或排大气
碳三加氢反应器再生废气	挥发性有机物	1次/年	返回裂解炉
废碱氧化废气	硫化氢、挥发性有机物	连续	返回裂解炉
装置无组织排放	挥发性有机物	连续	大气

2）废气污染物排放水平

根据乙烯装置泄漏点统计数据及国家发布的挥发性有机物计算方法，结合近期实际运行的乙烯装置废气污染物监测数据及新建乙烯装置的设计数据，典型乙烯装置废气污染物排放指标见表3-8。

表3-8 典型乙烯装置废气污染物排放指标

排放源名称	污染源名称及排放指标，g/t(乙烯)			
	二氧化硫	氮氧化物	颗粒物	挥发性有机物
有组织排放(排大气)	30~40	200~300(设末端脱硝设施)； 600~700(不设末端脱硝设施)	60~70	30~40
无组织排放	—	—	—	30~60

3）废气污染物治理措施

（1）二氧化硫治理。

近年来，乙烯裂解炉采用装置自产的经碱液后深冷分离的甲烷氢为燃料，正常工况下自产燃料气可以自身平衡，开车时或裂解炉低负荷工况导致自产燃料气不足通常由天然气或液化石油气补充，其中不含或含微量的硫，裂解炉烟气中的二氧化硫浓度较低。

（2）氮氧化物治理。

由于裂解炉所需炉膛温度较高，燃料在裂解炉燃烧器燃烧过程中会产生氮氧化物，可采用氮氧化物减排技术降低裂解炉烟气中的氮氧化物排放。根据氮氧化物的生成机理，可在燃烧前、燃烧中及燃烧后进行氮氧化物减排。

① 燃烧前氮氧化物控制：裂解炉采用的燃料为分离后的甲烷氢气体，氮的含量极低，通常不予考虑。由于污染物的排放与燃烧器的性能有较大关系，需平衡空气预热温度与污染物排放之间的关系，寻求节能环保利益最佳点。

② 燃烧中氮氧化物控制：燃烧过程中，氮氧化物的生成与烟气中的氧含量、燃烧温度及烟气在高温区的停留时间有较大关系，低氮燃烧器的设计可通过对燃烧区域参数的调整降低氮氧化物的排放。将空气分级、燃料分级、烟气循环等技术中的一种或多种措施组合后，可用于降低燃烧过程中的氮氧化物排放。

③ 燃烧后氮氧化物控制：当氮氧化物浓度降低到一定范围内，燃烧过程减排受限，需采用燃烧后脱硝技术，同时由于近年来国家生态环境持续改善的要求，新建的化工项目不能降低当地的环境质量，新建或规划建设的乙烯装置多采用SCR脱硝技术进一步降低氮氧化物排放。

（3）颗粒物治理。

烧焦一般采用空气—蒸汽进行，过程中会产生颗粒物，可采用湿法除尘、干法除尘或返回裂解炉炉膛进行减排处理。

（4）挥发性有机物治理。

乙烯装置废碱氧化单元一般采用湿式氧化法，废碱液中的硫化物几乎全部被氧化成硫酸盐，湿式氧化装置的尾气含少量的挥发性有机物，从洗涤塔塔顶排出，经压力调节后送入乙烯裂解炉焚烧。碳三加氢反应器再生废气也含有少量的挥发性有机物，可返回乙烯裂解炉焚烧或送入火炬处置。

乙烯装置挥发性有机物排放主要来自无组织排放，装置无组织排放控制措施可包括以下两方面内容：

① 装置动静密封点排放控制。装置设计时可根据不同的物料性质在设备、反应器、罐和管线等的连接处及管线、阀门、设备的法兰连接处，选用合理的密封方式或不同类型的垫片控制挥发性有机物的排放，典型无组织排放设备改进措施及效果见表3-9。

表3-9 典型无组织排放设备改进措施及效果[20]

设备类型	改进措施	VOC 排放降低率,%
泵密封	无密封设计	100①
	密闭出口系统	90②
	双重机械密封，并保持隔离液压力高于泵送流体的压力	100
压缩机	密闭出口系统	90②
连接件	焊在一起	100
阀	无密封设计	100
泄压阀	密闭出口系统	②
	装配爆破片	100
取样连接器	密闭采样	100
开口管线	盲板、盖帽、加塞、二次阀	100

① 无密封设计在发生设备故障时会造成大量排放。

② 实际控制效率取决于VOC排放收集效率及处理效率。

装置投运后，应建立装置LDAR(泄漏检测与修复)台账并定期开展检测工作，严格按照GB 31571—2015《石油化学工业污染物排放标准》和《石化企业泄漏检测与修复指南》的规定进行泄漏检测、认定、标识、修复和质量控制。

② 储罐及废水集输系统无组织排放控制。乙烯装置废水集输系统主要包括污水池、隔油池等，应加盖密封，收集的废气可与废碱储罐废气一同返回裂解炉炉膛燃烧处置，降低装置无组织排放。

(5) 一氧化碳(CO)排放控制。

CO排放量与燃料气过剩氧含量有关，考虑到燃烧效率，过剩氧含量应尽可能低，但在过剩氧含量低的环境中CO的产生量会增加，因此在设计中应使用先进的燃烧控制系统在控制CO生成量的同时提高燃料气燃烧效率。同时，裂解炉清焦过程中应关注空气消耗量，避免因空气消耗量过低出现CO浓度升高的情况。

(6) 非正常工况废气排放控制。

近年来，国内大型乙烯项目陆续进行了开停工、检维修“绿色改造”，实现了现场绿色环保、无异味。

3. 乙烯装置废水排放及相关控制技术

1）主要废水排放节点及污染物

乙烯装置废水主要包括汽包排污、稀释蒸汽罐排污、废碱氧化废水、清焦废水及生活污水，主要污染物为重铬酸盐指数（COD_{Cr}）、5日生化需氧量（BOD_5）、总溶解性固体（TDS）、总悬浮物（TSS）、石油类、挥发酚、硫化物等。典型乙烯装置生产废水排放节点及污染物见表3-10。

表3-10　典型乙烯装置生产废水排放节点及污染物

排放源名称	主要污染物	排放规律	排放去向
汽包排污	COD_{Cr}、BOD_5、TSS、TDS	包括连续排污、间断排污	闪蒸后可回用至循环水系统，连续排污水也可作为碱洗补水
稀释蒸汽排污	COD_{Cr}、BOD_5、TDS、TSS、石油类、挥发酚	连续	预处理后送入装置界区外污水处理设施（含油污水处理系统）
废碱氧化排污	COD_{Cr}、BOD_5、硫化物、石油类、TDS、TOC、硫代硫酸钠	连续	装置界区外污水处理设施（含盐污水处理系统）
清焦废水	COD_{Cr}、BOD_5、石油类、TSS	间断，清焦时	预处理后送装置界区外污水处理设施（含油污水处理系统）

2）废水排放指标

结合近期实际运行的废水污染物监测数据及新建项目的设计数据，生产废水污染物排放指标见表3-11。

表3-11　典型生产废水排放指标

排放源名称	污染源名称及排放指标，mg/L						
	COD_{Cr}	BOD_5	石油类	挥发酚	硫化物	TDS	TSS
汽包排污	15	5	—	—	—	50～100	20
稀释蒸汽排污	500～1000	300～900	2～5	50～100	—	100～200	200
废碱氧化排污	1500	—	100	—	1～10	100000～130000	—
清焦废水	200	100	50	—	—	—	500

3）废水污染物治理措施

（1）汽包排污治理措施。

裂解炉汽包污水包括连续排放及间断排放。汽包的连续排放主要是对汽包内的水质进行控制，使水中的磷酸盐和二氧化硅含量稳定，该股水在正常运行状态下长期处于排放状态；当汽包运行一段时间后，将从汽包底部间断排放污水，降低在水中累积的磷酸盐及硅酸盐。汽包连续排污及间断排污均排至闪蒸罐，闪蒸后的蒸汽并入蒸汽管网，闪蒸罐排水可作为循环水补水或进入污水系统。

(2) 稀释蒸汽排污治理措施。

为控制稀释蒸汽指标，防止污染物聚集，使稀释蒸汽不含油、不带碱、呈中性，稀释蒸汽发生器会连续排放污水，稀释蒸汽排污含石油类、挥发酚等特征污染物，一般在装置界区内预处理后排入装置界区外污水处理系统。

(3) 废碱氧化单元排污治理措施。

国内乙烯装置普遍采用湿式空气氧化法对废碱液进行处理，湿式空气氧化法利用空气作为氧化剂，将废碱液中的硫化物氧化为硫酸盐，将有机物部分氧化，提高废碱液的可生化降解性。湿式氧化法是相对成熟的废碱液处理方法，原料适应范围广，氧化速度快，二次污染比较少，可长周期稳定运行。

(4) 清焦废水。

当裂解炉水力清焦时，裂解炉区和急冷区会产生清焦废水，主要污染物为COD_{Cr}、石油类、悬浮物等，一般处理方法为进入装置内污水预处理系统，处理后排至装置界区外污水处理系统。

(5) 装置内污水预处理设施。

国内多数乙烯装置均在装置界区内设置污水预处理设施，处理各单元正常工况下排放的含油废水，主要包括含油污水收集池及油水分离器等。污水收集池可通过提高液位设置，实现稳定的油水静止分层，顶部油进入隔油池，底部污水送至界区外的污水系统，可以有效防止外送污水含油或油偏高的情况。

4. 乙烯装置固(液)体废物排放及相关控制技术

1) 主要固(液)体废物排放水平

乙烯装置在正常工况下仅产生少量固(液)体废物，主要为废催化剂、废干燥剂、废焦炭及污泥等，典型固体废物排放水平见表3-12。

表3-12 典型固体废物排放水平

装置名称	废催化剂/废吸附剂，kg/t(乙烯)	废焦炭，kg/t(乙烯)	废有机物、污泥，kg/t(乙烯)
乙烯装置	0.15~0.25	0.02~0.04	0.02~0.12

2) 固(液)体废物治理措施

废催化剂主要来自碳三加氢反应器、碳二加氢反应器、甲烷化反应器、脱砷保护床等，催化剂的经济寿命为3~5年，催化剂的催化效率下降至一定数值时即报废，因催化剂内含贵金属，一般由有处理资质的厂家回收处置；废干燥剂主要为硅铝酸盐，一般寿命为3~4年，因其从装置卸出时可能含有烃类物质，需按照危险废物进行管理和处置，一般处置方法为填埋；来自清焦罐和急冷油过滤器的废焦需按照危险废物进行管理和处置，一般处置方法为焚烧；急冷油过滤器和燃料油过滤器切换过程产生的废有机物，主要为碳及高分子烃聚合物，可采用焚烧工艺处置；装置内污水预处理设施产生的污泥可采用焚烧工艺处置。

5. 乙烯装置噪声控制技术

1) 噪声控制原则

噪声控制的首选方案为降低噪声的产生强度，次选方案为进行声源的封闭。如上述两种措施皆不可行，则采用噪声的衰减措施。在乙烯装置的噪声控制技术上，遵循以下顺序：

（1）通过设备的选型和固定系统的设计降低声源强度。

（2）使用阻尼器(隔振器、黏弹性材料)。

（3）吸声(使用消声器和吸声材料)。

（4）使用隔音的外壳或罩对声源进行隔离。

（5）使用屏障、路堤等对声源进行局部隔离。

2）主要噪声源的控制技术

（1）压缩机。

乙烯装置内设有各类压缩机，核心的裂解气压缩机、丙烯压缩机、乙烯压缩机属于离心式压缩机，功率大、转速高，易产生较大的噪声排放。为降低压缩机的噪声影响，可在压缩机和进出口管道增配隔声材料。

(2)放空口。

常规排气阀，应采用以下一种或几种方法进行处理：排气口处设置消声器、使用低噪声阀门、管道隔音、降低气体/液体流速。

（3）泵。

在正常情况下，通过安装减振座、减振垫等减振设备，泵类的噪声可以得到控制，但在运行操作过程中需防止出现气蚀现象导致的泵振动加剧，噪声增大。对于功率较大的泵，如急冷水循环泵、急冷油循环泵、丙烯精馏塔回流泵等，需考虑增配隔音罩、管道隔声材料等措施。

（4）管道、阀门。

对于管道和阀门，可采用以下一种或几种控制噪声的方法：

由于压降大的阀门易产生高频噪声，在选择阀门时需特别注意，配套的滤芯、膨胀节等装配时需提高精度；噪声较大或易产生振动的设备与管道连接应采用柔性接头；尽量缩短噪声源和消声器之间的距离，其管道和配件配备隔声材料。

参 考 文 献

[1] 钱家麟，于遵宏，李文辉，等．管式加热炉[M]．2版．北京：中国石化出版社，2003.

[2] 马有福．锯齿螺旋翅片管束强化换热特性研究[D]．上海：上海理工大学，2012.

[3] 杨航洲，李秀凤，宋长轩．高声强中频声波除灰器在裂解炉中的应用[J]．石化技术与应用，2019，37(3)：195-197.

[4] 古大田，方子风．废热锅炉[M]．北京：化学工业出版社，2002.

[5] 中华人民共和国住房和城乡建设部，中华人民共和国国家质量监督检验检疫总局．石油化工建(构)筑物结构荷载规范：GB 51006—2014[S]．北京：中国计划出版社，2014.

[6] 中华人民共和国住房和城乡建设部，中华人民共和国国家质量监督检验检疫总局．建筑抗震设计规范：GB 50011—2010[S]．北京：中国建筑工业出版社，2010.

[7] 但泽义．钢结构设计手册[M]．北京：中国建筑工业出版社，2019.

[8] 中华人民共和国住房和城乡建设部，中华人民共和国国家质量监督检验检疫总局．建筑结构荷载规范：GB 50009—2012[S]．北京：中国建筑工业出版社，2012.

[9] 张荣钢，张宏涛，庄茁．火灾下钢板剪力墙屈曲后的塑性极限分析[J]．工程力学，2013，30(4)：

115-121.
[10] 中华人民共和国住房和城乡建设部．建筑消能减震技术规程：JGJ 297—2013[S]．北京：中国建筑工业出版社，2013.
[11] 王松汉．板翅式换热器[M]．北京：化学工业出版社，1984.
[12] 刘朋标，何丽娟．六溢流塔盘工艺计算优化[J]．化工设计，2018，28(4)：11-13.
[13] 张宝树，刘艳芳．六溢流塔盘两种设计方法的比较[J]．化工与医药工程，2016，37(1)：46-50.
[14] 郭慧波，王琥，戴一兰，等．高温条件下 TP347H 焊缝开裂问题辨析[J]．化工设备与管道，2018，55(5)：24-29.
[15] 李润．蠕变和渗碳交互作用对裂解炉管蠕变应力的影响研究[D]．北京：中国石油大学(北京)，2017.
[16] 胡显驰，张翠翠，魏志刚，等．裂解炉文丘里压力表引压管断裂原因分析[J]．化工设计通讯，2017(4)：142-143.
[17] 谷阳，蒋鹏飞，潘延君，等．裂解炉一次注汽管线焊缝裂纹原因分析及改造[J]．石油化工设备，2018(1)：71-75.
[18] 王高松．乙烯装置火灾爆炸危险性分析及对策[J]．化工管理，2019(10)：173-174.
[19] 李建华，黄郑华．乙烯生产工艺防火探讨[J]．消防科技，1998(1)：47-49.
[20] Alireza Bahadori. 石油、天然气和化工厂污染控制[M]．天津开发区管委会，译．北京：中国石化出版社，2016.

第四章　乙烯配套催化剂技术

为得到满足下游装置要求的裂解产品，需要进行一系列的分离、纯化等过程，其中加氢是主要的处理方法。中国石油针对乙烯装置及下游辅助装置开发了碳二加氢、汽油加氢等系列催化剂，并得到推广应用。

第一节　碳二加氢催化剂

碳二加氢是通过选择性加氢脱除裂解气中乙炔等杂质，以满足聚合级乙烯的要求。根据分离流程不同，碳二加氢工艺又分为碳二前加氢和碳二后加氢两大类，碳二前加氢又包括前脱乙烷和前脱丙烷两种流程。中国石油自主开发的碳二后加氢催化剂、碳二前加氢催化剂已应用于10余套乙烯装置。

一、加氢原理及工艺

1. 碳二加氢原理

乙炔加氢生成乙烯为主反应，其他反应为副反应，其具体反应如下：

主反应：

$$C_2H_2+H_2 \longrightarrow C_2H_4+174.3kJ/mol$$
$$CH_3—C \equiv CH+H_2 \longrightarrow C_3H_6+165kJ/mol$$
$$H_2C = C = CH_2+H_2 \longrightarrow C_3H_6+173kJ/mol$$

副反应：

$$C_2H_2+2H_2 \longrightarrow C_2H_6+311.0kJ/m$$
$$C_2H_4+H_2 \longrightarrow C_2H_6+136.7kJ/mol$$
$$C_3H_6+H_2 \longrightarrow C_3H_8+136.7kJ/mol$$
$$nC_2H_2 \longrightarrow \text{低聚物(绿油)}$$

以上反应包括了串联反应、竞争反应和平行反应，均为强放热反应。

影响碳二加氢选择性的原因主要有两点：首先，在加氢反应过程中产物乙烯也会发生加氢反应生成乙烷，降低了主反应的选择性；其次，反应物乙炔吸附在催化剂的表面，易发生聚合反应生成1,3-丁二烯等不饱和化合物，这些不饱和化合物可能继续发生聚合反应生成C_6—C_{24}的高分子聚合物，这类高分子聚合物也俗称绿油。绿油的生成可能会导致催化剂孔道堵塞，催化剂活性中心被覆盖，严重影响后续反应过程中催化剂的活性，因此绿油的生成量也是影响催化剂能否长周期运行的重要因素[1-2]。

2. 碳二加氢工艺

碳二加氢工艺根据分离流程不同，可分为前加氢除炔工艺和后加氢除炔工艺。加氢反应器位于脱甲烷塔之前为前加氢除炔工艺，前加氢除炔工艺根据分离流程不同又可分为前脱丙烷与前脱乙烷两种工艺，前脱丙烷工艺的加氢反应器位于脱丙烷塔之后、脱甲烷塔之前(图 4-1)，前脱乙烷工艺中的加氢反应器位于脱乙烷塔之后、脱甲烷塔之前(图 4-2)；加氢反应器位于脱甲烷塔之后为后加氢除炔工艺(图 4-3)，该工艺一般应用于顺序分离流程，通常采用多段床[3-4]。

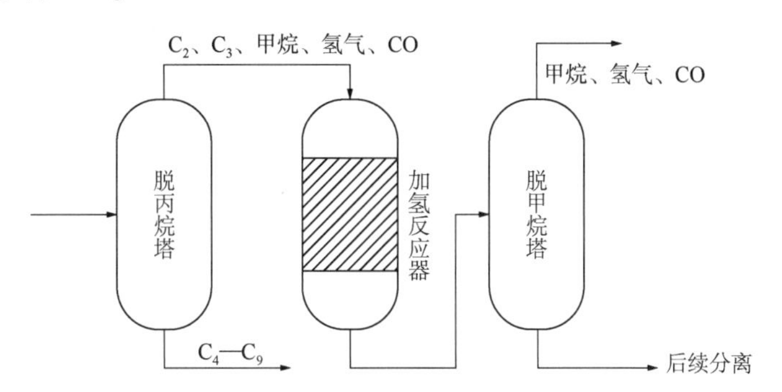

图 4-1　前脱丙烷前加氢工艺流程示意图

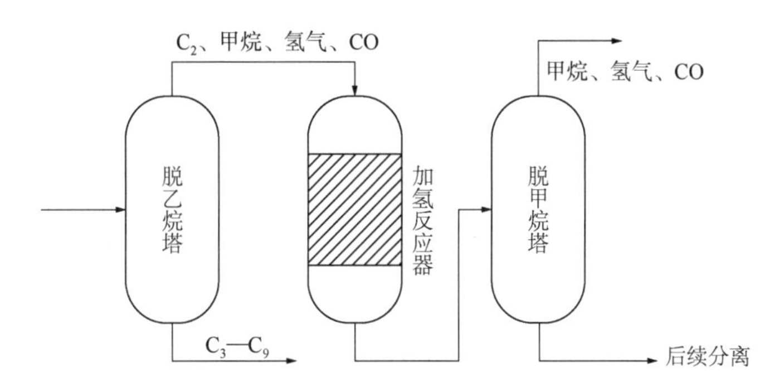

图 4-2　前脱乙烷前加氢工艺流程示意图

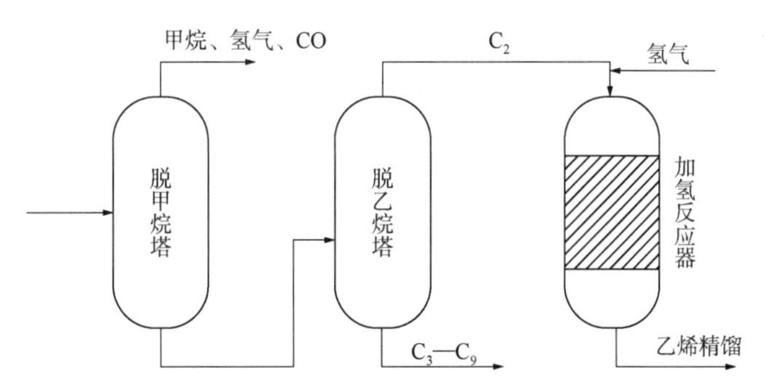

图 4-3　后加氢工艺流程示意图

前加氢除炔工艺相比后加氢的优点主要有[5]：

(1) 分离流程简单，操作能耗低。

(2) 原料中含有氢气组分，无须外补氢气。

(3) 乙烯塔中不设巴氏精馏塔，设备投资低。

(4) 催化剂绿油生成量少，使用寿命长，无须再生。

但也存在以下缺点：

（1）反应器控制手段较少，反应器存在飞温的风险。

（2）原料中CO含量的波动将影响催化剂的反应活性，易导致反应器出口漏炔。

（3）不设备用床，若催化剂中毒只能停车换剂。

二、国内外催化剂技术

1. *碳二前加氢催化剂*

国外公司对碳二前加氢催化剂研发起步较早，国内碳二前加氢反应器使用的国外催化剂，主要为壳牌公司KL-7741系列和科莱恩公司Olexmax系列[6-7]，各催化剂技术特点如下：

7741B-T催化剂：在兰州石化46×10^4t/a、大庆石化60×10^4t/a乙烯装置应用，催化剂活性适中，选择性优异，抗结焦性能较好，在国内乙烯装置应用最广，市场占有率高[7]。

7741B-R催化剂：在大庆石化27×10^4t/a、独山子石化100×10^4t/a乙烯装置应用，催化剂活性好，选择性和抗结焦性能优异，对不同工况适应能力强，是国内乙烯装置应用效果好的催化剂。

Olemax 252催化剂：在大庆石化60×10^4t/a、四川石化80×10^4t/a乙烯装置应用，催化剂初期活性高，稳定期后活性适中，但选择性较差。

Olemax 253催化剂：在独山子石化100×10^4t/a乙烯装置应用，催化剂起始反应温度高，选择性和抗结焦性能优异。

国内进行碳二前加氢催化剂研发并实现工业化的只有中国石化北京化工研究院(以下简称北化院)和中国石油石化院。北化院早在20世纪90年代就实现了碳二前加氢催化剂的工业应用，开发的BC-H-21催化剂外观为黄土灰色齿球形，Pd-Ag/Al_2O_3体系。从2001年开始，先后在茂名石化、武汉石化，上海石化、沈阳蜡化等厂家使用。石化院是国内第二家实现工业化的碳二前加氢研发单位，开发的PEC-21催化剂外观为蓝灰色圆球形(ϕ3.0~5.0mm)，采用Pd-Ag/α-Al_2O_3体系。2017年在大庆石化27×10^4t/a乙烯装置上实现了首次工业应用，之后陆续在四川石化80×10^4t/a乙烯装置、兰州石化46×10^4t/a乙烯装置上应用[8]，产品达到国际先进水平。

2. *碳二后加氢催化剂*

国外从事碳二后加氢催化剂研究的公司有美国菲利浦斯石油公司、瑞士克莱恩、德国BASF公司、英国帝国化学公司、法国Axens公司等。国内后加氢乙烯装置使用的进口催化剂仅有瑞士克莱恩公司的G-58C(Olymax201)，市场占有率5%。国际市场上该催化剂的应用范围却相当广泛，除中国市场外，其占有率达到80%以上。该催化剂使用空速范围2000~8000h^{-1}，对不同工况的适应性较好，催化剂结焦量少，但是选择性较差，乙烯增量较低。

国内碳二脱乙炔后加氢催化剂生产研发机构主要为中国石油石化院和中国石化北化院。20世纪70—80年代，中国石化北化院开发了BC-1-037催化剂，并在国内几家碳二后加氢装置中得到了工业应用。2000年左右，中国石化北化院开发出了新一代BC-H-20系列碳二加氢催化剂，该催化剂在中国石化的市场占有率约90%，国内市场占有率在70%以上。

BC-H-20 催化剂使用空速范围 2000~8000h^{-1}，需要较高的氢炔比，抗结焦性能较好，绿油生成量较低。中国石油石化院于 1997 年开始立项研究，开发的后加氢催化剂 PEC-223（LY-C_2-02）于 2003 年首次成功应用于兰州石化 24×10^4t/a 乙烯装置，后相继在辽阳石化 22×10^4t/a、大庆石化 33×10^4t/a、抚顺石化 15×10^4t/a、吉林石化 15×10^4t/a 和独山子石化 22×10^4t/a 乙烯装置应用，实现了中国石油后加氢乙烯装置应用全覆盖。该催化剂使用空速范围 2000~8000h^{-1}，催化剂活性高，抗结焦性能好，选择性优异，单床反应器选择性可达 80%以上。

三、中国石油催化剂技术与应用

中国石油石化院自 1997 年开始，历经 20 余年，在载体设计、活性组分高分散负载、催化剂预处理等方面实现系列技术突破创新，成功开发出综合性能优异的碳二后加氢催化剂 LY-C_2-02、PEC-223 及碳二前加氢催化剂 PEC-21，并相继在辽阳石化、大庆石化、四川石化、兰州石化、吉林石化、抚顺石化实现工业应用。主要技术创新如下。

1. 多级特征孔分布的 α-Al_2O_3 载体制备技术

碳二前加氢工艺要求催化剂载体具有足够的活性比表面积，同时具有足够的物料传输孔道。针对这一特征，通过对反应条件（温度、浓度、溶液 pH 值）的调控，精确控制氢氧化铝沉淀中 β-$Al_2O_3\cdot3H_2O$ 的含量，开发了多级特征孔分布的 α-Al_2O_3载体及其制备方法。制备出最可几孔径为 190nm、330nm 的多级孔分布载体（图 4-4），小孔提供足够的活性比表面积，大孔提高物料传输效率，减少了烯烃的深度加氢和聚合反应的发生，提高乙烯选择性 15 个百分点以上。

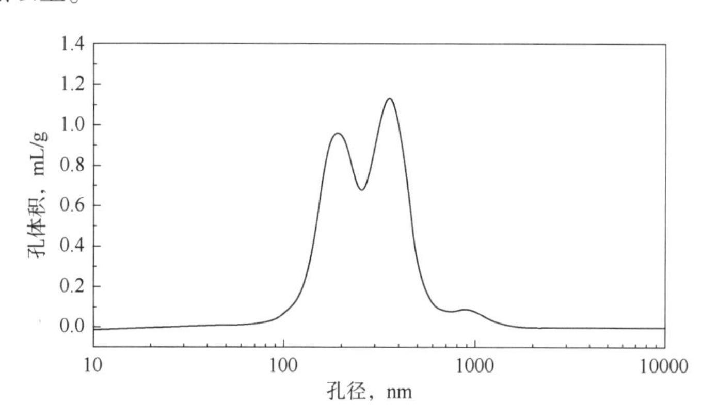

图 4-4 高温焙烧后载体孔径分布示意图

2. 钯（Pd）基纳米合金催化剂活性相高分散技术

碳二前加氢催化剂普遍采用表面酸性较低的 α-Al_2O_3，以降低长周期运行过程的绿油生成量。但是 α-Al_2O_3比表面积小，不利于活性组分 Pd 的高分散负载。针对这一问题，通过贵金属负载的规律性研究，揭示了活性组分与载体配位关系、载体界面结构限域机制、载体孔道差异化负载机理，构建了高分散钯基纳米合金催化剂的制备技术平台。通过载体表面羟基矩阵预置、六方相 $MgCO_3$网阱阵列构筑、微乳液择孔负载 3 种技术的灵活应用，大幅提高活性组分分散度，减小金属团簇尺寸，降低催化剂表面酸性，实现了贵金属高效催化领域理论和技术的双重突破。

3. 低钯含量催化剂“可控钝化”技术

碳二前加氢催化剂初活性较高，开工及运行过程中极易出现飞温。针对这一问题，通过对钝化参数(温度、时间、氧含量、空速)的协同调控，精确控制催化剂表面 Pd^{2+} 与 Pd^0 的比例，实现活性中心可控钝化。催化剂初活性被抑制，降低了装置开工风险，活性中心随着反应进行逐渐释放，有助于实现长周期稳定运行。

钝化处理后催化剂对入口温度的敏感性下降，有效抑制了催化剂初活性。加氢过程中，随着氢气还原，催化剂活性缓慢释放，有效降低了开工飞温风险，提高催化剂运行稳定性。PEC-21 催化剂在工业应用过程中表现出优异的开工及长周期运行稳定性，未出现飞温现象，提温速率明显低于装置原用其他催化剂。

4. 碳二前加氢催化剂应用

中国石油于 2007 年开展碳二前加氢领域催化剂研发，2017 年完成首次工业应用，截至 2020 年底，已在大庆石化、四川石化、兰州石化 3 套装置一段反应器中使用。

1）PEC-21 催化剂在大庆石化工业应用

2017 年 4 月 16 日，由石化院自主研发的碳二前加氢催化剂 PEC-21，在大庆石化 27×10^4t/a 乙烯装置首次工业试验开车成功。根据 PEC-21 催化剂特点，结合大庆石化装置工况，开创了不注 CO 快速稳定开工新工艺，实现了 PEC-21 催化剂一次性开车成功，4h 产出合格产品。72h 标定结果显示，在平均乙炔含量为 0.54%(体积分数)、CO 含量为 0.045%(体积分数)、反应器进料量为 61.2t/h、反应压力为 3.5MPa 工况下，反应器入口温度为 66.4℃，乙炔转化率为 55.8%，乙烯选择性为 95.4%，丙烯选择性为 96.3%。PEC-21 催化剂活性、选择性达到国际领先水平。运行 3 年，反应器入口温度从 64℃ 提升至 83℃，表明其具有更为优异的长周期运行稳定性。

截至 2020 年 4 月，PEC-21 催化剂在大庆石化完成技术协议 3 年运行寿命指标要求。2020 年 6 月 19 日，催化剂未经处理再次开工，3h 产品合格。二次开工后，乙炔转化率为 61.9%，乙烯选择性为 89.8%，丙烯选择性为 97.9%，与停工前相当。

2）PEC-21 催化剂在四川石化工业应用

四川石化 80×10^4t/a 乙烯装置碳二加氢单元采用前脱丙烷前加氢工艺，三段串联除炔。由于裂解原料轻质化，四川石化碳二加氢装置的典型特征是：空速高(加氢装置空速为 $14000h^{-1}$)，为同类装置最高；CO 含量波动大(500~2000μL/L)。

2018 年 6 月 23 日，PEC-21 催化剂应用于四川石化一段反应器，在原料组成波动大情况下，床层温度分布良好，转化率线性升高，4.5h 产出合格产品；起始反应温度为 62~63℃，初期乙炔转化率为 62%，乙烯选择性为 96%，丙烯选择性为 95.6%，表现出优异的开工稳定性。2019 年 1 月，完成催化剂性能标定。PEC-21 催化剂各项指标达到技术协议要求，其中选择性优于考核指标。截至 2021 年 4 月，PEC-21 催化剂在四川石化乙烯装置一段反应器平稳运行近 3 年，入口温度为 69℃，提温 6℃，乙炔转化率为 54.9%，乙烯选择性为 95.2%。

3）PEC-21 催化剂在兰州石化工业应用

兰州石化 46×10^4t/a 乙烯采用 KBR 前脱丙烷前加氢工艺，三段绝热反应器串联加氢除炔，单段反应器催化剂装填量为 13.4m^3。2019 年 6 月 17 日，PEC-21 催化剂应用于兰州石化一段反应器，4.5h 出合格产品，一次开车成功，催化剂表现出优异的开工稳定性。2020 年4 月，对催化剂性能进行了标定。PEC-21 催化剂乙炔转化率满足考核指标要求，乙烯、丙烯选择性优于合同考核指标。

总结 3 套装置应用情况，PEC-21 催化剂具有以下优点：

(1) 优异的开工稳定性。开发了不充 CO 的开工新工艺，且开工时间不超过 5h，具有良好的开工稳定性。

(2) 良好的抗 CO 波动能力。在四川石化应用初期，CO 从 1700μL/L 迅速降低至 600μL/L，装置运行稳定。运行两个月时，CO 含量从 800μL/L 降至 70μL/L，并快速提高到 800μL/L 过程中，催化剂运行稳定，无飞温发生。

(3) 良好的空速适应性。在大庆石化应用期间，空速从 7000h^{-1}提高至 10000h^{-1}，后期提高至 13000h^{-1}，在反应温度不做大幅调整情况下，催化剂表现出优异的稳定性。

(4) 良好的长周期运行性能。催化剂性能随运行时间逐渐衰减，通过提高反应温度保证乙炔转化率：PEC-21 催化剂在大庆石化运行 3 年，反应温度提高 19.5℃；在四川石化运行 2 年，反应温度提高 6.3℃；在兰州石化运行 1 年，反应温度提高 6.6℃。

5. *碳二后加氢催化剂应用*

中国石油石化院自 1997 年开始研发碳二后加氢催化剂，2003 年在兰州石化 $24×10^4$t/a 乙烯装置上实现首次工业应用；2009 年，开发了适用于两段反应器的催化剂，并在辽阳石化成功完成工业试验，催化剂性能达到国际先进水平(甘肃省科学技术厅鉴定，鉴定证书号：甘科鉴字〔2012〕第 0932 号)。截至 2020 年底，中国石油自主研发的碳二后加氢催化剂已成功应用于辽阳石化、兰州石化、抚顺石化、大庆石化、吉林石化、独山子石化的乙烯装置，以及国能宁煤的烯烃分离装置。

以中国石油催化剂 PEC-223(前期牌号为 LY-C_2-02)在辽阳石化的工业应用为例。辽阳石化 $22×10^4$t/a 乙烯装置，加氢物料中乙炔含量为 2.0%~2.6%(体积分数)，远远超过国内其他同类型装置，且采用两段床加氢工艺，工艺条件的波动容易造成漏炔。因此，要求开发的催化剂具有优异的活性、选择性和良好的抗干扰能力。LY-C_2-02 催化剂应用期间，一段加氢乙烯选择性为 75%~90%。平均选择性在 80%以上；总选择性最高 60%，平均值 45%，乙烯平均增量 0.96%(体积分数)；运行周期平均 12 个月，最长达 44 个月。

第二节　碳四馏分加氢催化剂

碳四加氢适用于丁二烯抽提过程中副产的碳四炔烃尾气的选择加氢，以回收丁烯或丁二烯，可提高装置经济效益和操作稳定性。碳四炔烃选择加氢包括碳四炔烃加氢增产丁二烯、碳四炔烃和二烯烃加氢增产单烯烃。中国石油自主开发了碳四炔烃选择性加氢回收丁烯的催化剂，并于 2016 年在抚顺同益石化实现首次工业应用；碳四炔烃选择性加氢回收丁二烯催化剂已完成中试研究，具备工业应用条件。

一、加氢原理及工艺

碳四炔烃是乙烯装置丁二烯抽提过程中的副产物，其中炔烃(乙烯基乙炔与丁炔)浓度较高(质量分数大于35%)，易聚合爆炸，必须先用丁烯、丁烷稀释到安全范围后才能排放火炬或低价出售，因此造成较大的资源浪费和环境污染[9]。随着裂解深度的增加，裂解碳四馏分中炔烃含量增加，导致抽提过程中丁二烯的损失增大，能耗增加。采用选择加氢除炔技术，将碳四炔烃选择加氢为丁二烯、丁烯或烷烃，其中1,3-丁二烯是合成橡胶的重要单体，丁烯是生产MTBE或烷基化的原料，而丁烷又可以返回乙烯装置作为裂解的原料[10]。

碳四炔烃选择加氢单元以丁二烯抽提装置副产的碳四炔烃为原料，与氢气按一定比例混合后进行碳四炔烃和二烯烃选择加氢反应，目的产物为丁烯或丁二烯。

主反应方程式如下：

$$HC\equiv C-CH=CH_2+H_2\longrightarrow H_2C=CH-CH=CH_2 \text{ 或 } H_3C-CH_2-CH=CH_2$$

$$HC\equiv C-CH_2-CH_3+H_2\longrightarrow H_2C=CH-CH_2-CH_3$$

发生的副反应有丁二烯、炔烃、烯烃加氢生成烷烃等。

碳四炔烃加氢技术依据与丁二烯抽提工艺的相对位置分为碳四炔烃前加氢技术和碳四炔烃后加氢技术。前加氢技术为在传统的丁二烯抽提工艺前增加炔烃加氢工艺，将混合碳四中的炔烃加氢以满足丁二烯产品要求，从而取消第二萃取精馏系统(图4-5)。前加氢技术催化剂对炔烃加氢的选择性要求较高，在保证炔烃转化率高的前提下，抑制1,3-丁二烯的加氢反应，减少丁二烯的损失。碳四炔烃前加氢技术目前实现工业应用的只有法国Axens公司的炔烃加氢技术和美国UOP公司的KLP技术。碳四炔烃后加氢是指对经过第二萃取精馏的高浓度的碳四炔烃进行加氢，组成中丁二烯浓度较低，后加氢可降低丁二烯的损失，后加氢技术较为成熟(图4-6)。

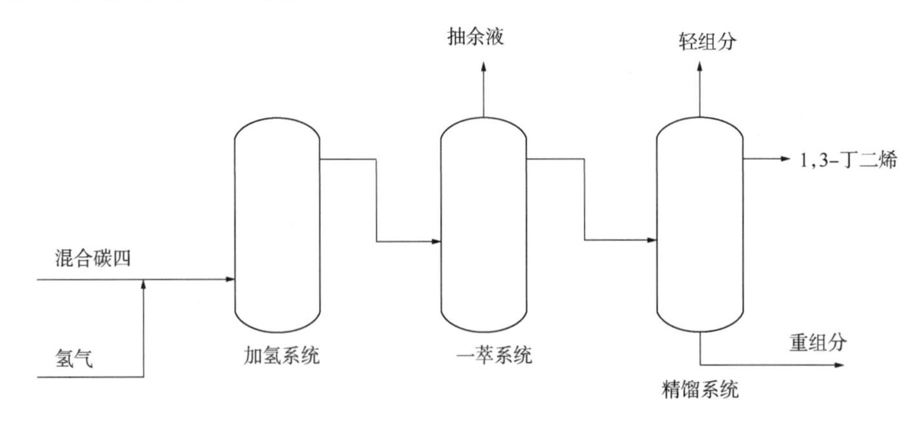

图4-5　碳四炔烃前加氢工艺流程示意图

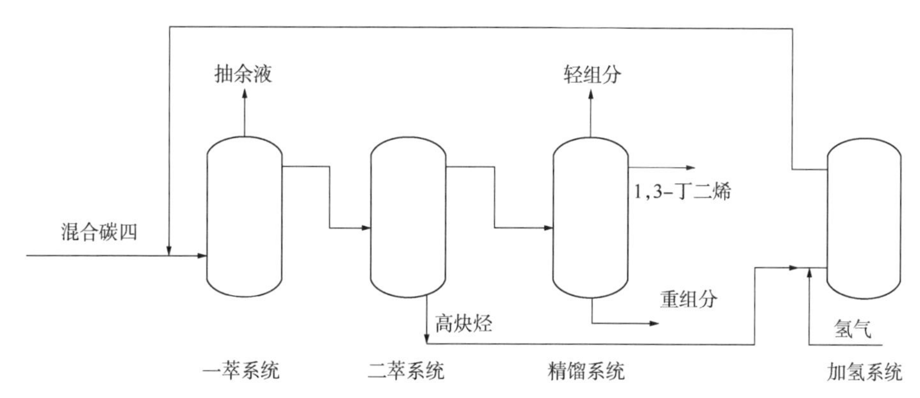

图 4-6 碳四炔烃后加氢工艺流程示意图

二、国内外催化剂技术

钯系催化剂对碳四炔烃选择加氢反应有最佳的活性和选择性，为防止钯与乙烯基乙炔络合作用导致钯流失，钯催化剂中添加银、铜、镍、金、铅等金属。

在炔烃选择加氢生产 1-丁烯领域，主要有 IFP 技术 LD-271 钯系催化剂，可将碳四馏分中的丁二烯脱除至 10μg/g 以下，1-丁烯的收率在 99.5%以上。碳四炔烃选择加氢领域，国内研究单位主要有中国石化北化院、中国石化齐鲁石化研究院、中国石油石化院等。中国石化北化院开发的碳四炔烃选择加氢回收丁烯催化剂 BC-H-40 先后在福建联合石化、镇海炼化与浙江石化应用[11]。

在炔烃选择性加氢生产丁二烯领域，国外已工业化的催化剂主要有 IFP 混合加氢技术 LD-277 催化剂、KLP 前加氢技术 KLP-60 催化剂、德国 BASF 公司的 SELOP® VA 技术 HO-12 S4 催化剂。IFP 技术采用的 LD-277 钯基双金属催化剂[12]是将钯和另一种金属共同负载在载体上，通过金属间相互作用改变钯原子的电子特征，从而减少乙烯基乙炔与钯之间的吸附，在降低钯损失的同时延长了催化剂的使用寿命[13]。KLP 技术采用铜基 KLP-60 催化剂[14]，与钯系催化剂相比，KLP-60 催化剂价格低、选择性高，但也有绿油生成较多、催化剂再生周期短等不足。KLP 技术的应用降低了能耗、设备投资及生产成本，并有较高的操作安全性。

三、中国石油催化剂技术与应用

石化院通过碱金属改性与热活化处理技术相结合制备得到了孔径分布集中的改性氧化铝载体，添加第二金属元素作为助剂提高活性组分与载体间的作用力以抑制活性组分流失，解决了催化剂稳定性不足的技术难题，成功开发出了碳四炔烃选择加氢回收丁烯或丁二烯催化剂。主要技术创新点如下。

1. 平衡催化剂活性及选择性的低表面酸性氧化铝载体制备与改性

采用不同类型的改性剂或改性剂组合，并结合分段热活化处理技术对载体进行表面改性，得到了比表面积适宜、孔径分布合理和低表面酸性的高效载体，降低了催化剂对丁烯或丁二烯的吸附能力，控制乙烯基乙炔的加氢深度，提高了催化剂选择性。

2. 抑制活性组分钯流失的双金属催化剂制备方法

乙烯基乙炔容易与活性组分钯发生络合作用，从而导致钯逐渐流失，影响催化剂运转周期，采用低温表面处理与传统浸渍技术相结合的新型催化剂制备方法进行助剂金属的负载，增强活性组分与助剂、载体间作用力，降低活性组分流失率，提高催化剂稳定性。

碳四炔烃选择加氢回收丁烯催化剂 PEC-41，以比表面积适中、孔径分布集中的氧化铝为载体，钯为活性组分并添加助剂，活性组分钯的分散度及利用率高。该催化剂具有良好的加氢活性、选择性和稳定性。在辽宁抚顺同益石化的应用表明，在入口温度为 30~60℃、反应压力大于 0.8MPa、新鲜物料空速为 0.8~1.5h^{-1}、氢/(炔+丁二烯)(物质的量比)为 1.5~2.5 的工艺条件下，加氢产品中炔烃+丁二烯含量小于 5000μL/L，烷烃增量 1.3%，单烯烃选择性达 98.2%，而且催化剂连续运转 2 年尚未再生。

碳四炔烃选择加氢回收丁二烯催化剂 PEC-42 已完成中试放大研究，具备工业试验条件。1000h 长周期考察结果表明，加氢产品中乙烯基乙炔含量小于 1.0%(质量分数)，丁二烯选择性大于 50%，加氢产品满足丁二烯抽提装置进料的要求，开发的催化剂具有加氢活性适中、加氢选择性和稳定性好的特点。

第三节　碳五馏分选择加氢催化剂

碳五馏分含有 4~6 个碳原子的烷烃、烯烃、环烷烃、环烯烃、双烯烃、炔烃、烯炔烃等 30 多种沸点相近的组分，通过选择加氢或全加氢将其转化为烯烃或烷烃，是碳五馏分利用行之有效的途径。选择加氢后的碳五馏分可用于生产高品质碳五石油树脂，也可用于轻汽油醚化工艺原料，还可作为催化裂解装置原料用于生产高附加值的乙烯、丙烯等低碳烯烃。中国石油开发的碳五选择加氢催化剂于 2008 年在大庆华科应用，之后又相继在辽阳石化、四川石化应用。

一、加氢原理及工艺

碳五馏分中含量较多的组分为异戊二烯、环戊二烯和间戊二烯，三者占碳五馏分质量的 40%~60%。这些双烯烃由于具有特殊的分子结构，化学性质活泼，可合成许多重要的高附加值产品，是化工利用的宝贵资源。碳五分离从工艺上分为粗分离和精分离，粗分离工艺是经过脱环戊二烯后利用其生产碳五石油树脂，精分离是将工业裂解碳五分离出异戊二烯、间戊二烯、双环戊二烯以及抽余碳五馏分。

裂解碳五含有多种组分的烯烃和炔烃，但反应机理比较简单，由于炔烃和二烯烃在催化剂上比单烯烃更容易吸附，因而炔烃和二烯烃加氢生成单烯烃在热力学上是有利的。在加氢过程中，由于原料烯烃尤其是二烯烃含量高，加氢操作中必须使用大量的循环稀释料，以降低原料中二烯烃的含量，减少结焦。另外，还必须使用大量的氢气循环，以减少反应器中液体相微元的尺度，降低结焦概率，同时利用氢气移除反应放热，降低反应器的温升[15]。

因为加氢反应是强放热反应，如果原料中的烯烃含量过高，不仅会导致床层飞温，改变催化剂结构中的原始晶型，使活性组分聚集、晶粒长大，降低催化剂的活性；而且会导致烯烃(尤其是二烯烃)的聚合与结焦，堵塞催化剂的孔道，降低催化剂的使用寿命。因此在裂解碳五加氢流程中采用原料稀释和循环氢气两种方式控制床层温度。此外，由于低沸点组分容易引起气液夹带，因此工艺优化的关键是在确保加氢转化率的基础上，控制床层温度与降低循环氢气的物料夹带。

二、国内外催化剂技术

由于碳五精细化利用程度不高，采用选择性加氢工艺处理裂解碳五的研究相对不多，催化剂使用量较少，工业装置应用的催化剂基本为国产。碳五选择加氢工艺与裂解汽油一段选择加氢工艺类似，催化剂为钯系或镍系。从事碳五选择加氢技术的科研机构主要有中国石油石化院、中国石化上海院、中国石化北化院和法国 Axens 公司等。

中国石油石化院拥有裂解碳五选择性加氢钯系(牌号 LY-9801F)和镍系(LY-2008)两种类型催化剂。LY-9801F 催化剂于 2008 年 5 月应用在大庆华科公司，处理的碳五原料异戊二烯含量为 30%~35%，异戊二烯加氢转化为异戊烯的加氢率超过 85%，2-甲基-2-丁烯的选择性在 85%以上[16]。

中国石化上海院开发的裂解碳五选择加氢镍基催化剂 SHP-C_5-1 应用在中原联众化工有限公司，催化剂使用前需要活化和钝化，处理的碳五原料中双烯烃质量分数为 9%~13%，加氢目的为脱除碳五中双烯烃，为二段全加氢提供原料，但一段加氢产品指标未公开[17]。

中国石化北化院戴伟等[18]公开了一种 Ni/Al_2O_3裂解碳五选择加氢催化剂，可以使双烯烃转化率大于 95%，生成单烯烃的选择性大于 90%。稳定性试验结果表明，研制的催化剂具有良好的稳定性[19]。

法国 Axens 公司开发了一种既能脱除二烯烃又能增产醚化烯烃的碳五选择加氢工艺，该工艺可将二烯烃转化为相应的单烯烃，还能将 3-甲基-1-丁烯异构化为 2-甲基-2-丁烯，从而提高甲基叔戊基醚(TAME)的产率[20-21]。

三、中国石油催化剂技术与应用

中国石油石化院碳五选择加氢催化剂研究在氧化铝微观结构及特性、活性组分电子特性及反应规律等方面取得了多项创新技术，并申请多项发明专利，综合加氢性能优异。

在催化剂加氢活性方面，中国石油石化院通过研究载体微观结构对催化剂活性金属结合方式及分散状态的影响，在氧化铝成胶过程中引入过渡金属，并精准调控成胶工艺条件，合成出了形貌规整、孔径分布集中的片状高性能氧化铝。新型氧化铝晶粒主要以片状形式存在，规整度提高，氧化铝粉体制备过程中引入助剂，载体的热稳定性提升。新技术降低了镍铝尖晶石的形成，促进了活性金属的分散，活性金属分散度提高，催化剂对双烯烃吸附能力增强，双烯烃加氢活性提高。

在催化剂加氢选择性方面，中国石油石化院依据金属原子 d 轨道空穴与催化反应的关联规律，进行催化剂设计，首次将钼、镧等给电子复合助剂同时引入催化剂体系，对活性组分化学环境进行调控，降低对单烯烃和砷等杂质的吸附能力，相应地减少副反应的发生，以达到提高加氢选择性的目的。

中国石油石化院于1963年在国内率先开始了裂解汽油一段钯系催化剂的研究，在此基础上开发的LY-9801F催化剂具有加氢活性高、选择性优异、长周期运转稳定性好的优点，该催化剂于2008年5月在大庆华科裂解碳五选择加氢工业应用，并中标浙江德荣1.5×10^4t/a异戊二烯选择加氢项目。中国石油石化院于2000年开始镍系选择加氢催化剂的研发，通过载体与助剂的筛选及制备工艺改进，开发的LY-2008催化剂加氢活性、加氢选择性和抗杂质性能优异，适用于中低馏分油双烯烃选择加氢，该催化剂已在辽阳石化、四川石化的包含碳五馏分的裂解汽油即C_5—C_9馏分双烯烃选择加氢项目工业应用，也再次中标浙江德荣20×10^4t/a碳五加氢装置，用于生产精碳五、环戊烷和发泡剂等。由于国内碳五深加工程度还有待提升，各研发单位在碳五选择加氢领域的工业应用业绩均不多。

第四节　碳四、碳五馏分深度加氢催化剂

我国碳四、碳五资源的利用目前还不够成熟，产品附加值偏低。碳四、碳五馏分均为低碳链烷烃和低碳链烯烃，经深度加氢后可作为乙烯裂解原料，其中碳五馏分中正戊烷和异戊烷是发泡聚苯乙烯的新型发泡剂，环戊烷可代替氟里昂生产硬质聚氨酯发泡塑料。

在碳四、碳五馏分深度加氢催化剂领域，中国石油拥有LY-2005、LY-2008、LY-9801F、LY-9702等多个牌号、功能差异化的系列催化剂，已在7套装置成功应用，可根据用户原料情况、加氢产物要求灵活设计加氢工艺流程及催化剂装填方案。

一、加氢原理及工艺

碳四、碳五馏分全加氢的原理简单，催化剂通过对不饱和烃和氢气的吸附、解离，并将不饱和键饱和，要求催化剂具有较高的加氢活性和稳定性[22-24]。

裂解碳四、碳五馏分深度加氢的工艺主要分为一段加氢或两段加氢，两段加氢一般采用传统的裂解汽油加氢工艺，在一段加氢反应器中，物料中的二烯烃和炔烃在Pd/γ-Al_2O_3或Ni/Al_2O_3催化剂作用下转化为单烯烃，二段加氢使用Co-Mo/Al_2O_3催化剂，使单烯烃饱和。裂解碳五馏分两段加氢时，在加氢前先将环戊二烯分离脱除，可减少结焦，还能得到双环戊二烯粗产品。

二、国内外催化剂技术

我国对碳四、碳五馏分的综合利用起步较晚，国外相关催化剂主要包括：法国Axens公司开发的用于碳四馏分饱和加氢、碳五馏分饱和加氢的LD系列催化剂；德国BASF公司开发的用于碳四馏分饱和加氢的Ni-5256E催化剂。国内拥有碳四、碳五馏分深度加氢技术的科研机构主要有中国石油石化院、中国石化上海院、中国石化北化院。

中国石油石化院开发的LY-2005催化剂2006年10月在兰州石化助剂厂2×10^4t/a顺酐装置上进行工业应用。结果表明，该催化剂工艺条件缓和、工艺参数平稳、加氢效果良好，加氢产品烯烃含量小于1%(质量分数)；LY-2005催化剂在上海石化抽余碳五加氢装置的应用结果表明，该催化剂可将单烯烃含量50%~60%的醚后碳五加氢后，产品中烯烃含量小

于0.1%，满足乙烯裂解料要求，首次运转周期36个月[25]。中国石油石化院开发的LY-9702E催化剂应用于河南濮阳恒润筑邦石油化工有限公司14×10^{4}t/a LPG装置。在入口温度为175℃、压力为2.1MPa、进料量为35m^3/h、原料烯烃含量为10%~12%(质量分数)条件下，加氢产品烯烃含量低于1%(质量分数)[16]。

中国石化上海院开发的SHP-C_5-Ⅰ与SHP-C_5-Ⅱ催化剂配套在中原联众化工有限公司裂解碳五两段加氢装置投入工业应用，当生产负荷提高到原负荷的130%时，产品烯烃含量小于1.0%，远小于控制指标(3.0%)。SHP-C_4催化剂于2019年成功应用于金陵石化60×10^{4}t/a异丁烷全加氢装置，催化剂对原料的适应性强，运行稳定。

中国石化北化院开发的YN系列催化剂先后在茂名石化4×10^{4}t/a碳四加氢装置、中韩(武汉)石化3.2×10^{4}t/a抽余碳五加氢装置、吉林石化4.6×10^{4}t/a富炔碳四加氢装置上应用。

三、中国石油催化剂技术与应用

中国石油碳四、碳五深度加氢系列催化剂包括加氢活性适中、选择性优异的LY-9801F催化剂，烯烃饱和加氢活性优异的LY-2005催化剂以及抗硫性能优异的LY-9702催化剂，系列催化剂的主要技术创新点如下。

1. 高性能复合氧化铝材料制备技术

在载体制备过程中采用大孔径矿物提供原始孔的技术，能够为活性组分的负载和分散提供负载活性位，使制备的催化剂具有活性组分含量高、比表面积大、孔结构分布合理的特点，催化剂加氢活性高，稳定性优异。

2. 预置的硫杂质捕捉技术

将亲硫性能更好的电子助剂引入催化剂体系，降低硫化物与活性中心原子镍或钯的结合，提高催化剂的抗硫性能，能适应加氢原料中硫杂质的波动，在提高催化剂加氢稳定性的同时不影响加氢活性。

3. 活性组分分散性调控技术

通过有机助剂与无机助剂组合提高活性组分的分散性及利用率，催化剂活性位点多，能够在较低负载量下具有更高的加氢活性。

中国石油碳四、碳五深度加氢技术拥有自主知识产权，催化剂整体技术处于国际先进水平。中国石油拥有LY-2005、LY-2008、LY-9801F、LY-9702等系列催化剂，可根据用户原料情况、加氢产物要求灵活设计加氢工艺流程及催化剂装填方案，在国内市场份额逐年提升，应用业绩见表4-1。

表4-1 中国石油碳四、碳五深度加氢技术应用业绩

序号	应用单位	装置规模	催化剂	应用起止时间
1	中国石油兰州石化	10×10^{4}t/a碳四全加氢	LY-2005	2006年10月至今
2	中国石化上海石化	5×10^{4}t/a碳五全加氢	LY-2005	2011年6月至今
3	中国石化上海石化	7000t/a戊烷全加氢	LY-9702	2005年7月至今
4	河南濮阳恒润筑邦石油化工有限公司	14×10^{4}t/a LPG全加氢	LY-9702	2013年3月至今

续表

序号	应用单位	装置规模	催化剂	应用起止时间
5	独山子天利实业有限公司	7×10^4t/a 碳五全加氢	LY-9702	2014 年 9 月至今
6	中国石油大连石化	20×10^4t/a 重整抽余油加氢	LY-9702	2014 年 11 月至今
7	浙江德荣	17×10^4t/a 混合碳五加氢	LY-2008+LY-9702	2021 年开车

第五节　裂解汽油加氢催化剂

裂解汽油包括从碳五至碳九的馏分，芳烃含量一般达到 70%(质量分数)以上，以及部分共轭二烯烃和含硫化合物。二烯烃和硫的存在会导致裂解汽油的后续加工性能变差，需要通过加氢方法脱除二烯烃和硫。中国石油开发的裂解汽油一、二段加氢催化剂国内市场占有率分别超过 50%与 70%，实现国内乙烯用户的全覆盖，其中二段加氢催化剂在 2019 年还出口到俄罗斯。

一、加氢原理及工艺

在工业上裂解汽油一般采用两段加氢工艺：一段采用液相加氢饱和双烯烃及部分单烯烃；二段采用高温气相加氢精制脱除单烯烃、硫、氮和氧等。裂解汽油一段加氢催化剂有两种，其主活性组分分别为钯和镍，故称为钯系和镍系催化剂。镍系催化剂具有抗杂质能力强、不易受砷等毒物影响的特点，越来越多地得到应用。其中，一段加氢采用 Pd/Al_2O_3 催化剂[26-29]或 Ni/Al_2O_3[30-39]催化剂，主要脱除双烯烃及部分单烯烃，二段加氢采用钴、钼、镍等非贵金属催化剂，脱除剩余的烯烃及硫、氮等杂质[40-43]。裂解汽油加氢过程中主要发生如下化学反应。

1. 裂解汽油一段加氢反应

裂解汽油一段加氢的主要目的是将高度不饱和链状共轭烯烃、环状共轭烯烃及苯乙烯等在氢气气氛下进行选择加氢反应，生成对应的单烯烃，副反应有单烯加氢饱和、双烯烃聚合结焦，除此之外，还有苯加氢副反应，因此要求催化剂具有良好的加氢活性和稳定性[44-46]。

主反应：

$$R—CH=CH—CH=CH—R' + H_2 \longrightarrow R—C_2H_5—CH=CH—R'$$

$$\text{苯乙烯} + H_2 \longrightarrow \text{乙苯}$$

$$\text{环戊二烯} + H_2 \longrightarrow \text{环戊烯}$$

副反应：

$$R—CH{=}CH—R' + H_2 \longrightarrow R—CH_2—CH_2—R'$$

$$C_6H_6\ (\text{苯}) + 3H_2 \longrightarrow C_6H_{12}\ (\text{环己烷})$$

一段加氢一般在较为缓和的条件下，将原料中90%的双烯烃和苯乙烯加氢为单烯烃和乙苯，同时约有10%的单烯烃也加氢为饱和烃。一段钯系或镍系催化剂由于其固有特点，针对不同的原料性质有其特定的应用范围。Pd/Al_2O_3催化剂抗硫中毒性能较强，加氢选择性及再生性能好，对于原料性质较好的装置为首选催化剂；Ni/Al_2O_3催化剂抗砷、耐胶质及抗水等杂质方面具有一定优势，因此在杂质含量较高的情况下，Ni/Al_2O_3催化剂具有更长的运转周期和稳定性。

2. 裂解汽油二段加氢反应

加氢原料中烯烃、噻吩含量较高，同时有少量双烯烃。催化剂既要具有较强的烯烃饱和、噻吩脱硫性能，还要防止苯加氢损失，减缓催化剂结焦失活。因此，催化剂既要具有适宜的加氢、脱硫性能，又要有良好的选择性。

主反应：

$$R—CH{=}CH—R' + H_2 \longrightarrow R—CH—CH—R'$$

$$R—S—R' + 2H_2 \longrightarrow RH—R'H + H_2S\uparrow$$

$$R\text{—}C_4H_3S\ (\text{噻吩环}) + 4H_2 \longrightarrow CH_3—CH—CH_2—CH_3 + H_2S\uparrow$$

副反应：

$$C_6H_6\ (\text{苯}) + 3H_2 \longrightarrow C_6H_{12}\ (\text{环己烷})$$

加氢脱硫催化剂的活性组分主要是活性金属组分，所采用的活性金属组分为Mo、W、Co、Ni四种非贵金属，选择其中的几种按不同比例进行组合。关于加氢催化剂的活性中心到目前为止还没有定论，描述加氢催化剂活性相的理论模型主要有单层结构模型、嵌入模型、接触协同模型、Co-Mo-S(或Ni-Mo-S)相模型和辐缘—棱边模型等，应用最广的为Co-Mo-S相模型。该理论认为Co-Mo-S相是HDS反应的活性相，基本结构单元是具有六方层状结构的MoS_2晶片，Co分布在层状MoS_2的边缘，并沿棱边分布。Co-Mo-S活性相分为单层(又称Ⅰ型)和多层(又称Ⅱ型)。Ⅰ型活性相的特点是MoS_2团块高度分散，一般形成分立的单片结构。Co-Mo-S活性相与载体间存在较强的相互作用，有利于活性相的稳定，但Mo和Co的S配位数较低，从而使单位活性中心本质活性不高。Ⅱ型Co-Mo-S与载体的相互作用较弱，因此更易完全硫化，呈堆积MoS_2结构，为高硫配位的Co-Mo-S活性相。Ⅱ型Co-Mo-S活性相每个活性中心的本征活性高。

二、国内外催化剂技术

1. 裂解汽油一段钯系加氢催化剂

国内外从事裂解汽油一段钯系加氢催化剂的研发单位主要有德国 BASF 公司、美国 Engelhard(恩格哈德)公司、科莱恩公司、法国 Axens 公司、中国石油石化院、中国石化上海院、中国石化齐鲁研究院等。

中国石油石化院 1963 年起在国内率先开始了裂解汽油一段钯系催化剂的研究，先后开发出了 LY-7051、LY-7701、LY-7901、LY-8601、LY-9801、LY-9801D 等多个牌号的系列加氢催化剂，并在国内 20 余套装置上成功工业应用。

中国石化上海院自 2001 年起开始裂解汽油一段钯系催化剂研发，相继开发出了 SHP-01、SHP-01F 和 SHP-01S 系列催化剂[47-48]。

中国石化齐鲁研究院 2000 年后开始裂解汽油一段钯系催化剂研发，2004 年研发出 QSH-02 催化剂。

国外催化剂性能较好的催化剂为法国 Axens 公司 LD-265/LD-365/LD-465 系列催化剂，该催化剂处于国际先进水平。

我国钯系催化剂的技术已达到国际先进水平，加上价格比进口剂便宜，因此国内除了几家合资企业乙烯装置由于引进工艺包带进的进口钯系催化剂之外，其他企业钯系催化剂采用国产催化剂。主要供应商为中国石油石化院和中国石化上海院，这两家公司占有绝大部分市场份额。

2. 裂解汽油一段镍系加氢催化剂

国内外从事裂解汽油一段镍系加氢催化剂的研发单位主要有法国 Axens 公司、壳牌公司、英国庄信万丰公司、中国石油石化院、山西煤炭化学研究所、中国石化上海院、中国石化石科院等。国外工业化性能较好的催化剂为英国庄信万丰公司开发的 HTC-200/HTC-400 系列催化剂及壳牌公司研发的 KL6660-TL 系列催化剂。中国石油石化院于 2003 年开始进行裂解汽油一段镍系催化剂的研发，经过 5 年多的技术攻关，于 2008 年成功开发出性能优异的 LY-2008 催化剂，并在独山子石化实现首次工业应用，2020 年该催化剂实现了在中国石油内部的全覆盖，催化剂工业使用性能达到国际先进水平(中国石油天然气集团有限公司鉴定，鉴定证书号：中油科鉴字〔2019〕第 38 号)。

英国庄信万丰公司开发的裂解汽油二烯烃选择加氢催化剂主要有 HTC-200 和 HTC-400 两个系列，其中 HTC-400 催化剂加氢活性高于 HTC-200，但加氢选择性能稍低。该系列催化剂在我国具有较大的市场应用份额，催化剂加氢性能良好。

壳牌公司研发了 KL6656-TL、KL6660-TL 系列镍系二烯烃选择加氢催化剂，最新的 KL6660-TL 催化剂自 2004 年以来已相继在新加坡、匈牙利以及我国的独山子石化、惠州乙烯、抚顺石化等大型乙烯配套汽油一段加氢装置上广泛应用。

中国石油石化院 2008 年成功研制出牌号 LY-2008 的裂解汽油一段镍系催化剂，已在恒力石化、大庆石化、辽阳石化、四川石化及抚顺石化实现推广应用，催化剂性能达到了进口剂 HTC-400 催化剂水平。

山西煤炭化学研究所 20 世纪 70 年代开始裂解汽油一段加氢镍系催化剂开发，1978 年研制出第一代镍系催化剂，之后又经过不断改进，开发出改进型 MH-3 催化剂，其开发的镍系催化剂已在辽阳石化持续工业应用近 30 年。

中国石化上海院 2009 年研发出镍系选择加氢 SHN-01/F 催化剂，2009 年 12 月在广州石化全馏分裂解汽油加氢装置上首次实现工业应用，2011 年 12 月又在茂名石化中间馏分裂解汽油加氢装置上实现工业应用，催化剂性能达到了进口剂 HTC-200 催化剂水平。

当前国内在用的镍催化剂主要为进口剂 HTC-200/HTC-400、KL6660-TL、LD341 及国产剂 LY-2008、SHN-01/F 和 MH-3，其中 HTC-200/HTC-400 系列进口催化剂在国内所占市场份额较大。LY-2008 实现了在中国石油内部的全覆盖。

3. 裂解汽油二段加氢催化剂

国内外从事裂解汽油二段加氢催化剂的研发单位主要有法国 Axens 公司、壳牌公司、德国 BASF 公司、科莱恩公司、美国环球油品公司(UOP)、中国石油石化院、齐鲁石化研究院、中国石化上海院、中国石化北化院、北京三聚环保新材料有限公司等。

法国 Axens 公司先后开发出 LD-145/HR-306、LD-145/HR-406、LD145S/HR506S、LD145/HR606 复合床催化剂。开发的系列催化剂在国外市场占有率较高，除本国应用外，已在巴西、德国、日本、荷兰、俄罗斯、泰国、新加坡、西班牙和美国等 20 多个国家实现推广应用。

壳牌公司旗下 CRI 催化剂公司是世界第一大加氢催化剂生产商，CRI 为二段加氢反应提供全套的催化剂和不同等级的催化剂产品，包括 Co-Mo-Ni、Ni-Mo 和 Co-Mo 催化剂，并专门研究惰性和活性级配，其裂解汽油加氢催化剂产品线全，市场推广力度大，全球裂解汽油催化剂市场占有率达 20%。其开发的裂解汽油二段加氢催化剂 KL8231/KL8407 在国内独山子石化应用，催化剂加氢效果良好。

德国 BASF 公司的 M8-12 催化剂和德国南方化学公司的 OPJH-2/OPJH-3 催化剂已基本退出我国市场。美国环球油品公司(UOP)开发的裂解汽油二段加氢催化剂 S-12 催化剂加氢活性偏低。

齐鲁石化研究院 1997 年研制出 Co-Mo 系 QLH-02 催化剂，1999 年在齐鲁石化烯烃厂实现首次应用。中国石化上海院 2001 年开始裂解汽油二段加氢催化剂研发，先后开发出 SHP-02、SHP-02F 催化剂，并于 2005 年 4 月在中原石化实现首次工业应用。中国石化北化院 20 世纪 80 年代末开始进行裂解汽油二段加氢催化剂研究，1991 年研发出第一代催化剂 Co-Mo-Ni 钛系 BY-2 催化剂，1994 年实现首次工业应用。近年来研制出新一代改进型钛系 BY-5 催化剂，其烯烃饱和活性和加氢脱硫活性均优于 BY-2 催化剂。北京三聚环保新材料有限公司近年来开发出 FH-40A/FH-40B 和 FH-40C 新一代轻质馏分油加氢精制催化剂，其中 FH-40B 在辽阳石化裂解汽油二段加氢装置应用。

中国石油石化院自 1963 年开始研发，先后开发出了 LY-8602、LY-9702、LY-9802 等多个牌号的加氢催化剂，主打牌号 LY-9802 在国内 20 余套装置上实现应用，成功取代了进口催化剂，国内市场占有率达 70%以上。

三、中国石油催化剂技术与应用

中国石油石化院研发的裂解汽油一段、二段催化剂均采用改性氧化铝为载体，由活性金属的盐溶液浸渍氧化铝载体，经干燥、350~550℃焙烧制备而成。为了提高一段催化剂的选择性及对毒物硫、砷的耐受性，一般通过在催化剂制备过程中添加碱金属、碱土金属、稀土元素及银、钼、铜、锌等给电子助剂改性的方法来实现。在裂解汽油二段催化剂的工业应用中，催化剂多数情况下是由于结焦导致的床层压差升高而被迫停工。为提高二段催化剂的抗结焦性能，在催化剂的制备过程中，通过采用碱性络合物负载活性组分的方法，解决了催化剂酸中心易引发聚合反应造成催化剂结焦的问题，同时该方法还提高了活性组分的分散度，降低了苯加氢损失。

一段钯系 LY-9801D 催化剂在工业使用前，还需在反应器内采用干法或湿法进行氢气还原，将氧化态钯转化为金属钯才具有加氢活性。干法还原一般在微正压、100~120℃、临氢条件下进行，湿法还原一般采用芳烃抽余油为安全液，在室温、正常反应压力、临氢条件下进行。催化剂运行一定周期后，因结焦失活的催化剂可在反应器内采用蒸汽—空气烧焦法进行再生，再生温度一般为 430~450℃。

LY-9801D 催化剂具有堆密度小、强度高、低温加氢活性好、加氢选择性高、高空速运转能力及耐毒物能力强、对油品的适应能力强等特点。其主要物性指标见表 4-2。

表 4-2　LY-9801D 催化剂物性指标

项　　目	技术要求	项　　目	技术要求
外观	浅褐色三叶草条形	堆密度，g/mL	0.55~0.70
钯(Pd)质量分数,%	0.28~0.35	径向抗压碎力，N/cm	≥70
外径，mm	2.5~3.5	比表面积，m^2/g	70~110
长度，mm	2.0~15.0		

一段镍系 LY-2008 催化剂有反应器外预还原态和反应器外预还原—硫化态两种形态，根据用户不同加氢工况，可进行适宜的选择。以上两种形态催化剂在工业使用前，均需在反应器内临氢条件下进行还原去除表面的氧化膜，使氧化镍转化为金属镍才具有加氢活性。还原压力一般为微正压，还原温度为 150~160℃，氢气与催化剂体积比为(200~300)：1。催化剂运行一定周期后，因结焦失活的催化剂可在反应器内采用热氢汽提法或空气烧焦法进行再生，热氢汽提温度一般为 300~350℃，空气烧焦温度为 400~450℃。

LY-2008 催化剂具有加氢活性高，选择性好，抗砷、胶质能力强等特点。主要物性指标见表 4-3。

表 4-3　LY-2008 催化剂物性指标

项目	指标	项目	指标
外观	黑色三叶草条形	比表面积，m^2/g	110±15
尺寸，mm×mm	(ϕ2.5~2.8)×(3~8)	侧压强度，N/cm	≥40
堆密度，g/mL	0.75±0.05	Ni,%(质量分数)	≥12

在裂解汽油二段催化剂方面，中国石油石化院首推市场的催化剂主要为 LY-9702、LY-9802 和 LY-2010BH 三种催化剂。其中：LY-9702 催化剂为副催化剂，主要用以烯烃饱

和加氢；LY-9802为主催化剂，主要用以脱硫、脱氮；LY-2010BH催化剂为加氢保护剂，主要用于滤杂及脱除烯烃。根据厂家不同加氢工况，上述催化剂可进行灵活的级配。LY-9702/LY-9802/LY-2010BH催化剂有氧化态和反应器外硫化态两种不同形态，根据厂家不同工况可进行适宜的选择。催化剂活性金属从氧化态变为硫化态，有利于提高催化剂的活性和稳定性，反应器内硫化有干法硫化和湿法硫化，硫化剂一般为二甲基二硫，硫化温度为260~320℃。催化剂运行一定周期后，因结焦失活的催化剂可在反应器内采用蒸汽—空气烧焦法进行再生，再生温度一般为450~480℃。

LY-9802催化剂对高硫、低硫原料都具有较好的适应性，具有芳烃加氢损失低、氢耗低、抗结焦性能突出等特点，使用寿命可达3~7年。催化剂主要物性指标见表4-4，具体应用业绩见表4-5。

表4-4 LY-9802催化剂物性指标

项　目	技术要求	项　目	技术要求
外观	蓝灰色三叶草条形	尺寸，mm×mm	(φ1.0~1.3)×(3~10)
氧化钼,%(质量分数)	14.0~18.0	堆密度，g/mL	0.65~0.75
氧化钴,%(质量分数)	2.6~3.4	径向抗压碎力，N/cm	≥70
氧化镍,%(质量分数)	1.3~1.9	比表面积，m^2/g	210~280

表4-5 裂解汽油一、二段催化剂应用业绩

序号	应用单位	装置规模	应用起止时间
1	辽宁宝来(首装)	$100×10^4$t/a乙烯	2020年至今
2	大连恒力石化(首装)	$150×10^4$t/a乙烯	2020年至今
3	中海壳牌(首装)	$120×10^4$t/a乙烯	2018年至今
4	神华宁煤(首装)	$100×10^4$t/a煤基裂解汽油加氢	2017年至今
5	四川石化(首装)	$80×10^4$t/a乙烯	2014年至今
6	抚顺石化(首装)	$80×10^4$t/a乙烯	2012年至今
7	沈阳蜡化(首装)	$8×10^4$t/a催化裂解石脑油加氢	2012年至今
8	北方华锦(首装)	$46×10^4$t/a乙烯	2010年至今
9	福建联合石化(首装)	$80×10^4$t/a乙烯	2009年至今
10	茂名石化(首装)	$64×10^4$t/a乙烯	2006年至今
11	兰州石化(首装)	$70×10^4$t/a乙烯	2006年至今
12	俄罗斯西布尔	$15×10^4$t/a裂解汽油	2019年至今
13	扬子巴斯夫	$74×10^4$t/a乙烯	2015年至今
14	辽阳石化	$20×10^4$t/a乙烯	2010年至今
15	吉林石化	$30×10^4$t/a乙烯	2008年至今
16	吉林石化	$70×10^4$t/a乙烯	2008年至今
17	广州石化	$20×10^4$t/a乙烯	2004年至今

续表

序号	应用单位	装置规模	应用起止时间
18	盘锦乙烯	14×10^4t/a 乙烯	1998 年至今
19	扬子石化	70×10^4t/a 乙烯	1991 年至今
20	上海石化	70×10^4t/a 乙烯	1989 年至今

裂解汽油一、二段加氢催化剂技术主要创新点如下。

1. 一段钯系催化剂

利用“静电微扰抑制催化副反应和催化剂中毒”的创新技术平台，达到在高活性前提下提高催化剂稳定性的目的。

催化剂引发烯烃加氢反应或吸附杂质中毒是由于催化剂活性组分(过渡金属元素)原子核对外层电子的吸引力较弱，原子外层 d 轨道电子层未充满，使其电子云有相当宽的延展性，并具有软酸性，能吸引反应物分子中不饱和官能团及杂质原子的电子，发生电子云部分重叠，从而引发反应，或杂质吸附在催化剂上而使其中毒(图 4-7)。

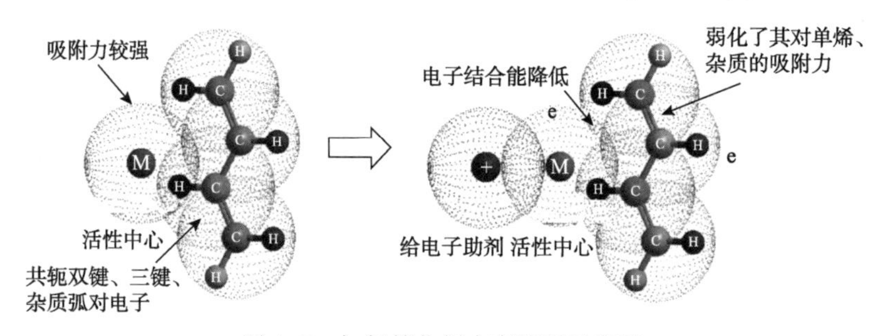

图 4-7 加氢催化剂中毒原理示意图

根据活性组分原子和反应物分子的电子分布特性，选择原子半径较大、外层 d 轨道电子较多的元素，对活性组分原子的外层电子实施静电微扰，突破了活性组分的固有电子结构限制，降低了其原子的电子结合能，从而弱化了活性中心对单烯烃、杂质的吸附力。在低温选择性加氢反应中，有利于防止单烯烃加氢，并避免杂质吸附引起的催化剂中毒；而静电微扰对具有较高电子云密度的 π 键、叁键官能团的吸附力影响较小，由此提高了催化剂对双烯烃的加氢选择性。

2. 一段镍系催化剂

高分散态的活性金属组分制备技术，催化剂在反应过程中，活性金属原子极易发生迁移而聚结，导致催化剂活性下降。因此，通过增强载体对负载金属的附着点密度和附着能力，提高催化剂稳定性。

LY-2008 催化剂在制备过程中采用氧化铝载体助剂嫁接技术，将一定结构的拟薄水铝石在特定温度、强力碾压搅拌下喷入嫁接助剂，培植出新性能的载体活性位，同时使载体粒子趋向微粒化、均匀化分布状态，提高了载体活性位密度和活性位电子亲和性能，有利于提高活性组分在载体上的分散性和附着能力。

3. 二段催化剂

采用碱金属络合物或碱性络合物浸渍液负载技术，替代传统的酸性金属浸渍液负载方法，解决了催化剂引发聚合反应、易结焦的技术难题。

在二段加氢反应过程中，由于原料中不可避免地会残留一定含量的双烯烃、苯乙烯等不饱和组分，易发生聚合反应而生成胶质，在催化剂表面结焦、堵塞孔道，导致催化剂失活、催化剂床层压差升高。针对此问题，发明了碱金属络合物或碱性络合物活性组分负载新技术，大幅降低了催化剂上引发结焦的强酸中心，尤其是消除了 B 酸中心，解决了易引发聚合反应、易结焦的技术难题，且提高了加氢组分的分散度。

中国石油裂解汽油加氢催化剂性能达到国际领先水平(中国石油天然气集团有限公司鉴定，鉴定证书号：中油科鉴字〔2020〕第 45 号)，应用效果显著。2019 年，裂解汽油一、二段加氢催化剂国内市场占有率分别达到 40%和 70%以上，催化剂工业应用具有芳烃加氢损失率低、氢耗低、抗杂质性能强、运转周期长等特点。

第六节 碳九加氢催化剂

对于液相石油烃蒸汽裂解制乙烯，裂解碳九约占乙烯产能的 10%。裂解碳九以上组分复杂[49]，有 150 多种组分，主要是烷烃、碳五组分及少数可聚合芳烯烃、稠环烯烃等。由于裂解碳九中含有大量的芳烃和烯基芳烃，具有很好的溶解能力和较高的辛烷值，采用脱胶质技术预处理后的碳九馏分再经加氢精制后可作为高品质芳烃溶剂油、高辛烷值汽油调和组分或增产 BTX 芳烃等，可提高其产品附加值。

一、加氢原理及工艺

根据加氢目的不同，裂解碳九加氢主要采用两种不同绝热固定床加氢工艺[50-52]：一种是两段加氢工艺；另一种是一段深度加氢工艺。在两段加氢工艺中，其中一段加氢大多采用镍系催化剂，在低温条件下，通过选择性加氢脱除双烯烃、双环戊二烯及其同系物、苯乙烯、茚及其衍生物等；二段加氢多采用 Co-Mo、Ni-Mo、Ni-Co-Mo 等金属硫化物催化剂，在高温条件下，加氢脱除剩余的烯烃、硫、氮、氧、氯等杂质。

二、国内外催化剂技术

国内从事裂解碳九馏分加氢催化剂的研发单位主要有中国石化上海院、中国科学院山西煤炭化学研究所、中国石化北化院、武汉科林化工集团有限公司、中国石油石化院等。

中国石化上海院开发出两段床加氢工艺，一段采用 Ni/Al_2O_3催化剂，二段采用 Ni-Mo 催化剂。山西煤化所开发出了一套裂解碳九两段加氢催化剂及工艺技术，一段采用镍系催化剂 MH-1，二段采用 Co-Mo 催化剂 MH-DS。与独山子天利实业总公司合作开发的国内首套裂解燃料油轻组分生产芳烃溶剂油技术，于 2008 年 11 月一次投料开工成功。该技术的特点是反应条件温和，产品质量好。中国石化北化院开发了碳九两段加氢 YN-1 和 BY-5 催化剂，在独山子天利高新技术股份有限公司碳九加氢装置上在高空速和低反应温度下运转稳定。

中国石油石化院于 2000 年开始针对裂解碳九馏分加氢的工艺及催化剂进行研究，2010 年开发出适于裂解碳九馏分的一段和两段加氢工艺及催化剂。其中，一段深度加氢工艺采用高镍与低镍催化剂混装技术，主要针对碳九加氢催化剂入口温度高、产品双烯值高、催化剂稳定性差的缺点而设计。

三、中国石油催化剂技术与应用

1. 一段高镍催化剂活性组分分散度控制技术

石化院研发的裂解碳九馏分一段加氢镍系催化剂，以 Al_2O_3/SiO_2 为复合载体，采用共沉淀法制备而成，活性金属镍含量大于 35%。催化剂制备过程中，通过添加锆、镧等助剂，与活性组分镍之间协同作用，提高镍的分散度，使镍不富集、不流失，以提高催化剂的烯烃加氢活性。

2. 高活性、高稳定性二段催化剂制备技术

裂解碳九馏分二段催化剂采用改性氧化铝为载体，由活性金属钴、钼、镍的盐溶液浸渍氧化铝载体，经干燥、焙烧制备而成。在催化剂制备过程中，通过在氧化铝成胶过程中引入无定形硅铝的改性方式，制备出既具有无定形硅铝的高酸度、高比表面积特性，又具有拟薄水铝石优点的改性复合氧化铝载体，提高了催化剂的低温脱烯烃、脱硫加氢活性。

石化院自 2000 年起开始进行裂解碳九馏分的加氢利用研究，2010 年开发出裂解碳九馏分一、二段加氢催化剂及应用技术。2015 年 6 月，一段高镍加氢 LY-C_9-A2 催化剂在独山子天利实业总公司 13×10^4t/a 碳九预加氢装置实现应用。

独山子天利实业总公司碳九加氢装置处理能力为 13×10^4t/a，装置采用“预加氢——一段床加氢—二段床加氢”三段床串联方式进行加氢(即一段二次加氢)(图 4-8)，加氢产品用于生产汽油调和组分。其中，预加氢反应器出口控制溴价不大于 50g Br/100g，一段加氢产品控制溴价不大于 30g Br/100g，二段加氢产品控制溴价不大于 5g Br/100g、硫含量不大于 10μL/L。

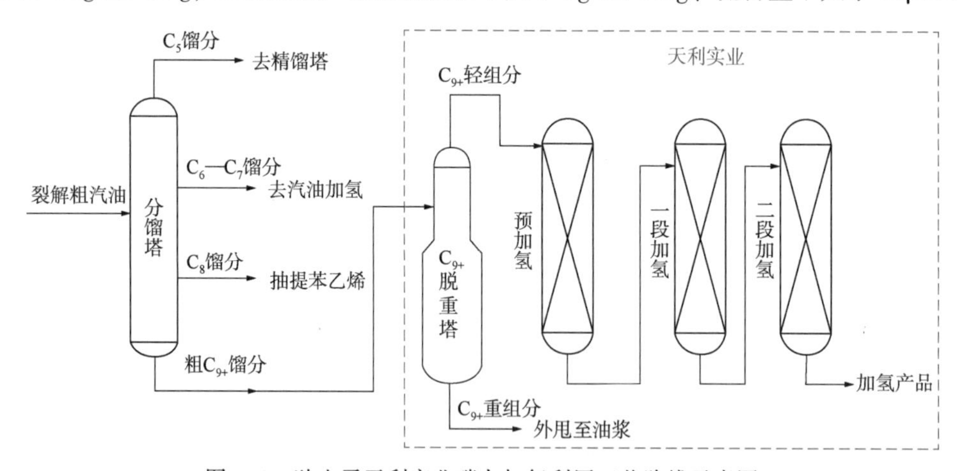

图 4-8 独山子天利实业碳九加氢利用工艺路线示意图

整个工业应用期间，在原料溴价为 130~150g Br/100g、胶质为 130~150mg/100mL、硫含量为 300~400μL/L、水含量为 140~160μL/L，反应器入口温度为 50~90℃、进料量为 14~15t/h、反应压力为 2.6~2.8MPa 工艺条件下，产品溴价小于 50g Br/100g(控制指标小于 50g Br/100g)，满足装置运行要求，催化剂首次运行周期 1 年。工业运行结果显示，LY-C_9-A2催化剂低温加氢活性好，烯烃加氢深度高，抗结焦性能优异。

第七节　其他催化剂研发进展

在乙烯裂解馏分加氢领域，石化院还开展了甲烷化、碳三加氢、碳八馏分等加氢催化剂的开发，3 项催化剂技术已相继完成小试、中试研究，具备工业应用条件。甲烷化催化剂用于脱除原料中 CO，得到合格的氢气产品，供给下游使用。碳三加氢催化剂用于选择性加氢脱除碳三馏分中丙炔、丙二烯杂质，将其转化为单烯烃，以满足聚合级丙烯产品指标。碳八加氢催化剂用于选择性加氢脱除碳八馏分中的苯乙炔，将其转化为苯乙烯加以利用。

一、甲烷化催化剂

1. 加氢原理及工艺

在蒸汽裂解装置中产生的氢气是乙烯分离过程中各不饱和烃加氢的必要原料[53-54]，但是裂解气分离出的氢气含有一定量的 CO，对加氢催化剂的活性有抑制作用，需要将其脱除至 1μL/L 以下。

乙烯工业装置上使用的催化剂一般为高温甲烷化催化剂，其反应温度为 280～350℃，而低温甲烷化的催化剂的反应温度一般为 150～200℃。当原料气进入甲烷化反应器前，需要使用高压蒸汽对进料进行加热使其能够满足反应所需要的温度。对比高温甲烷化催化剂，使用低温甲烷化催化剂可以避免使用高压蒸汽，提高操作的安全系数，降低对设备的要求，不易引发高温联锁[55-57]。

2. 国内外催化剂技术

国内乙烯装置在 2008 年之前大多采用高温甲烷化催化剂，该催化剂为负载型镍基催化剂，反应温度为 280～350℃。国内最早使用低温甲烷化催化剂的装置是茂名乙烯。中国石化北化院开发的 BC-H-10 低温甲烷化催化剂具有低温、高空速、高活性的优点，通常在不改变原有高温甲烷化反应器的条件下，即可实现由高温向低温甲烷化工艺的转变，已经应用于广州石化、上海石化、浙江石化等乙烯装置。壳牌公司研发的 KL6529-T5 低温甲烷化催化剂，拥有启动温度低、运行稳定、运转周期长的特点，已在大庆石化、兰州石化、上海赛科等企业工业应用[58-59]。

3. 中国石油催化剂研究进展

自 2017 年开始，中国石油在甲烷化催化剂研发领域，依托集团公司“大型乙烯基地设计技术升级与优化增效技术开发应用”科技专项开展小试研究。从研究进展分析，小试催化剂能够在原料中 CO 含量为 4000～6000μL/L 的情况下，在进料空速为 5000～10000h^{-1}、入口温度为 160℃的工况下，产品中 CO 含量低于 1μL/L，满足工业装置的运行要求。

二、碳三加氢催化剂

石油烃裂解分离得到的碳三馏分一般含有 1.0%～3.5%(有时甚至达到 6%～7%)的丙炔(MA)和丙二烯(PD)杂质。而丙烯聚合、羰基合成等过程一般要求其中的丙炔和丙二烯(MAPD)含量控制在一定水平之下，如在一般聚合级丙烯中，控制丙烯含量在99.6%(体积分数)以上，MAPD含量在0.005%(体积分数)以下[60]，因此需要对碳三馏分进行加氢处理。

1. 碳三加氢原理及工艺

碳三馏分中含有丙烯、丙烷、丙炔、丙二烯和少量的碳二与碳四，因此碳三馏分选择加氢过程中主要存在以下反应[61]。

主反应：

$$CH_3—C\equiv CH+H_2\longrightarrow C_3H_6+165kJ/mol$$
$$CH_2=C=CH_2+H_2\longrightarrow C_3H_6+173kJ/mol$$

副反应：

$$C_3H_6+H_2\longrightarrow C_3H_8+124kJ/mol$$
$$nC_3H_4\longrightarrow (C_3H_4)_n \text{ 低聚物}$$
$$C_4H_6\longrightarrow \text{高分子聚合物}$$

MAPD生产丙烯的反应为主反应；丙烯过度加氢及炔烃聚合反应为副反应。选择加氢在催化剂上的吸附顺序为：丙炔>丙二烯>丙烯，丙炔反应速率快，可以抑制丙烯加氢。一个性能优异的催化剂，既要具备高的活性，确保MAPD的脱除率，还要具备高的选择性，抑制丙烯过度加氢，以增产丙烯；同时还要具备高的抗结焦性能，减少绿油的生产，保证催化剂的寿命。

工业上一般采用选择性加氢的方法脱除MAPD杂质，根据工艺特点可分为液相催化选择加氢法、气相催化选择加氢法和催化精馏法[62]。液相加氢工艺与气相加氢工艺所用的催化剂均属于钯基催化剂，在加氢过程中，副反应的发生会影响加氢催化剂的活性和使用寿命。丙烯馏分液相加氢指的是含有丙炔和丙二烯的丙烯馏分呈液态通过催化剂床层，在加氢催化剂的作用下，将其中的丙炔、丙二烯经选择性加氢脱除。而气相加氢则需要将丙烯馏分加热汽化，呈气态通过催化剂床层。目前，新建丙烯馏分加氢装置均为液相加氢，成为丙烯馏分加氢主流工艺技术，而裂解丙烯馏分气相加氢工艺已逐步退出应用舞台。

1）气相工艺

气相催化选择加氢脱除MAPD，又称为碳三气相加氢。顾名思义，MAPD的脱除是在气相状态下进行的，即在催化剂的催化作用下，MAPD与氢气反应生成丙烯或丙烷从而达到脱除的目的。20世纪70年代前建成投产的乙烯装置多采用此工艺。气相法的反应温度较高，反应器催化剂装填量大，占用设备多，能量消耗也较大。在国内建成并投产的乙烯装置中，中国石化上海石化1号乙烯装置、中国石油吉林石化1号乙烯装置和中国石化燕山石化化工一厂乙烯装置采用气相催化选择加氢工艺，具体流程如图4-9所示。

2）气液两相工艺

以中国石化北化院利用其研制的碳三液相加氢催化剂与美国Lummus公司合作开发的碳三馏分液相选择加氢单段床工艺为例进行介绍，如图4-10所示[63-65]。该工艺采用单段绝热式滴流床反应器，其催化剂具有良好的活性和选择性，且负荷大，反应温度范围宽，低聚物生成量少，运行周期长。

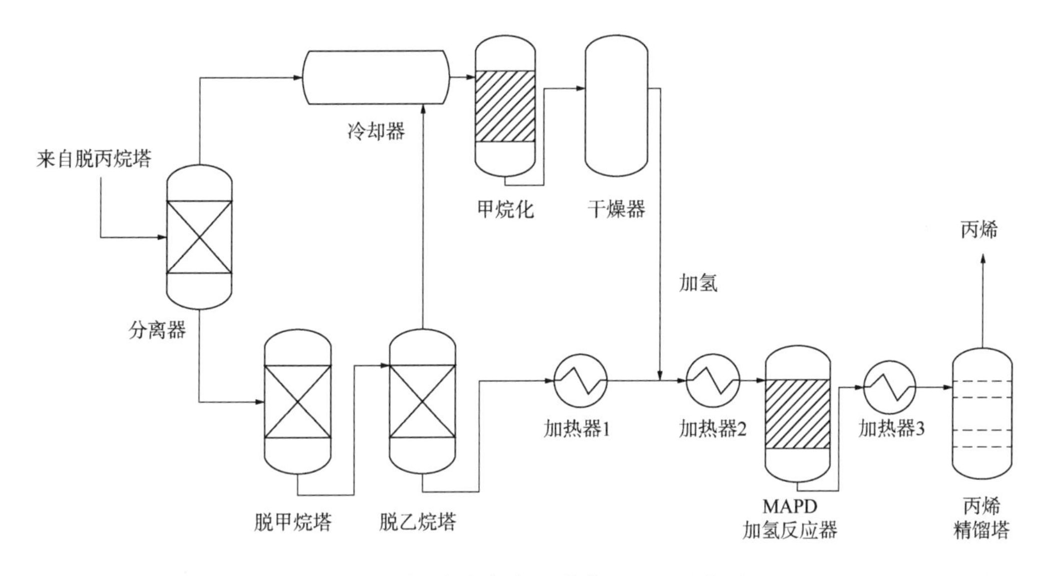

图 4-9　碳三气相加氢工艺装置流程示意图

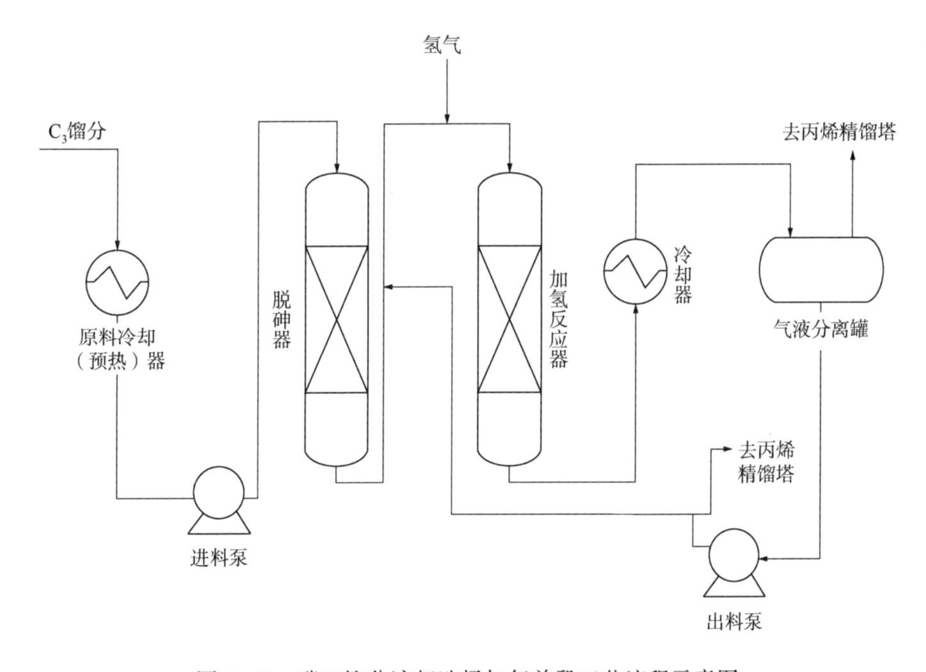

图 4-10　碳三馏分液相选择加氢单段工艺流程示意图

其工艺流程为：来自乙烯装置中的碳三馏分经原料冷却器(或预热器)换热至所需温度后，经进料泵升压后进入原料脱砷器；脱砷后的碳三馏分与氢气按一定的氢炔比在管路上混合后进入加氢反应器进行选择加氢反应，脱除 MAPD；反应后的物料经冷却后进入气液分离罐，分出气液两相分别去丙烯精馏塔。如碳三馏分原料中的 MAPD 含量过高，需采用循环操作时，气液分离罐液相出料由循环出料泵出口分出一部分作为回流，以稀释碳三馏分原料，使反应器进口物料中 MAPD 含量在要求的范围内。

3）催化精馏选择加氢工艺

美国 CDTECH 公司首先提出将装填碳三选择加氢催化剂的捆包式构件置于碳三/碳四分离塔内，在分离碳三、碳四的同时实现了 MAPD 的加氢脱除，开创了催化精馏加氢的先例。催化精馏是将反应与分离这两个化学工程领域中最为关键过程有机结合起来的反应—分离耦合技术。

催化精馏技术开发的难点在于固体催化剂的装填结构。与工业上普遍采用的固定床液相选择加氢技术相比，催化精馏工艺具有诸多优点：(1)提高了选择性；(2)减少了副反应产生的聚合物绿油对催化剂床层的污染；(3)塔内温度由操作压力下混合物的沸点决定，易于控制；(4)反应与精馏合为一体，缩短了流程，降低了成本。但催化精馏加氢工艺也存在一些不足之处，如一旦催化剂中毒且不能快速恢复，因没有备用床，这将严重影响装置的生产，所以催化精馏的抗波动能力比固定床反应器弱，需采用保护床系统；尽管催化剂装在精馏塔内使用周期长，但是催化剂不能在精馏塔内再生，而且更换比较麻烦。

碳三催化精馏加氢是将乙烯装置中的碳三反应和反应物、产物的分离合并在一个精馏塔内进行，其中的精馏段内部分塔板被含有催化剂的填料取代。该催化剂既能有选择性地催化碳三加氢反应使其生成目的产物，又能起到传质分离的作用。典型的碳三催化精馏加氢工艺流程如图 4-11 所示[66]。催化加氢催化剂装在高压脱丙烷塔顶部，碳三馏分在离开高压脱丙烷塔顶之前 MAPD 被加氢；加氢反应中产生的绿油与进料中其他组分一起被分馏到高压脱丙烷塔塔底，最终这些组分经过低压脱丙烷塔，并与低压脱丙烷塔塔底物料一起送入脱丁烷系统；高压脱丙烷塔塔顶产品进入丙烯精馏塔，塔顶未凝气体循环返回；甲烷汽提塔的主要作用是进一步脱除碳三馏分中的轻组分，未凝气体循环返回。

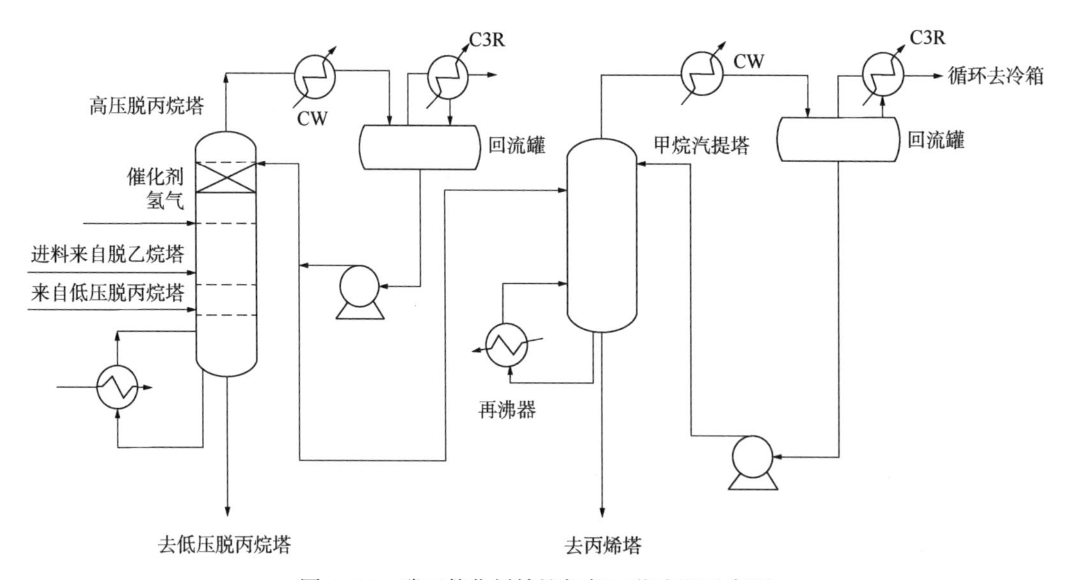

图 4-11　碳三催化剂精馏加氢工艺流程示意图

2. 国内外催化剂技术

目前，从事碳三加氢催化剂研发的公司主要有科莱恩公司、法国 Axens 公司、中国石化北化院、中国石油石化院。各公司主要催化剂的应用情况见表 4-6。

表 4-6 碳三加氢催化剂应用情况

公司名称	加氢工艺	产品牌号	应用业绩
科莱恩	液相加氢	G-68HX OleMax353	大庆石化、抚顺石化、兰州石化等
Axens	液相加氢	LD-265 LD-273 LD-365	四川石化、吉林石化等
北化院	液相加氢	BC-L-83 BC-H-30A BC-H-30B	独山子石化、大庆石化、辽阳石化等
北化院	气相加氢	BC-H-33	上海石化、吉林石化等

3. 中国石油催化剂研究进展

2009 年，中国石油开展裂解丙烯馏分加氢催化剂小试研究；丙烯馏分加氢催化剂为 Al_2O_3 负载型催化剂，活性组分钯及助剂均采用浸渍法进行负载。为了得到合适的物化性能，氧化铝载体在 1000~1300℃进行高温处理，采用水溶液浸渍法将钯及助剂负载到载体表面，得到活性组分壳型分布的催化剂，在高温下活化得到氧化态催化剂。催化剂使用前在工业装置上用氢气进行还原，将活性组分转化为金属态。

2013 年，中国石油研制的碳三馏分加氢除炔催化剂 PEC-31 完成中试放大，开发出催化剂 PEC-31 生产技术。中试放大 PEC-31 催化剂用于碳三馏分加氢结果表明，PEC-31 催化剂性能达到进口剂水平。

参 考 文 献

[1] 孙晶磊．乙烯装置碳二前加氢工艺技术及运行稳定性研究[J]．广东化工，2005(9)：77-80.

[2] 张谦温，蔡彦宝，刘新香，等．碳二前加氢催化剂的研究[J]．石油化工，1999(7)：18-22.

[3] 王红梅，王志．碳二选择加氢催化剂研究进展[J]．河北化工，2009，32(4)：4-6，28.

[4] 吴启龙，陈育辉．乙烯装置碳二前加氢工艺技术分析[J]．广东化工，1999(4)：40-42.

[5] 王平．乙烯装置碳二前加氢催化剂运行探讨[J]．乙烯工业，2010，22(2)：21-25.

[6] 胡杰，王松汉．乙烯工艺与原料[M]．北京：化学工业出版社，2017.

[7] Ravanchi M T，Sahebdelfar S，Komeili S. Acetylene selective hydrogenation：a technical review on catalytic aspects[J]. Reviews in Chemical Engineering，2017，34(2)：215-237.

[8] 梁玉龙，张忠宝，李保江，等．国产 PEC-21 前加氢催化剂在大庆石化的工业应用[J]．石油化工，2018，47(2)：192-196.

[9] 郑云弟，展学成，王书峰，等．碳四炔烃加氢回收丁烯催化剂的工业应用[J]．石化技术与应用，2018(3)：194-197.

[10] 陈钢．碳四炔烃加氢技术进展[J]．现代化工，2020，40(1)：54-57.

[11] Dorbon M，Hugues F，Viltard J C，et al. Processing for obtain butane-1：US6242662 [P]. 2001-06-05.

[12] 孔涛．C4 馏分炔烃选择加氢催化剂及工艺研究[D]．青岛：中国石油大学(华东)，2011.

[13] Couvillion M C. Selective hydrogenation of acetylenes in the presence of butadiene and catalyst used in the hydrogenation：US4440956[P]. 1984-04-03.

[14] 郑来宁．全国首套液化炔烃尾气加氢装置建成投产[J]．石化技术与应用，2016(5)：382.
[15] 马好文，沈卫军，康宏敏，等．C_5 馏分在我国的加氢利用研究进展[J]．现代化工，2011，31(增刊2)：29-32.
[16] 吕龙刚，马好文．碳四及碳五加氢催化剂工业应用[C]．第16次全国乙烯年会，2011.
[17] 朱俊华，李斯琴，程远琳．裂解碳五加氢催化剂的研制及工业应用[C]//中国化工学会C5馏分分离及高附加值衍生产品生产技术及应用研讨会论文集，2009.
[18] 戴伟，田保亮，杨志钢，等．裂解碳五选择加氢催化剂：CN200710064117.6.[P].2010-05-19.
[19] 田保黄，戴伟，杨志钢，等．裂解碳五双烯烃选择加氢[J]．化工进展，2009，28(11)：1932-1935.
[20] 张志华．C_5 烯烃的醚化及烷基化[J]．石油炼制与化工，1996，27(5)：20-25.
[21] 刘明辉，曾佑富，翁惠新，等．裂解碳五选择性加氢研究[J]．精细石油化工，2006，23(3)：26-28.
[22] 张彩娟，秦朝晖，周欢华．上海石化碳四资源利用现状及发展探讨[J]．石油化工技术与经济，2012，28(2)：30-34.
[23] 李涛，柏基业，姚小利．碳四烃的综合利用研究[J]．石油化工，2009，38(11)：1245-1253.
[24] 郑伟．国内碳五组分利用现状及行业发展分析[J]．化学工业，2013，31(4)：14-18.
[25] 梁顺琴，王廷海，吴杰．C_4、C_5、C_9 馏分烯烃加氢饱和催化剂LY-2005[J]．石油科技论坛，2013，32(1)：48-50.
[26] 南军，谢海峰，刘晨光．贵金属选择性加氢催化剂 Pd/Al_2O_3 的研究[J]．石油炼制与化工，2004，35(8)：37-40.
[27] Scire S，Crisafulli C，Maggiore R，et al. FT-IR characterization of alkali-doped Pd catalysts for the selective hydrogenation of phenol to cyclohexanone[J]. Applied Surface Science，1996，93(4)：309-316.
[28] 吴杰，李自夏，梁顺琴，等．一种裂解汽油一段加氢钯基催化剂的制备及性能评价[J]．石化技术与应用，2013(2)：126-128，132.
[29] 肖晨光，殷北冰，王刚．新型裂解汽油一段加氢催化剂的研制[J]．炼油与化工，2005，16(1)：19-22.
[30] 迟明国．镍系一段汽油加氢催化剂工业应用[D]．大庆：大庆石油学院，2005.
[31] 常惠，王萍，夏蓉晖，等．镍基催化剂的制备及其催化加氢性能[J]．金山油化纤，2004，23(1)：36-40.
[32] 张玉红，熊国兴，盛世善，等．NiO/γ- Al_2O_3 催化剂中NiO与γ- Al_2O_3 间的相互作用[J]．物理化学学报，1999，15(8)：735-741.
[33] Bachiler-Baeza B，Rodrigueez-Ramos I，Guerrero-Ruiz A. Influence of Mg and Ce addition to ruthenium based catalysts used in the selective hydrogenation of a，b-unsaturated aldehydes [J]. Applied Catalysis A：General，2001，205(1-2)：227-237.
[34] 金谊，刘铁斌，赵尹，等．Ni- Mg/Al_2O_3 催化剂上催化裂化轻汽油的选择性加氢[J]．化学与粘合，2004(5)：291-294.
[35] 李建卫．低温选择性加氢镍催化剂的研究[J]．石油化工，2001，30(9)：373-375.
[36] 戴丹，王海彦，魏民，等．在 $Ni-Mo/Al_2O_3$ 上催化裂化轻汽油的选择性加氢[J]．辽宁石油化工大学学报，2005，25(2)：36-38，41.
[37] 邓庚凤，徐志峰，罗来涛，等．海泡石和稀土对镍催化剂性能的影响[J]．工业催化，2002，10(1)：3-6.
[38] 唐博合金，吕仁庆，项寿鹤．负载型Ni-B非晶态合金在裂解汽油加氢反应中的应用研究[J]．石油学报，2004，20(2)：63-68.

[39] Hoffer B W, van Langeveld A D, Janssens J P, et al. Stability of highly dispersed Ni/Al_2O_3 catalysts: effects of pretreatment[J]. Journal of Catalysis, 2000, 192(2): 432-440.
[40] 吴杰，王建红，赵显文，等．裂解汽油二段加氢催化剂 LY-9802 的工业应用 [J]. 化工进展，2012，31(11)：2574-2576.
[41] 王成威，黄荣福．LY-9702/LY-9802 型催化剂全周期运行评价 [J]. 乙烯工业，2016，28(1)：43-46.
[42] 刘蕾，宋彩彩，黄汇江，等．加氢催化剂硫化进展[J]. 现代化工，2016，36(3)：42-45.
[43] Zhang Yanru, Han Wei, Long Xiangyun, et al. Redispersion effects of citric acid on CoMo/γ-Al_2O_3 hydrodesulfurization catalysts [J]. Catalysis Communications, 2016, 82: 20-23.
[44] 崔小明．上海石化院研制开发成功裂解汽油一段加氢催化剂[J]. 石化技术，2004，11(2)：44.
[45] 江兴华，刘仲能，侯闽渤．新型裂解汽油一段加氢催化剂的性能评价[J]. 工业催化，2004，12(9)：13-17.
[46] 宗旭．国内乙烯裂解碳九综合利用进展现状[J]. 化学工程与装备，2013(5)：155-157.
[47] 张媛，吴卫忠，贡宝仁，等．裂解碳九加氢工艺[J]. 化工进展，2008，27(8)：1227-1229.
[48] 王建强，赵多，刘仲能，等．裂解碳九加氢利用技术进展[J]. 化工进展，2008，27(9)：1311-1315.
[49] 张敏．裂解碳九综合利用[D]. 北京：北京化工大学，2013.
[50] 杨盛銮．甲烷化催化剂的发展[J]. 南化科技，1991(2)：36-39.
[51] 郭奇，张建国，姜振启，等．国产 J103H 型甲烷化催化剂在抚顺乙烯装置上的应用[J]. 辽宁化工，2001，30(8)：363-366.
[52] 张成．CO 与 CO_2 甲烷化反应研究进展[J]. 化工进展，2007，26(9)：1269-1273.
[53] 王鑫，郭翠梨，张俊涛，等．改性的 Ni 基催化剂上 CO 甲烷化性能的研究[J]. 石油化工，2012，41(3)：260-264.
[54] 张文胜，戴伟，王秀玲，等．新型甲烷化催化剂的研究[J]. 石油化工，2005，34(增刊)：115-116.
[55] 刘先壮，于泳．低温甲烷化催化剂的工业应用[J]. 乙烯工业，2010，22(3)：57-60.
[56] 赵炳义．丙烯生产过程中丙炔、丙二烯的脱除[J]. 乙烯工业，1994，6(2)：18-42.
[57] 胡杰，王松汉．乙烯工艺与原料[M]. 北京：化学工业出版社，2017.
[58] 于在群，朱宏林．碳三液相加氢反应器的模拟与分析[J]. 石油化工，2002，31(5)：376-379.
[59] 季江宁，刘昆元，赵秀红，等．碳三液相催化加氢动力学研究[J]. 石油化工设计，2002，19(1)：59-62.
[60] 李庆国，史建公，尹国海，等．国内乙烯装置丙烯加氢精制工艺研究进展[J]. 中外能源，2017，17(4)：79-85.
[61] 刘新香，赵炳义，赫伯里格，等．单烯烃中炔烃和二烯烃的催化选择加氢：CN1004476[P]. 1990-01-17.
[62] 赵秀红，季江宁，刘昆元．碳三催化精馏加氢模拟计算[J]. 化学工程，2004，32(1)：56-59，74.
[63] 张世忠，戴伟，齐东升，等．新型碳三液相选择加氢催化剂的工业应用[J]. 化工进展，2008(3)：464-467.
[64] 易水生，陶渊，王育，等．新型碳三气相选择加氢催化剂的工业应用[J]. 石油化工，2009(6)：668-672.
[65] 毛怿春．低钯型碳三液相加氢催化剂的工业应用[J]. 石油化工技术与经济，2016(3)：59-62.
[66] Liu Wei, Carlos Otero Arean, Bordiga S, et al. Selective phenylacetylene hydrogenation on a polymer-supported palladium catalyst monitored by FTIR spectroscopy[J]. ChemCatChem, 2011, 3(1): 222-226.

第五章 生产运行技术

乙烯装置工艺流程长、设备数量多、操作条件变化大，设计、建造和生产管理难度比其他化工装置大。大庆石化拥有三套乙烯装置，20 世纪 80 年代建设的第一套 30×10^4t/a 乙烯装置(简称 E1)，以油田轻烃为原料；90 年代后期建设的第二套 28×10^4t/a 乙烯装置(简称 E2)，以石脑油为主要原料；2012 年利用中国石油自主成套乙烯技术建成投产的第三套 60×10^4t/a 乙烯装置(简称 E3)，以液化气、石脑油和加氢尾油为主要原料。在日常操作中，大庆石化利用三套装置对原料适应的灵活性，根据原料的市场波动行情，适当调整原料加工量，最大限度地发挥原料的经济效益。同时从技术角度看，三套装置来自国内外不同的专利商，包含了顺序分离流程和前脱丙烷前加氢流程，基于大庆石化在操作和生产管理方面积累的丰富经验，本章从生产运行的角度对乙烯装置的运行、设备管理、开停车过程、安全生产等进行介绍。

第一节 生 产 运 行

一、乙烯原料

原料的选择和优化直接影响乙烯装置的经济效益，原料裂解性能直接决定工艺路线的选择、装置的投资和生产成本、裂解产物的分布、装置的稳定操作以及生产能力和投资效益的发挥。对已建成的乙烯装置需要根据裂解炉的设计特点，尽量将原料的裂解特性利用好。

1. *原料轻质化和优质化*

轻质化是指大力提高按照“宜烯则烯、宜芳则芳”原则对石脑油进行正异构分离后的正构烷烃等轻质原料(乙烷、丙烷、LPG、轻烃、拔头油、轻石脑油)在乙烯原料中所占的比例，提高裂解产物收率，降低生产成本。优质化是指以裂解产物市场价格最大化为导向，高附加价值产品收率最高的裂解原料，采用相对应的裂解原料，最大限度地投用该原料，实现效益最佳化。

2. *原料多样化*

在乙烯生产中，采用不同的原料建厂，投资差别很大：采用乙烷、丙烷等轻质原料，烯烃收率高，副产品少，流程简单，投资较少；采用重质原料，烯烃收率低，副产品数量多，分离过程复杂，如果硫、芳烃含量较高，装置易结焦和腐蚀，原料预处理和清焦处理难度大，设备材质要求高，投资增加。

为了适应乙烯原料资源、供应和价格经常变化的形势，从 20 世纪 70 年代末开始，通过对乙烯装置设计、工艺过程、设备结构的研究改进，使装置具有可裂解多种原料的灵活性。可以根据原料供应和价格的变化，以及下游产品的需求情况，选用价格便宜、高附加值产物收率高、能耗低、加工效益高的原料生产乙烯，以提高装置的经济效益。

由于我国石油资源的分布及性质所限，轻质油资源相对缺乏，对现有炼化一体化企业，在乙烯原料轻质化、优质化的同时，必须兼顾多样化，充分利用炼厂、油田以及乙烯厂自身的各种资源，拓宽乙烯原料来源。炼厂可利用的资源较多，包括炼厂气、气体分馏得到的碳三/碳四、石脑油、加氢尾油等资源；油田可利用的资源主要包括油田气经分离加工得到的油田轻烃(包括乙烷、碳三/碳四)、碳五馏分和凝析油等。

3. 提高重质油投料量

随着消费市场柴汽比不断下降，柴油产品出厂困难，制约了炼厂满负荷生产，因此，炼厂在“减油增化”，从燃料型向化工原料、材料型转变后，加氢裂化尾油和柴油馏分也可作为裂解原料以获取更大效益。

通过增加重质原料中加氢裂化尾油(HCTO)、常压柴油(AGO)和减压柴油(VGO)的投料量，既解决了柴油出厂的难题，也摆脱了裂解原料短缺的困境，但是柴油裂解性能一般比较差，应通过加氢或脱芳等手段提高其裂解性能。随着重质裂解炉裂解原料中柴油比例不断提高，投料组成偏离设计指标，造成系统操作条件变化，导致重质裂解炉和急冷系统在运行中易出现瓶颈，为应对乙烯原料重质化带来的瓶颈，通过原料裂解评价分析、软件模拟计算对装置进行适应性脱瓶颈改造，保障装置安全、平稳、高负荷运行。在加工重质原料时，应重点关注装置的下列工序。

(1) 急冷换热器结焦，急冷换热器结焦主要由两方面引起：一是由于急冷换热器入口的裂解气流动紊乱，部分气体经过较长时间的停滞发生多次脱氢反应促使焦炭生成；二是由于裂解气经充分冷却，高沸点组分在传热管内壁冷凝，缓慢进行脱氢缩聚反应，逐渐重质化，进而变为焦油状或焦炭状的物质。柴油原料中有较高含量的芳烃存在，但在辐射段炉管中芳烃的结焦转化率很低，所以辐射段炉管表面温度(TMT)上升较慢；而在急冷换热器中，二次反应生成的芳烃较易达到露点冷凝，逐步缩合固化成焦，最终结果是急冷换热器出口温度达到规定极限值，所以裂解重质原料时，急冷换热器出口温度较高，制约裂解炉运行周期的关键部位为急冷换热器。而在裂解石脑油时，受限部位为辐射段炉管，采用石脑油裂解时会在急冷换热器内管形成一层钝化膜，延缓急冷换热器的结焦速度。根据这一特性，重质炉加工尾油前，先投石脑油，运行一段时间后(10 天左右)，再改投尾油，平均延长裂解炉运行周期 5 天。

需定期开展重质裂解炉急冷换热器水力清焦，裂解重质原料时，急冷换热器内管结焦严重，造成急冷换热器换热效率急剧下降，运行末期急冷换热器出口温度高达 600℃以上，重质炉产汽量下降明显。

通过裂解炉模拟软件对急冷换热器结焦特征和速率进行模拟，然后通过对裂解炉急冷换热器出口温度、产汽量等参数的监控，每半年对重质裂解炉急冷换热器内管进行水力清焦，保障了急冷换热器的换热效率，裂解炉产汽量显著提高，降低了装置能耗，延长了裂解炉运行周期。

(2) 急冷油黏度控制，由于重质原料投料量增加，导致急冷油中胶质、沥青质含量增加，随着重质裂解炉运行时间的增加，急冷换热器结焦逐渐增加，出口温度上升，裂解炉急冷换热器急冷油用量不断增加，造成急冷油泵出口压力不断下降，急冷油循环量减少，稀释蒸汽发生器取热量减少，急冷油塔釜温不断上涨，导致急冷油塔内热量失衡，急冷油黏度容易急剧增加。

通过提高急冷油和中油循环量、适当降低稀释蒸汽压力、增加各用户取热量等方法，保证急冷油中的热量及时取出，减少了急冷油中的芳烃类物质聚合。同时，充分发挥减黏塔的作用，多采出重质燃料油，降低急冷油黏度。

(3) 过滤器排焦。裂解原料重质化后，急冷系统焦粉生成量增加，应提高对急冷油塔釜、急冷油过滤器的排放次数，定期清理污油罐中的焦粉。及时排出急冷油系统内的焦粉，可有效降低急冷油过滤器的堵塞和稀释蒸汽发生器管束冲刷问题，保证急冷系统正常运行。

(4) 急冷系统水质调整。如大量裂解柴油时，裂解汽油密度会发生大幅变化，汽油密度达到 0.90~0.92g/cm^3，油水密度差减少，油水分离困难，一方面造成急冷器换热效率下降，急冷水取热困难，增加了装置的循环水用量；另一方面工艺水含油量增加，工艺水聚结器和工艺水汽提塔不能满足脱除工艺水中烃类的要求，增加了汽提蒸汽用量。烃类物质进入稀释蒸汽发生系统后，稀释蒸汽发生器产生大量聚合物，造成稀释蒸汽发生量不足，系统外补大量中压蒸汽，增加了装置的外排水量和蒸汽耗量。

严格控制急冷油塔顶和塔釜温度，适当增加轻燃料油采出量，防止过多的轻燃料油组分进入急冷水塔；严格控制急冷水塔釜温度和急冷水 pH 值，防止急冷水出现乳化现象；适当提高急冷水塔液位，增加急冷水塔停留时间，促进油水分离；稀释蒸汽系统换热器定期进行排污，防止聚合物在换热器内聚集，堵塞换热器。通过以上措施，急冷水水质得以改善，保障了急冷水和稀释蒸汽系统的平稳运行。

二、裂解炉单元

裂解炉反应是高温下体积膨胀的过程，由于含有大量的不饱和烃，这些组分易在高温下下进行烯烃聚合、结焦等副反应。因此，必须快速冷却裂解流出物以避免二次反应发生。

1. 烃分压的控制

裂解反应是大分子裂解为小分子的反应，低压有利于分解反应的进行，有利于提高乙烯收率。

稀释蒸汽的注入是降低烃分压的有效手段，但注入过多的稀释蒸汽会消耗较多高品位能量，增大后续水处理量。

2. 裂解气快速冷却

因温度较高，裂解气中不饱和组分的活性非常高，在辐射段出口处极不稳定，易聚合。低碳烯烃的聚合会造成乙烯等产品损失，所以离开辐射段的裂解气应快速冷却。裂解轻烃、石脑油和重质油时，均采用急冷换热器冷却裂解气并副产超高压蒸汽。设计时经急冷换热器冷却后的裂解气温度受裂解气露点限制，降温后的裂解气可再由急冷油直接喷淋冷却，在急冷系统中，可进一步回收急冷油热量，副产低品位的稀释蒸汽。

3. 裂解深度的控制

裂解深度用特定的反应产物和原料之比来表示，对特定反应产物来说，产物分布与裂解深度有关。但不同原料，其裂解深度的表示方式不同，例如轻石脑油，由于在裂解过程中几乎不生成正戊烷，因此可用正戊烷为代表来计算，计算出的转化率能够反映裂解深度。甲烷收率总是随着反应进程而增大，原因在于甲烷比较稳定，在裂解温度下基本上不参加二次反应，因此，甲烷收率的高低也可以反映裂解深度的高低。乙烯收率随着裂解反应温度的增加而逐步增加，而丙烯收率达到一定程度后，会随着裂解温度的增加而下降，丙烯对乙烯的收率比也可用来反映裂解深度。

在用丙烯与乙烯比值衡量裂解深度时，还应对不同原料裂解性能评价结果加以分析，通常以装置综合丙烯乙烯比衡量设计裂解深度。

4. 裂解炉热效率的提升

提高裂解炉热效率，主要通过降低排烟温度、降低空气过剩率、提高裂解气高温位热回收、加强保温等措施实现。

1）降低裂解炉的排烟温度

随着排烟温度的降低，裂解炉的热效率得以提高；因排烟温度受裂解炉烟气酸露点（与燃料中的硫含量有关）、换热物料最低温度和排烟露点的限制，排烟温度不能无限制地降低。目前，裂解炉设计的排烟温度一般高于105℃，对于低硫燃料气，可以降至100℃以下。

裂解炉在运行过程中，烟气中的焦油、硫化物、矿物质黏附在对流段盘管表面和翅片之间，随着运行时间的增加，盘管表面和翅片之间的积灰和污垢越来越多，造成翅片、钉头管传热效率降低，影响裂解炉负荷的提升。同时，对流段盘管从烟气中吸取的总热量降低，燃料气用量相对增加，裂解炉的热效率下降，装置的能耗增加。为了保证裂解炉高效运行，可对裂解炉对流段进行化学清洗，清洗后，高温烟气与对流段各盘管的换热量增加，排烟温度可降低20~60℃（与炉管结垢情况有关）。

2）加强绝热保温

采用保温性能好的材料作裂解炉耐火衬里对减少裂解炉散热损失相当重要，裂解炉的散热损失一般占裂解炉热负荷的1%~2%。

需定期对裂解炉外壁温度进行检查，当出现超温点时，在裂解炉下线后对炉膛保温衬里进行检查修复，确保裂解炉外壁温度合格，减少散热损失。

3）降低空气过剩率

裂解炉的空气过剩率会明显地影响热效率，降低燃烧空气过剩率，可减少排烟气量，提高热效率。通常，空气过剩率下降10%，裂解炉热效率可提高2%。通过烟气过剩氧含量分析来判断空气过剩程度。

操作人员需定期检查裂解炉燃烧状态，调整风门开度，控制空气过剩率。当原料组成或负荷出现变化、裂解炉切换等，需进行针对性调整，保证裂解炉炉膛氧含量在2%左右，防止出现氧含量过高，增加燃料气消耗，同时避免由于风门开度过小，炉膛氧含量过低，燃料气燃烧不充分情况。

4）预热空气

预热燃烧空气，可增加显热、节省燃料。预热燃烧空气可以利用烟道气、工艺凝液、急冷水等。但是空气预热的温度不能太高，否则就影响裂解炉中氮氧化物的发生。空气预热器应定期清理，维持空气预热器的换热效果。

5）急冷换热器清焦

裂解炉辐射盘管和急冷换热器在运转过程中有焦垢生成，必须定期进行清焦，清焦方式为水力清焦或机械清焦。

在裂解炉进行清焦操作时，急冷换热器也同时清理部分焦垢，其清焦的程度取决于急冷换热器的设计结构和裂解炉的清焦方法。当裂解炉采用蒸汽清焦或低空气量蒸汽—空气烧焦方法时，急冷换热器在裂解炉清焦期间换热管焦垢清理效果甚微。此种情况下，一般需在裂解炉1~2次清焦周期内对急冷换热器进行水力清焦或机械清焦。目前，多采用大空气量空气烧焦法，不仅可以改善裂解炉辐射管清焦效果，同时也可以对急冷换热器焦垢在线清焦。此种情况下，一般将急冷换热器水力清焦或机械清焦的周期延长至半年以上。

三、急冷单元

急冷单元的长周期运行对全装置稳定运行至关重要，长周期运行优化主要包括：加强日常监盘、操作，重视变更操作，裂解炉切换、机泵切换、换热器切出及投用过程中稳定控制各项工艺指标，操作变更后加强现场水质排查。

1. 加强工艺运行参数监控

结合设计参数、裂解炉负荷、原料类型，明确可能影响系统长周期稳定运行的关键控制指标，严格控制并监控以下工艺参数：急冷油塔顶和塔釜温度、急冷油回流温度、急冷油出口过滤器压差、急冷油塔汽油段压差，急冷水塔顶和釜塔温度、工艺水汽提塔进料加热器加热介质流量、稀释蒸汽压力等，保证系统运行稳定。

2. 加强裂解炉切换时的系统调整

裂解炉切换(尤其是重质炉)过程中，通过调整急冷油泵汽轮机转速及电泵出口阀开度，及时调整急冷油泵出口压力及循环量，避免出现急冷油循环量及压力大幅波动，导致稀释蒸汽发生器泄漏。

3. 加强急冷单元日常排放

由于急冷油系统存在焦粉积存，严重影响设备稳定运行，需要定期对急冷油泵出入口过滤器、急冷油塔塔釜的焦粉进行排放，减少焦粉对换热器的冲刷以及堵塞的风险。

此外，对现场稀释蒸汽发生器急冷油侧回油温度进行监测，定期对稀释蒸汽发生器工艺水侧进行排放、监控各台换热器运行状态，定期评估换热效果。结合裂解炉负荷及原料组成，根据化验分析的急冷油黏度数据，及时补充调质油，动态调整急冷油塔釜温、减黏塔操作、急冷油循环量及急冷油循环压力，保证急冷单元正常稳定运行。

4. 加强水质监测

定期对工艺水聚结器出入口的汽油含量、COD进行分析，根据原料类型及负荷变化，对汽油干点、密度进行分析，动态调整急冷水塔全塔液位及油水界位，检查急冷水、工艺水、外排水等水质外观，防止出现换热器内漏污染水质情况。通过pH值在线分析，对系统酸性进行加剂调控，防止发生腐蚀。

5. 保证药剂注入

在不影响正常生产的前提下，动态调整急冷油塔阻聚剂、急冷水破乳剂和碱等药剂的注入量。

6. 强制维护易聚合部位的仪表

对稀释蒸汽罐液位计、急冷水塔油水界位计等进行强制维护，保证仪表可靠性，防止由于仪表问题引起岗位误判断。

7. 定期更换工艺水过滤器、聚结器滤芯

对过滤器、聚结器的运行压差进行日常监控，根据工艺水聚结器出入口汽油含量、COD 等数据综合评判过滤器、聚结器的运行状态，达到更换指标时，更换过滤器、聚结器滤芯，保证运行效果。

四、压缩单元

压缩单元包括裂解气压缩、酸性气体脱除、干燥及制冷。裂解气的压缩和酸性气体脱除，目的是达到分离所需的压力和除去杂质。对裂解气进行压缩，一方面可提高深冷分离脱甲烷和氢气所需的分离温度，从而节约低温能量和低温材料；另一方面加压会促使裂解气中的水与重质烃冷凝，除去大量水分和重质烃，从而减少干燥脱水和精馏分离的负担。

为避免在压缩过程中温升过大造成裂解气中的二烯烃发生聚合，形成聚合物附着在叶轮、流道等位置，造成压缩机振动值上升，功耗增加，烯烃类物质在高温下聚合堵塞段间冷却器，因此生产中应关注裂解气出口温度。

由于裂解气中含有 CO_2、H_2S 等酸性气体，易腐蚀段间换热器、吸入罐，需通过注入化学品提高 pH 值，并定期监测凝液中铁离子含量。

五、炔烃脱除单元

裂解气中含有乙炔和 MAPD，为获得聚合级的乙烯、丙烯，必须将乙炔、MAPD 脱除至要求指标。下面以前加氢流程为例说明操作调整要点。

1. 碳二加氢单元的调整

CO 对加氢催化剂活性有抑制作用，在前加氢流程中，裂解炉切换烧焦和原料性质变化等因素会导致 CO 含量波动，影响加氢反应。当反应器入口 CO 含量上涨时，催化剂活性降低，要及时提高反应器入口温度，防止反应器出口漏炔；当反应器入口 CO 含量下降时，催化剂活性提高，要及时降低反应器入口温度，防止反应器飞温；当反应器入口乙炔含量增加时，及时提高反应器入口温度，保证乙炔的转化率，控制反应器出口乙炔含量不大于 1μmol/mol。

当反应器入口流量低或入口压力低时，反应器空速变小，热量积累，易发生飞温，适当降低反应器各段入口温度，保证床层不飞温；当反应器入口流量增加时，及时提高反应器入口温度，防止反应器漏炔。随着反应器运行时间的增加，催化剂活性下降，适当提高各床层入口温度，保持反应活性，防止反应器漏炔。同时，需关注绿油生成量，定期排放，保证催化剂的活性。

2. 碳三加氢单元调整

合适的温度有利于 MAPD 的转化，通过提高反应器的入口温度来提高反应器的床层温度，保证加氢反应所需的活性，但随着温度的升高，反应选择性下降，丙烯加氢转化为丙烷的反应及低聚物生成的反应将加快，丙烯损失增加。同时，由于低聚物的生成，催化剂将受到污染，其活性下降，使用周期缩短。因此，需将温升作为碳三加氢系统的控制指标。

当系统负荷发生变化时，要及时对配氢量和循环量进行调整，防止配氢量不足或过度加氢的情况发生：负荷增加时，适当提高配氢量，保证 MAPD 的转化率；负荷降低时，适当降低配氢量，避免丙烯过度加氢生成丙烷，增加丙烯损失。

六、停开工

以前脱丙烷前加氢流程为例介绍装置停开工操作。

1. 装置停工

1）停工减排原则

停车前保持低负荷运行，将天然气补入急冷水塔和裂解气压缩机段间罐，以回收冷箱及后系统的冷物料，气体裂解炉安排在最后退料，最大限度地回收循环乙烷、丙烷物料。各塔、罐用户在停车前 8h 保持低液位运行，减少持液量。各用户停车前尽量通过蒸发倒空，按照先采出合格产品、再采出不合格产品、气液相物料送炼厂或燃料气系统回收、火炬气回收的次序，尽可能回收物料，减少火炬排放量。

2）停工注意事项

（1）排液、泄压关注点。停工后，所有设备内物料尽可能回收。含轻液相烃类的管线，两端隔离时，管线内介质必须倒空，防止因烃类汽化造成管线超压。袋形管线在低点必须排净，如果没有低点导淋，吹扫时应作为重点关注部位。关注装置内区域间的管线吹扫、置换，关注装置与外系统的管线吹扫置换，避免遗漏。

（2）公用工程系统关注点。停工过程中，专人负责管控和统筹火炬的排放。在停车排放前，一定要检查干火炬汽化器液位，严格控制汽化器出口温度，防止损坏设备。装置设专人负责氮气系统的管理，工艺系统压力要小于氮气压力，避免系统内物料倒窜入氮气总管。

（3）蒸煮、清洗、置换关注点。蒸汽吹扫要关注管线膨胀位移，与蒸汽相关的系统停用后，必须用氮气降温或连通大气，防止形成负压，损坏设备。优化急冷油塔、碱洗塔、脱丁烷塔的化学清洗方案，蒸煮、清洗时间要有保证，避免塔、罐人孔打开后发生自燃，要制定防范自燃的措施，对易自燃部位应及时用水湿润，及时清理污垢，检查消防水接口位置是否合适、消防管是否准备好、消防水压力是否满足要求等。

（4）其他关注点。需特别注意停、开工工况时高压窜低压的问题，专门组织高压窜低压专项隐患排查，做好风险辨识，落实好防护措施，明确高、低压系统之间的隔断方案。塔、罐、换热器、阀门、管线等的吹扫、置换要彻底，尤其要关注死区或盲端，避免物料残存导致闪爆。做好盲板动态统一管理，随时掌握停工检修进程，防止事故发生。

2. 装置开工

1）开工前准备

开工前制订详细的开工网络、开工方案、设备投用方案等，制订详细的开车盲板台账和盲板图，检查整改项目确认完成，临时措施已复原，界区盲板拆完，确认各系统盲板的位置正确。循环冷却水、消防水、工业水，仪表空气、装置空气、氮气、电、蒸汽等公用工程具备使用条件。仪表已调校完毕且正常投用，DCS 系统投入使用，仪表联锁单校和联校试验完毕，各联锁处于可正常使用状态，现场液位计、压力表、温度计已投用。确认系统内所有的工艺阀门处于关闭状态，正确设置阀门开关状态。系统气密合格，氮气置换、干燥合格。

2）开工减排原则

裂解炉投料前，引天然气置换，打通急冷—压缩—前冷流程，裂解气压缩机单元天然气开车，装置实现天然气大循环，对前冷单元置换、充分预冷，低温部位冷把紧。裂解炉投料前，前冷切断进料，保温、保压。裂解炉投料后，裂解气压缩机接收裂解气，高压脱丙烷塔回流罐建立液位且碳四组分合格，前冷开始进料，投碳二加氢反应器。各单元、各环节有序连接，缩短开车时间，减少物料的排放损失，实现装置安全、环保，最大限度地回收开车物料，达到经济开车的目的。

为减少开车期间物料损失，不合格碳二组分经脱乙烷塔顶采出，送至罐区。

3）开工注意事项

（1）低温系统。严格落实好开车前的工艺处理过程，做好系统吹扫、置换和干燥，系统干燥露点分析采样要具有代表性，且应在系统微正压下进行采样确保分析准确，避免开车过程出现冻堵。特别关注新更换的、水压试验后的设备，吹扫置换要彻底，应提前进行干燥，避免微量水分带入系统，造成冻堵影响开车进度。

（2）公用工程系统。装置检修交回后，要深入细致地做好开车准备各项工作，尤其重视开工条件各级检查确认，严控每个节点，引入氮气、蒸汽、循环冷却水等公用工程前做好条件确认。装置引入氮气前，确认所有塔、罐、容器的人孔已封闭，并确认所在系统的压力小于氮气管网压力，防止系统内物料倒窜入氮气总管。置换干燥阶段，各系统氮气用量大，一定要统筹分配好氮气的使用。各等级蒸汽引入时不能过快，各点须充分暖管，防止发生水击损坏设备。

第二节 设备管理

一、裂解炉单元

裂解炉运行过程中，需要关注多种操作参数，如裂解炉管出口裂解气温度、外表面温度、急冷换热器出口温度、汽包液位、原料预热段温度、炉膛负压、炉膛温度、排烟温度等；除操作参数外，还需要关注其他影响运行的现象，如炉管状态（渗碳、弯曲、鼓包严重程度）、火焰燃烧刚度、炉外壁透热情况等。裂解炉是乙烯装置的耗能大户，裂解炉周期性离线烧焦会增加能耗，同时也制约装置运行负荷，导致整体收益下降，而且烧焦频繁升降温也会缩短炉管寿命，故延长运行周期对乙烯装置创效影响很大。

炉管内物料的状态和对热量的吸收也影响裂解炉能耗和长周期运行，中国石油研发的带有强化传热元件的炉管改变了管内物料的流动状态，减薄边界滞留层，提高对流的传热系数，减缓炉管内表面的局部结焦，可有效延长裂解炉操作的运转周期。

1. 重要设备的检维修

1）裂解炉风机的检维修

作为裂解炉上唯一的转动设备，风机的运行状态直接决定裂解炉能否安全稳定运行，以下为风机的日常维护及检维修要点：需按照相关标准定期对裂解炉风机进行状态监测及维护保养，制定轴承加、换脂周期，保证风机的安全稳定运行；定期检查风机挡板及执行器状态是否存在卡涩情况，对于配有变频电动机的风机，需定期对变频器及强制冷却风机进行监测维护，防止因故障导致裂解炉风机停车。

2）裂解炉炉管的检维修

在日常巡检过程中，需随时对裂解炉管出口裂解气温度、外表面温度进行监测，根据热场的分布，及时对裂解炉风门进行动态调整，保证炉管运行正常，如发现炉管出口裂解气温度、外表面温度异常升高，炉管颜色发亮，说明炉管内流通不畅，开始出现堵塞迹象，此时需及时下线裂解炉，并对裂解炉进行烧焦。如果裂解炉下线前，炉管已经堵塞，并且没有通过烧焦解决堵塞问题，那么需要对裂解炉进行停炉检修，对堵塞炉管进行疏通或更换。造成裂解炉炉管堵塞的原因如下：

（1）原料中夹带的异物导致文丘里管前堵塞。

（2）裂解炉运行过程中，急冷换热器逐渐结焦，因重质炉烧焦时急冷换热器内焦层无法彻底去除，急冷换热器内流道逐渐缩小，后续运行时急冷换热器内焦粉可能出现脱落堆积情况，进一步造成急冷换热器内管堵塞，导致炉管流速下降，加速结焦，最终导致炉管整体堵塞。

（3）原料本身原因，特别是重质炉，含碳量较高，裂解气组分重，露点高，在更高的温度下就容易液化，加速结焦。

（4）由于裂解炉燃烧器风门、火嘴旋塞阀的调整不当引起的局部过热和火焰冲击而导致的过度裂解，辐射段炉管出口裂解气温度监护不及时而导致堵塞。

（5）进料流量指示偏高、热电偶偏差较大、稀释蒸汽流量指示偏高等原因导致炉管超温，过度裂解加速炉管结焦。

（6）烧焦不彻底，导致流体阻力过大，延长了原料在炉管内的停留时间，过度裂解加速炉管结焦。

3）裂解炉衬里的检维修

为保证裂解炉的安全稳定运行，需对裂解炉衬里进行定期的检查与维护，良好的衬里状态直接决定了裂解炉热效率的高低和炉外壁的安全稳定，日常通过观火孔的检查和炉外壁温度的监测，能够有效判断裂解炉衬里状态，并进行记录，待裂解炉停炉后，针对性地对超温部位进行修复。

4）定期开展的检查工作

炉外：炉底板及外墙是否存在过热变形漏风情况；附属高温管线热膨胀时是否存在足够柔性，所有弹簧支、吊架是否合适；现场的液位计、一次仪表是否能正常准确指示；所有调节阀、电磁阀等是否处于完好状态；汽包排污系统是否正常；废热锅炉进出口法兰是否存在泄漏等。

炉内：炉膛内耐火材料是否存在脱落损坏；炉墙、炉底浇注料是否存在较大缝隙；

燃烧器是否存在变形错位，燃烧器喷枪是否存在损坏堵塞情况；炉管的弯曲、蠕变、渗碳等。

二、急冷单元

急冷单元是连接裂解单元和压缩单元的纽带，主要包括急冷油塔、急冷水塔及稀释蒸汽发生三个子单元。急冷油塔和急冷水塔分别通过急冷油和急冷水的循环，将裂解气中的热量取出，分离出燃料油、汽油和急冷水。

1. 重要设备

1）急冷油塔

急冷油塔一般设计成急冷油段、中油段和汽油段，每段设计各有不同。设置在急冷油塔底部的急冷油段，其作用是回收裂解气中的较高级位热量，并通过急冷油循环发生稀释蒸汽。该段是以换热为主，气液两相必须充分接触实现良好的换热，传质作用较小。设置在急冷油塔中部的中油段可以取走裂解气热量、改变急冷油塔的温度分布，降低塔顶汽油回流量，并使塔顶温度和裂解汽油干点容易控制。中油段要求气液两相有良好的接触，设有液体分布器。

设置在急冷油塔上部的汽油段，通过塔顶汽油回流将裂解气中的柴油组分冷却下来，有效控制急冷油塔塔顶温度和裂解汽油干点。汽油段的下半部分是苯乙烯发生聚合的位置，一旦出现“干板”，会发生苯乙烯聚合而堵塞塔内件，因此汽油段下半部分塔内件应有良好的抗堵性能。

2）急冷水塔

急冷水塔通常为填料塔，其作用为降低裂解气温度，部分冷凝裂解气中含的水和汽油，急冷水塔顶温由返回的急冷水温度决定。为充分发挥填料的效率，减少液体分布不佳所引起的不利影响，须在填料塔中安装液体分布器，使液体均匀地分布于填料层顶部。液体分布状况不仅影响填料的传质效率，还会对填料的操作弹性产生影响，因此，液体分布器是填料塔极为关键的内件。

3）稀释蒸汽发生器

稀释蒸汽发生器通常为急冷油和中压蒸汽两种再沸热源。工艺水经急冷油主稀释蒸汽发生器和中压蒸汽辅稀释蒸汽发生器再沸后产生稀释蒸汽。由于急冷油侧压力高于工艺水侧，急冷油再沸器一旦发生意外泄漏，会快速污染工艺水，导致发生的稀释蒸汽品质大幅下降，严重时会导致裂解炉炉管、管线和换热器堵塞以及外排水 COD 升高，因此，控制急冷油操作压力和加强急冷油再沸器的设计、制造和运行监控非常重要。

2. 重要设备的检维修

1）急冷油泵的检维修

急冷油泵，作为急冷油循环的重要组成部分和整个装置的关键机泵，意义重大，装置内一般设置为两开一备或两开两备，以保证裂解炉和急冷系统的安全稳定运行。日常运行过程中，主要存在的问题是机械密封易发生泄漏。近年来，通过对机械密封选型优化，采用串联密封或干气密封这一问题已基本得到解决，冲洗线的畅通和密封冷却器的正常投用，是保证密封使用寿命的关键因素。

2）急冷油泵前后过滤器及急冷油排放泵的维护

泵前后过滤器应定期进行排放除焦；根据过滤器压差情况，过滤器要定期倒空切出系统，检查刮刷的损耗量、连接部件完好性，同时要检查滤框的椭圆度。

急冷油排放泵为间断运行泵，每次启泵前要特别注意冲洗油的正常投用，保证机械密封的运行寿命，同时保证液下滑动轴承的润滑，延长机泵本身的运行寿命。

3）稀释蒸汽发生器的检维修

在乙烯装置中，稀释蒸汽发生器内漏、堵塞而频繁检修的事件是普遍存在的，稀释蒸汽发生主要有两种方式：第一种是以急冷油为热源，该类换热器内漏时急冷油窜入工艺水中，影响稀释蒸汽品质，易导致裂解炉炉管快速结焦堵塞；第二种是以中压蒸汽为热源发生稀释蒸汽，发生内漏时增加了外排水量，影响装置的能耗、物耗。导致稀释蒸汽发生器内漏堵塞的原因主要有三点：一是工艺水 pH 值控制不严格，导致设备换热管酸碱腐蚀穿孔；二是蒸汽发生侧气液两相对换热管的冲刷，导致换热管减薄发生内漏；三是管壳程在运行过程中产生的聚合物造成堵塞，导致换热器换热效果下降，稀释蒸汽发生能力降低。因此，这类换热器的定期检修维护已成为常态，但由于换热器管排列密集，整个管束体积较大，常规的高压水清洗无法将中间部位管束之间的聚合物清除，近些年，通过化学清洗技术，将管束浸泡，可去除包裹和夹杂在管束间隙中的垢层，效果良好。

4）机泵运行负荷匹配

急冷单元急冷油和急冷水需要双泵或多泵并联运行，负荷匹配不良会引起机泵振动，需要考虑并联机泵之间负荷匹配情况，尤其是汽轮机和电泵之间的负荷匹配。

三、压缩单元

压缩单元核心设备包括裂解气压缩机、乙烯压缩机和丙烯压缩机，俗称“三机”，一般采用汽轮机驱动，开车和日常运行需重点关注。

1. 润滑油及控制油站

润滑油站的维护重点如下：

（1）为维持油站原有设计的有效性，应定期进行联锁调试，验证设备联锁动作及是否满足要求。

（2）在日常操作过程中，尤其是大检修后运行或日常油泵切换，必须要保证操作步骤的可控与准确。

（3）油温的影响不容忽视，尤其在北方地区，在切换油泵、油过滤器或油冷却器时，须使润滑油在备用台充分循环升温后再切入系统。另外，温度的变化也可能造成蒸汽系统产生凝液，蒸汽带液极易造成油泵驱动汽轮机转速波动，因此需定期检查疏水器，并对管网排凝。油温对轴承位置油膜的形成影响也很大，控制合适的油温，保证黏度，利于稳定振动和位移。

（4）润滑油的过滤，尤其是矿物质润滑油，在长时间使用后容易出现油泥，油泥会堆积在控制阀的细小流道中，造成电液转换器堵塞、波动，因此，需定期对油品进行过滤。

（5）蓄能器压力需要定期监测，防止压力不足，避免出现应急状态下油压不足，导致停车。

2. 注水单元维护及检查

裂解气压缩机设有注水单元，防止压缩机出口温度过高导致聚合。注水可以有效减缓机内叶轮结垢、降低压缩机出口温度，但也易造成压缩单元的腐蚀、压缩机隔板或叶轮的冲蚀。因此应注意：严格监控段间 pH 值；严格控制注水水质；间断注水或季节性调整时，必须注意防止喷嘴堵塞，应定期检查流量是否正确；注水压差必须满足要求；检修期间注意喷嘴的清理和检查；检修期间检查隔板和转子是否有冲蚀现象。

3. 洗油及阻聚剂注入单元

在裂解气压缩机入口管线注入洗油，冲刷附着在叶轮及流道上的聚合物；通过把洗油的液滴分散在裂解气中，使之在裂解气流道上形成一层油膜，使聚合物不易黏附于流道表面。

4. 模拟开车

乙烯“三机”的运行状态直接决定了乙烯装置的运行状态，装置建设完成后或大检修结束，虽然经过单调和联调，也不能完全保证机组的顺利开车，因此采取模拟开车方法，既能验证机组的性能，又能实现培养锻炼人员的目的。

模拟开车是在安全的前提下，能量完全隔离的情况下进行的，汽轮机没有蒸汽进入，压缩机没有物料进入。第一步：机组所有的辅助单元全部正常运行且逻辑调试合格。第二步：根据方案，实现所有启机条件。通过模拟开车，除机组真正转动外，基本实现对各功能部件及逻辑动作的验证，以此规避正常开车时带来的操作风险，保证机组在正常运行时一次开车成功。

5. 裂解气压缩机氮气开车

随着乙烯装置安全开工、低排放开工的需求，裂解气压缩机的氮气开车逐渐得到应用。在装置建设完成后，因部分装置无高压氮气管网，或引入的高压氮气不足以满足需求，需要氮气开车，对高压系统进行气密，用大量的高压氮气进行装置管线设备吹扫；在装置大检修后开工，氮气环境下气密，可以保证泄漏后的安全处理；同时装置先进行氮气循环升压和预冷降温，能最大限度地实现安全和低排放开工，缩短开工时间。另外，氮气开车也是对机组力学性能的一次检验，为机组故障处理创造条件。因此，成功地进行裂解气压缩机的氮气开车尤为关键。

6. 汽轮机启、停机过程的注意事项

汽轮机启动前、停机后均需盘车。

(1) 盘车前要建立正常的润滑油循环，因盘车转速低，轴承处不足以形成油膜，为半干摩擦状态，轴瓦易磨损，同时压缩机干气密封不足以形成气膜，也为干摩擦状态，因此盘车时间不宜过长。

(2) 不允许在过低的真空度下冲动转子。

(3) 汽轮机启动前真空度要达到一定数值，且密封蒸汽投入时间也不宜过晚。

(4) 如果电动连续盘车，可以在盘车状态下向轴封供汽，预热缸体和转子；如果手动盘车，可间歇性向轴封供汽，同样应注意排汽温度的变化，没有盘车装置或转子在静止状态下禁止向轴封供汽。

(5) 启机冲动转子，启机后要密切关注机械参数、膨胀指示器、真空度及复水器液位的变化。

(6) 暖机过程中遇到振动异常情况，应降低暖机转速或延长暖机时间，振动消除再升速；否则应停机降温，盘车检查，判断是否具备再次启机的条件。

(7) 汽轮机不可过长时间空负荷和低负荷运行。

7. 防止外引密封气带液

干气密封的密封气绝对不允许带液，液相进入密封腔，温度升高汽化，对密封造成冲击，同时易造成密封面的磨损。裂解气压缩机和乙烯压缩机的外引密封气是乙烯，丙烯压缩机的外引密封气是丙烯，外引密封气在引入装置的过程中由于管路较长，气体受温度、压力的影响会析出液相，尤其北方地区，冬季受气温影响更严重。

为防止外引乙烯密封气带液，需考虑加热措施，同时在外引密封气时注意干气密封运行参数和排液的检查。丙烯更容易析出液相，需同样考虑加热措施。

四、分离单元

分离单元具有高压、低温等特点，尤其在装置开停车中存在较宽的温度、压力变化范围，因此，分离单元的设备有其特有的关键点和要求。

在装置开、停车过程中，易泄漏部位有乙烯产品汽化器、冷火炬液汽化器、低压脱丙烷塔冷凝器、脱甲烷塔人孔、乙烯吸收塔等，在装置开、停车过程中要注意现场检查，发现问题及时处理。

冷箱在乙烯装置的冷量回收及利用上发挥着重要作用，但由于结构上的特殊性易冻堵，可采用气体吹扫加清洗液冲洗的模式进行清理。吹扫气体使用含水量低的氮气，满足低温使用条件，清洗液可选择甲醇，有利于使用后快速从系统中清除，省时省力、简便易行，保证冷箱达到设计的换热能力。

在分离区，有一部分关键机泵为 VS6 型立式筒袋泵，如循环乙烷泵和乙烯产品泵等，这些泵在正常工况下运行稳定。一旦出现故障，这类泵一般检修难度较大，倒空置换时间较长，造成整个检修周期延长，对装置安全稳定运行造成威胁。因此，日常的维护格外重要，对运行泵的状态监测和密封状态要格外关注，备用泵机械密封的氮气线应时刻保证畅通。机泵检修完毕后，机泵的干燥、置换、预冷要严格执行，避免造成二次检修。

第三节　公 用 工 程

乙烯装置的公用工程系统可分为水、电、汽、风等子系统，主要是维持装置的动力运转、用户加热、降温冷却、消防保障、装置置换等。合理、高效的公用工程系统运行和维护能够有效降低装置能耗，保证装置长周期平稳运行。

一、水系统

乙烯装置的给水系统包括生活给水、新鲜水、循环冷却水、消防给水、工艺用水、锅炉给水等。根据使用情况的不同，给水系统又分为直接用水和间接用水两大类。

乙烯装置的排水系统通常按照含盐量的不同归类为低盐污水系统和高盐污水系统。低盐污水系统主要包括裂解炉的清焦废水、稀释蒸汽排污等，高盐污水主要来自废碱氧化单元的中和废液。

1. 循环冷却水

循环冷却水由于在循环过程中受到浓缩、蒸发、风吹、升温、渗漏等各种作用，使循环冷却水具有腐蚀性(结垢性)、易产生沉积物、微生物繁殖等特点，如果不能很好地解决腐蚀控制、沉积物控制及微生物控制这三大问题，会对生产装置的正常运转产生很大影响。换热设备的结构形式、材质、污垢热阻值、腐蚀率等应根据循环冷却水的水质来确定。循环冷却水的水质应符合 GB/T 50050—2017《工业循环冷却水处理设计规范》要求。

提高循环冷却水系统的浓缩倍数可以减少补水量，节约水资源。因此，从节水和水质稳定两个角度考虑，应采用适宜的浓缩倍数。

急冷水冷却、压缩机段间冷却、汽轮机复水器冷却、丙烯精馏塔塔顶冷凝等是乙烯装置循环冷却水的主要用户，循环冷却水用量主要取决于冷却负荷及循环冷却水的给水、回水温度。冷却负荷与裂解原料、工厂规模及工厂的热回收方案有关。

随着水资源的日趋紧张，乙烯装置的节水措施也变得越来越重要，采用空冷器冷却急冷水及汽轮机复水以减少水冷却器的数量，将急冷水用于工艺加热以减少冷却负荷，尽量利用高温用户及低温用户被冷却介质的温度不同二次利用循环水等，进行充分的优化、平衡，以最大限度地降低和减少循环冷却水总量。在海水资源充沛、淡水资源缺乏的地区，也可以利用海水作为循环冷却水。

2. 工艺用水

乙烯装置通常以锅炉给水或脱盐水来补充工艺水，主要用于补充急冷水单元和裂解气碱洗后的水洗用水。急冷水单元的补充水量应与稀释蒸汽排污水和稀释蒸汽单元直接补汽量相平衡。在正常生产期间，通常均使直接补汽量与排污量平衡，而无须补充锅炉给水或脱盐水，只是在裂解炉烧焦气放空时，可能补充相应的锅炉给水或脱盐水。当蒸汽换热器发生内漏、急冷油换热器急冷油侧堵塞或工艺侧因聚合结垢导致发生能力不足时，系统补入蒸汽量会增加，导致排污水增加。

装置开车期间，多台裂解炉处于蒸汽开车状态，大量稀释蒸汽放空。此时，除外引蒸汽作为稀释蒸汽外，也常常要补充锅炉给水或脱盐水保持急冷水单元的平衡。因此，脱盐水站能力，除应保证工艺锅炉给水的需要外，尚需考虑开工期间急冷水单元的补充水量。

为控制污水量，碱洗塔水洗段用水量不宜过大。

3. 锅炉给水

锅炉给水的水源可以是经过处理的生水、城市给水和蒸汽冷凝水，而蒸汽冷凝水的利用要视冷凝水回收的可能性和经济性而定。锅炉给水是乙烯装置用水量较大的用户，一般在装置原始开工期间，凝液回收率甚低，最多只能达到15%~20%。因此，乙烯装置最大补充锅炉给水量及相应的水处理设施，均应按装置开工期的需用量进行平衡。

4. 消防水

乙烯装置工艺流程长、工艺设备数量多且装置占地面积较大，相应投资大，装置的消防安全要求较高。乙烯装置消防水的来源可以由工厂水源直接供给，也可由专门的消防水池(罐)供给，消防水经过消防泵加压后经消防管网送往装置，消防管网应呈环状，进水管不应少于两条，其中一条发生故障时，另一条应能通过100%的消防水量。

5. 排污水

乙烯装置生产的污水主要是含油、含酚和含硫的污水，含油污水主要来自急冷水排放、稀释蒸汽排放和地面污染含油水；含酚污水主要来自稀释蒸汽发生部分，从稀释蒸汽发生器或稀释蒸汽罐排出含酚废水；含硫污水主要来自碱洗塔，一般送至废碱氧化单元处理。

二、电气系统

乙烯装置生产过程对安全性、连续性的要求很高，用电负荷基本属于一、二级负荷，其中部分为一级特别重要负荷，由柴油发电机或应急电源系统(EPS)供电，仪表DCS系统由不间断电源(UPS)供电。中断正常供电将造成较大的经济损失，甚至可能引起主要设备损坏，因此，对重要的用电负荷采取分批再启动措施，以提高供电可靠性。

1. 电源及供配电

乙烯装置两路独立的进线电源引自上级总变电站的不同母线段，根据负荷容量和分布，按照电源深入负荷中心的原则，在乙烯装置内设置1~2个变电所。根据用电负荷的不同，乙烯装置设有6kV或10kV配电系统主接线、0.38kV低压配电系统。UPS设备及其电源采用100%冗余配置。各级电压等级的变(配)电站(所)的母线及相应配置的主(配电)变压器，正常情况下应分列运行。一级负荷中特别重要负荷应由专设的EPS或UPS供电。

对一级负荷且生产机械允许再启动的机泵设自动再启动装置，按变压器容量确定再启动容量与批次，多级再启动采用由微机控制的自动再启动控制装置。

2. 爆炸和火灾危险环境

乙烯装置处理的介质主要为ⅡA、ⅡB类气体，工艺气中在H_2含量较高的地方按ⅡC来考虑。按照GB 50058—2014《爆炸性危险环境电力装置设计规范》的规定，乙烯装置的危险区为2区和附加2区，污水及事故雨水池地下部分为1区。安装在危险区内的电气设备的防爆类型主要是EXd和EXe，气体组别不应低于ⅡB，温度组别不低于T3。裂解炉为明火区，虽被划分为非危险区，但所有电气及仪表设备均按2区、组别ⅡA和ⅡB配置。

三、蒸汽系统

乙烯装置与装置外部工厂的锅炉或热电系统产生的蒸汽通常一起供本装置和下游其他装置，因此，乙烯装置的蒸汽系统及其所在工厂的蒸汽系统是统一的整体。

1. 蒸汽管网的平衡

蒸汽平衡是要在各种工况下各级蒸汽平衡使用，操作原则一是降低蒸汽放空，二是降低高品位蒸汽向低品位蒸汽减温减压量，维持各级蒸汽温度、压力稳定，蒸汽管网的平衡使用是装置稳定运行的条件之一。

为降低蒸汽波动对装置运行的影响，需编制装置发生异常时的蒸汽平衡预案，在短时间内稳定蒸汽使用，防止蒸汽压力、温度产生大的波动，影响整个装置平稳运行。

通常，乙烯工厂的蒸汽平衡有下列几种工况：乙烯装置的停、开车工况；界区外锅炉部分停工工况；乙烯装置内部主要设备故障工况(裂解炉跳车、裂解气压缩机跳车等)；夏季工况、冬季工况；事故工况。

2. 蒸汽管网的优化

运行优化是在装置正常运行时，合理调配蒸汽使用量。首先管理好裂解炉运行，尽量多发生超高压蒸汽，如定期对急冷换热器器进行水力清焦，控制裂解原料质量防止急冷换热器结焦过快。急冷油、急冷水循环泵一般既设有汽轮机，也有电泵，这样可以合理选择开汽轮机或电泵，夏季低压蒸汽富裕，停汽轮机，减少低压蒸汽产生量。根据急冷油泵、急冷水泵、锅炉给水泵等其他蒸汽用户的需求，调整裂解气压缩机和丙烯压缩机用汽轮机的高压蒸汽和中压蒸汽抽汽量。

四、燃料气系统

1. 燃料构成

裂解炉一般以气体燃料为主，根据裂解炉的设计，也可以使用部分液体燃料，裂解炉侧壁燃烧器烧燃料气，底部燃烧器可烧燃料气，也可烧轻质燃料油。随着近年环保要求的提高，作为液体原料的油品，如裂解 C_5等进一步深加工效益增加，裂解炉使用燃料油的情况基本消失。乙烯装置通常以副产甲烷和氢气作为裂解炉主要的气体燃料，裂解炉在开车阶段如没有充足的天然气，可使用饱和液化气作燃料，装置投料后副产甲烷合格后再切换为甲烷。

未经丁二烯抽提分离的裂解 C_4馏分作为气体燃料使用时，燃烧器易产生结焦堵塞，而未经加氢的裂解 C_5作为燃料使用时，堵塞会更加严重，为防止燃料气管线和燃烧器堵塞，要求燃料气中双烯烃含量不能过高。

火炬气点火及火炬长明灯需使用燃料气，近年来，由于采用火炬自动点火技术，可以使长明灯在没有火炬气排放时不再处于燃烧的状态，节省了燃料气用量。

2. 燃料平衡

乙烯装置的燃料是用裂解副产甲烷和外补燃料统一进行平衡，不足部分以外供燃料(如天然气和低碳炼厂气)或饱和液化气补充。

第四节 安 全 生 产

对安全生产工作进行管理和控制，树立“以人为本”的思想，坚持“安全第一、预防为主”的基本方针，实施安全生产目标管理，健全各项安全生产规章制度，落实安全生产责任制，全面提高安全生产管理水平。

一、增强安全意识

通过安全教育和培训增强员工安全意识，对员工进行经常性、有针对性的培训，可以使员工建立并提高安全意识。

1. 安全教育的意义

安全教育是最为重要的环节，只有通过安全生产的培训教育，才能实现从“要我安全”

到“我要安全”的转变。安全教育要从“三不伤害”入手，这其中的内涵就是首先要保护好自己，但要在教育的内容和形式上多样化，才能让全体员工所接受。

2. 安全教育的内容

1）学习安全生产法律法规

安全生产已经提升到法律的高度，违反安全生产的法律法规、规章制度和操作规程，就是违法行为，要通过法律法规的学习，使全体员工了解法律赋予自己的权利和必须履行的义务，充分认识到党和国家对安全的重视程度，强化全体员工的安全意识。

2）学习安全生产的管理制度以及相关的安全知识

必须让全体员工明白这些管理制度和安全知识是用无数的生命和鲜血、用巨额财产损失换来的，在工作中必须遵章守纪、严格执行操作规程才能杜绝安全事故的发生。通过这方面的学习和教育，从理性上逐步形成员工的安全意识。

3）学习各工序的危险源和控制措施

通过各项工序的危险源告知和控制措施的学习，员工对自己从事的各项工作存在的风险和控制措施有清晰的认识和了解，安全意识得到加深和巩固。

4）学习安全生产事故并进行案例分析

分析事故发生的原因和过程，结合自身实际情况，做到举一反三，从中吸取教训，杜绝同类事故在自己的岗位上发生，从而达到强化安全意识的目的。

3. 安全教育的形式

安全教育的形式多种多样，有新项目开工、员工转岗、休假复工等的集中教育；有警示标语、安全手册、亲人安全寄语、现场会、图片展、有奖知识问答等的宣传教育；还有要求全体员工牢记亲人和朋友的嘱托的情感教育；还可以通过班前安全讲话和班组安全活动等形式，对员工进行安全教育。要求全体员工时时想着安全，处处注意安全，常常不忘安全，营造浓厚的安全生产氛围。

二、工艺设备安全

1. 安全设施

乙烯生产过程复杂，工艺条件非常苛刻，有高温、高压、低温、低压等特点，介质大多易燃、易爆，部分介质腐蚀性大，因此控制条件要求严格，相互制约因素较多，保证安全生产特别重要。在操作过程中需关注以下安全设施。

1）联锁

当生产操作超出安全生产范围时发出事故报警信号，并自动处理或停车，必要时也可由手动按钮实现局部或全部紧急停车。操作中需特别关注关键设备或重要工艺系统联锁，这涉及全装置或大范围停车联锁、设备或产品质量事故，严重时关系到人员伤亡。

2）消防系统

乙烯装置设有完善的消防系统，包括化学消防和水消防，裂解炉区还设有蒸汽幕保护以阻断火路，防止火灾蔓延，有些塔、罐顶部设有喷淋设施以起到降温、保护作用。

3）危险气体检测报警器

装置区设有危险气体检测报警器，可在中央控制室设置监视危险气体的泄漏情况。

4）防超压设施

乙烯装置的塔及容器设置有超压放空调节阀、加热源自动切断及安全阀等防止设备超压。

2. 重点部位监控

1）裂解炉单元

停车期间裂解炉应使用盲板隔离；裂解炉点火前需对炉膛进行彻底置换并测爆分析合格后，才能点火；开、停车应严格按升、降温曲线要求进行，正常生产时严格控制各工艺参数在工艺指标范围内；经常检查炉内燃烧状况，观察火焰情况和检查炉管形状在正常状态；一旦炉管破裂，应立即停炉熄火采取相应措施；检查急冷换热器排污、汽包液面在正常状态，不得过低造成“干锅”，一旦发生“干锅”，不能立即补水，应立即停炉。

2）急冷单元

运行时要保证循环量，使塔盘保持湿润，避免低聚物生成；要控制急冷油黏度，防止管道堵塞；控制好急冷水单元的 pH 值，以免设备腐蚀引起泄漏；打开人孔时，防止出现自燃；避免直接接触急冷油、裂解燃料油中的有毒物质。

3）压缩机单元

严格控制压缩机各段流量，防止发生喘振事故；严格控制各段吸入罐液位，以免出现假液位引发停车事故；检查润滑油单元的压力，防止润滑油进入压缩机，引起高液位和冻堵，造成停车事故；汽轮机开车时应注意蒸汽过热度，按要求速度升温，以防热应力引起管线变形或发生水锤而损坏设备。

4）分离单元

操作时压力、温度不能骤升骤降，避免造成泄漏；各塔、罐停车时，应先排液后泄压，以免造成“冷脆”而损坏设备、管道。

5）火炬单元

应缓慢排放物料，防止大量碳五进入火炬总管，避免“火雨”；定期检查火炬总管上的积液槽液位，以免液面超高引起总管憋压和下“火雨”。

第六章　技术经济性分析

随着乙烯裂解装置向规模大型化、原料多元化及轻质化发展，不同原料的乙烯裂解装置，其经济性的差别也越来越明显，同时乙烯装置所处的地域环境、装置规模、产品方案、投资水平、目标市场等因素也会影响到乙烯装置的竞争力水平。本章选取有代表性的原料路线，研究其成本竞争力和经济效益指标。

第一节　测算范围及测算原则

一、测算范围

立足于行业现状，选取有代表性的装置规模和原料路线进行测算。选取的规模和原料路线：以石脑油和加氢尾油为原料的 100×10^4t/a 蒸汽裂解装置、以石脑油及轻烃为原料的 100×10^4t/a 蒸汽裂解装置、以乙烷为原料的 100×10^4t/a 蒸汽裂解装置、以丙烷为原料的 100×10^4t/a 蒸汽裂解装置，选取的典型乙烯装置见表 6-1。测算范围为乙烯装置界区内，建设投资为乙烯装置界区内投资，不包括公用工程、辅助设施、预备费等其他费用。

表 6-1　典型乙烯装置

序号	生产技术	规模，10^4t/a	主要原料	主要产品	备注
1	石脑油及加氢尾油蒸汽裂解	100	石脑油、加氢尾油及其他	乙烯、丙烯	以石脑油、加氢尾油为主
2	石脑油及轻质原料蒸汽裂解	100	石脑油、轻烃及其他	乙烯、丙烯	以石脑油、轻烃为主
3	乙烷蒸汽裂解	100	乙烷	乙烯	
4	丙烷蒸汽裂解	100	丙烷	乙烯、丙烯	

二、测算原则

(1) 输入界区原料和公用工程按外购考虑，输出界区产品按外卖考虑。

(2) 经济测算更侧重于不同原料路线之间效益的相对比较，因此测算采取在同样的基础数据和参数基准上计算。

(3) 乙烯的单位成本测算是从成本角度对不同原料路线的乙烯生产成本进行比较，具体包括原材料及辅助材料成本、公用工程成本、固定成本(如人工、折旧、维修、其他制造费用)等，并扣除副产。

第二节　经济指标选用和测算基础数据

一、经济指标的选用

一个评价指标一般只反映评价对象的某些方面，难以达到对项目进行全面分析的目的。项目的目标不同，需采用不同的指标予以反映。

经济评价常用指标分类见表6-2。

表6-2　经济评价常用指标分类[1-2]

划分标准	常用指标分类	
是否考虑资金时间价值	静态评价指标	静态投资回收期等
	动态评价指标	净现值、内部收益率、动态投资回收期等
项目评价层次	财务分析指标	财务净现值、财务内部收益率、投资回收期等
	经济分析指标	经济净现值、经济内部收益率等
指标的经济性质	时间性指标	投资回收期
	价值性指标	净现值、净年值
	比率性指标	内部收益率、净现值率、效益费用比等

经济评价指标主要解决两类问题：一是特定项目的筛选；二是不同项目的优选。前者是建设项目的绝对效果评价，后者是相对效果评价。内部收益率适用于独立方案的可行性判断，属于绝对效果评价，而相对效果评价通常采用的指标是净现值法、费用现值法和差额投资内部收益率法。

本章探讨的是不同乙烯原料路线经济指标的比较问题，是属于相对效果评价及指标的运用，需要采用相对效果的评价指标，即净现值指标作为判断标准。因此，在不同路线乙烯装置的经济性测算中，以财务净现值指标为主，辅以财务内部收益率。财务净现值高低说明不同路线的经济性差异，内部收益率说明该路线的经济可行性。

二、测算基础数据

1. 资金筹措

建设投资中的30%为自有资金，70%长期贷款，贷款名义利率4.90%；建设期利息贷款解决；流动资金中30%为铺底流动资金，其余70%的流动资金采用贷款，贷款利率4.35%。

2. 评价年限

财务评价计算期按18年计，其中建设期3年，生产期15年。

3. 基准收益率

税后基准收益率为10%（即$i_c = 10\%$）。

4. 生产负荷

达产期按 3 年考虑，第一年达产率为设计能力的 80%，第二年 90%，第三年及以后按 100%设计能力计算。

5. 产品及主要原料价格体系

主要原料及产品价格采用近年市场平均价格。

6. 增值税率

水、蒸汽、燃料气增值税税率为 9%，其余原料、公用工程、产品增值税税率按 13%计取。

7. 所得税

依据《中华人民共和国企业所得税法》，所得税税率按 25%计取。

8. 其他成本费用

1）公用工程价格

公用工程价格见表 6-3。

表 6-3　公用工程价格

序号	名称	不含税价格	价格单位
1	电	0. 55	元/(kW · h)
2	循环冷却水	0. 25	元/t
3	新鲜水	3. 50	元/t
4	生活水	3. 50	元/t
5	除盐水	10. 00	元/t
6	高压蒸汽	170. 00	元/t
7	中压蒸汽	130. 00	元/t
8	低压蒸汽	100. 00	元/t
9	低压饱和蒸汽	70. 00	元/t
10	氮气	0. 40	元/m^3
11	仪表空气	0. 20	元/m^3
12	工厂空气	0. 20	元/m^3
13	冷凝液	10. 00	元/t

注：公用工程价格采用地区综合平均价。

2）固定资产折旧年限及折旧方式

按照《中华人民共和国企业所得税法实施条例》(2008 年 1 月 1 日)，企业应当根据固定资产的性质和使用情况，合理确定固定资产的预计净残值。本项目预计净残值率暂定为 3%。

采用直线法计算折旧，综合折旧年限 15 年。

3）摊销

无形资产、其他资产按规定期限平均摊销：无形资产 10 年，其他资产 5 年。

4）修理费

修理费按固定资产原值(扣除建设期利息)的4%计取。

5）其他制造费用

其他制造费用按固定资产原值的2%计取。

6）其他管理费用

其他管理费用按人均每年5万元计算。

7）人员工资及福利费

人员平均工资及福利费按照人均每年15万元计算。

8）安全生产费用

安全生产费计取方式：销售收入不超过1000万元的，按照4%提取；销售收入1000万元至1亿元的部分，按照2%提取；销售收入1亿元至10亿元的部分，按照0.5%提取；销售收入超过10亿元的部分，按照0.2%提取。

9）利息支出

生产期发生的利息支出(包括长期贷款和流动资金贷款利息)计入财务费用。

第三节 经济测算

一、以石脑油及加氢尾油为原料的装置

石脑油及加氢尾油为原料的蒸汽裂解装置为传统路线，原料以石脑油为主，辅以加氢尾油原料，规模为100×10^4t/a。

石脑油及加氢尾油蒸汽裂解装置原料和公用工程价格、产品价格、乙烯生产成本、装置经济指标及敏感性分析分别见表6-4至表6-8。

表6-4 石脑油及加氢尾油蒸汽裂解装置原料和公用工程价格

序号	名称	不含税价格	价格单位
1	石脑油	3701	元/t
2	加氢尾油	3521	元/t
3	LPG	3558	元/t
4	循环冷却水	0.25	元/t
5	脱盐水	10	元/t
6	电	0.55	元/(kW·h)
7	高压蒸汽	130	元/t
8	中压蒸汽	100	元/t
9	低压蒸汽	70	元/t
10	燃料气	2000	元/t

表 6-5　石脑油及加氢尾油蒸汽裂解装置产品价格

序号	名称	不含税价格，元/t	序号	名称	不含税价格，元/t
1	乙烯	6500	5	裂解汽油	3593
2	丙烯	5600	6	裂解轻柴油	3593
3	氢气	7000	7	裂解燃料油	2529
4	裂解碳四	3558			

表 6-6　石脑油及加氢尾油蒸汽裂解装置单位乙烯生产成本

序号	名称	成本，元/t	占比,%
1	原料(含扣除副产)	4835	89.1
2	公用工程	240	4.4
3	其他固定成本	351	6.5
4	生产成本小计	5426	100.0

表 6-7　石脑油及加氢尾油蒸汽裂解装置经济指标

序号	项目	数额	备注
1	报批总投资，万元	441908	
1.1	建设投资，万元	405000	
1.2	建设期利息，万元	20271	
1.3	铺底流动资金，万元	16637	
2	资本金，万元	138137	
3	销售收入，万元	1230306	年均
4	流转税金及附加，万元	37592	年均
5	总成本，万元	1126189	年均
6	利润总额，万元	88876	年均
7	所得税，万元	22219	年均
8	税后利润，万元	66657	年均
9	项目投资税后回收期，a	7.64	自建设之日起
10	项目投资税后财务内部收益率,%	17.67	
11	项目投资税后财务净现值，万元	207870	$i_c=10\%$

表 6-8　石脑油及加氢尾油蒸汽裂解装置敏感性分析

序号	变化因素	变化率,%	税后财务净现值，万元	税后内部收益率,%
1	基本情况		207870	17.67
2	建设投资	10	170732	15.92
		5	189301	16.77
		-5	226438	18.64
		-10	245007	19.69

续表

序号	变化因素	变化率，%	税后财务净现值，万元	税后内部收益率，%
3	销售收入	10	715546	32.02
		5	461708	25.37
		-5	-45968	8.02
		-10	-299806	
4	生产负荷	10	266961	19.53
		5	237415	18.61
		-5	178324	16.70
		-10	148778	15.70
5	可变成本	10	-228850	
		5	-10145	9.58
		-5	425556	24.41
		-10	643242	30.36

经测算，100×10^4t/a 以石脑油及加氢尾油为原料的蒸汽裂解装置的乙烯生产成本为 5426 元/t；税后财务净现值 207870 万元，项目投资税后内部收益率为 17.67%；销售收入和可变成本对经济性影响较大，建设投资和生产负荷的影响次之。

二、以石脑油及轻烃为原料的装置

以石脑油及轻烃为原料的蒸汽裂解装置在传统路线基础上，以轻质化原料作为进料，规模为 100×10^4t/a。

石脑油及轻烃蒸汽裂解装置原料和公用工程价格、产品价格、乙烯生产成本、装置经济指标及敏感性分析分别见表 6-9 至表 6-13。

表 6-9　石脑油及轻烃蒸汽裂解装置原料和公用工程价格

序号	名称	不含税价格	价格单位
1	石脑油	3701	元/t
2	LPG	3558	元/t
3	乙烷	3300	元/t
4	丙烷	3602	元/t
5	循环冷却水	0.25	元/t
6	脱盐水	10	元/t
7	电	0.55	元/(kW·h)
8	11.5MPa 蒸汽	170	元/t
9	4.0MPa 蒸汽	130	元/t
10	1.5MPa 蒸汽	100	元/t
11	0.5MPa 蒸汽	70	元/t

表 6-10 石脑油及轻烃蒸汽裂解装置产品价格

序号	名称	不含税价格，元/t	序号	名称	不含税价格，元/t
1	乙烯	6500	5	裂解碳四	3558
2	丙烯	5600	6	裂解汽油	3593
3	氢气	7000	7	裂解燃料油	2529
4	甲烷氢	3000			

表 6-11 石脑油及轻烃蒸汽裂解装置单位乙烯生产成本

序号	名称	成本，元/t	占比,%
1	原料(含扣除副产)	4556	89.7
2	公用工程	150	3.0
3	其他固定成本	370	7.3
4	生产成本小计	5076	100.0

表 6-12 石脑油及轻烃蒸汽裂解装置经济指标

序号	项目	数额	备注
1	报批总投资，万元	423023	
1.1	建设投资，万元	390000	
1.2	建设期利息，万元	19520	
1.3	铺底流动资金，万元	13503	
2	资本金，万元	130503	
3	销售收入，万元	1033327	年均
4	流转税金及附加，万元	31662	年均
5	总成本，万元	905343	年均
6	利润总额，万元	120172	年均
7	所得税，万元	30043	年均
8	税后利润，万元	90129	年均
9	项目投资税后回收期，a	6.62	自建设之日起
10	项目投资税后财务内部收益率,%	22.67	
11	项目投资税后财务净现值，万元	349310	$i_c=10\%$

表 6-13 石脑油及轻烃蒸汽裂解装置敏感性分析

序号	变化因素	变化率,%	税后财务净现值，万元	税后内部收益率,%
1	基本情况		349310	22.67
2	建设投资	10	313548	20.68
		5	331429	21.64
		-5	367191	23.78
		-10	385072	24.97

续表

序号	变化因素	变化率,%	税后财务净现值，万元	税后内部收益率,%
3	销售收入	10	775705	34.41
		5	562507	28.86
		-5	136113	15.47
		-10	-77084	6.39
4	生产负荷	10	421170	24.79
		5	385240	23.74
		-5	313380	21.57
		-10	277450	20.43
5	可变成本	10	2952	10.13
		5	176392	16.91
		-5	522229	27.81
		-10	695148	32.52

经计算，100×10^4t/a 以石脑油及轻烃为原料的蒸汽裂解装置的乙烯生产成本为 5076 元/t；税后财务净现值 349310 万元，项目投资税后内部收益率为 22.67%；销售收入和可变成本对经济性影响较大，建设投资和生产负荷的影响次之。

三、以乙烷为原料的装置

乙烷蒸汽裂解装置规模为 100×10^4t/a。

乙烷蒸汽裂解装置原料和公用工程价格、产品价格、乙烯生产成本、装置经济指标及敏感性分析分别见表 6-14 至表 6-18。

表 6-14　乙烷蒸汽裂解装置原料和公用工程价格

序号	名称	不含税价格	价格单位
1	乙烷	3300	元/t
2	新鲜水	3.5	元/t
3	循环冷却水	0.25	元/t
4	除盐水	10	元/t
5	电	0.55	元/(kW·h)
6	高压蒸汽	130	元/t
7	中压蒸汽	100	元/t
8	低压蒸汽	70	元/t
9	仪表空气	0.20	元/m^3
10	清焦空气	0.10	元/m^3
11	低压氮气	0.40	元/m^3

表 6-15　乙烷蒸汽裂解装置产品价格

序号	名称	不含税价格，元/t	序号	名称	不含税价格，元/t
1	乙烯	6500	4	燃料油	2529
2	氢气	7000	5	燃料气	2500
3	碳三及以上	3000			

表 6-16　乙烷蒸汽裂解装置单位乙烯生产成本

序号	名称	成本，元/t	占比,%
1	原料(含扣除副产)	3461	85.9
2	公用工程	161	4.0
3	其他固定成本	406	10.1
4	生产成本小计	4028	100.0

表 6-17　乙烷蒸汽裂解装置经济指标

序号	项目	数额	备注
1	报批总投资，万元	333118	
1.1	建设投资，万元	310000	
1.2	建设期利息，万元	15516	
1.3	铺底流动资金，万元	7602	
2	资本金，万元	100602	
3	销售收入，万元	709300	年均
4	流转税金及附加，万元	36792	年均
5	总成本，万元	494775	年均
6	利润总额，万元	209459	年均
7	所得税，万元	52365	年均
8	税后利润，万元	157094	年均
9	项目投资税后回收期，a	4.97	自建设之日起
10	项目投资税后财务内部收益率,%	39.30	
11	项目投资税后财务净现值，万元	763034	$i_c=10\%$

表 6-18　乙烷蒸汽裂解装置敏感性分析

序号	变化因素	变化率,%	税后财务净现值，万元	税后内部收益率,%
1	基本情况		763034	39.30%
2	建设投资	10	734608	36.47
		5	748821	37.83
		-5	777191	40.86
		-10	791308	42.55

续表

序号	变化因素	变化率,%	税后财务净现值，万元	税后内部收益率,%
3	销售收入	10	1055721	47.38
		5	909377	43.46
		-5	616690	34.85
		-10	470347	30.04
4	生产负荷	10	868782	42.27
		5	815929	40.81
		-5	710086	37.74
		-10	657137	36.14
5	可变成本	10	581149	33.62
		5	672091	36.52
		-5	853862	41.94
		-10	944649	44.48

经计算，$100×10^4$t/a 乙烷蒸汽裂解装置的乙烯生产成本为 4028 元/t；税后财务净现值 763034 万元，项目投资税后内部收益率为 39.30%；销售收入对项目经济性影响较大，可变成本、建设投资和生产负荷的影响次之。

四、以丙烷为原料的装置

丙烷蒸汽裂解装置规模为 $100×10^4$t/a。

丙烷蒸汽裂解装置原料和公用工程价格、产品价格、乙烯生产成本、装置经济指标及敏感性分析分别见表 6-19 至表 6-23。

表 6-19 丙烷蒸汽裂解装置原料和公用工程价格

序号	名称	不含税价格	价格单位
1	丙烷	3502	元/t
2	电	0.55	元/(kW·h)
3	循环冷却水	0.25	元/t
4	生活水	3.50	元/t
5	除盐水	10.00	元/t
6	4.0MPa 蒸汽	130.00	元/t
7	1.4MPa 蒸汽	100.00	元/t
8	0.5MPa 蒸汽	70.00	元/t
9	氮气	0.40	元/m^3
10	仪表空气	0.20	元/m^3

续表

序号	名称	不含税价格	价格单位
11	工厂空气	0. 20	元/m^3
12	冷凝液	10. 00	元/t
13	含盐废水	30	元/t

表 6-20　丙烷蒸汽裂解装置产品价格

序号	名称	不含税价格，元/t	序号	名称	不含税价格，元/t
1	乙烯	6500	5	裂解燃料油	2529
2	丙烯	5600	6	混合碳四	3558
3	氢气	7000	7	混合碳五	3593
4	燃料气	2500	8	裂解汽油	3593

表 6-21　丙烷蒸汽裂解装置单位乙烯生产成本

序号	名称	成本，元/t	占比,%
1	原料(含扣除副产)	4232	89. 4
2	公用工程	172	3. 6
3	其他固定成本	328	6. 9
4	生产成本小计	4732	100. 0

表 6-22　丙烷蒸汽裂解装置财务指标汇总

序号	项目	数额	备注
1	报批总投资，万元	417485	
1. 1	建设投资，万元	385000	
1. 2	建设期利息，万元	19270	
1. 3	铺底流动资金，万元	13215	
2	资本金，万元	128715	
3	销售收入，万元	1066803	年均
4	流转税金及附加，万元	33656	年均
5	总成本，万元	884453	年均
6	利润总额，万元	177814	年均
7	所得税，万元	44453	年均
8	税后利润，万元	133360	年均
9	项目投资税后回收期，a	5. 70	自建设之日起
10	项目投资税后财务内部收益率,%	30. 01	
11	项目投资税后财务净现值，万元	595123	$i_c=10\%$

表 6-23　丙烷蒸汽裂解装置敏感性分析

序号	变化因素	变化率,%	税后财务净现值，万元	税后内部收益率,%
1	基本情况		595123	30.01
2	建设投资	10	559819	27.67
		5	577471	28.79
		-5	612775	31.31
		-10	630426	32.73
3	销售收入	10	1035331	40.92
		5	815227	35.70
		-5	375019	23.64
		-10	154915	16.25
4	生产负荷	10	690974	32.49
		5	643049	31.26
		-5	547197	28.72
		-10	499272	27.39
5	可变成本	10	257906	19.80
		5	426514	25.15
		-5	763731	34.49
		-10	932340	38.69

经计算，100×10^4t/a 丙烷蒸汽裂解装置的乙烯生产成本为 4732 元/t；税后财务净现值 595123 万元，项目投资税后内部收益率为 30.01%；销售收入和可变成本对经济性影响较大，建设投资和生产负荷的影响次之。

五、经济测算小结

经测算，乙烯生产成本从低到高排序：乙烷裂解<丙烷裂解<石脑油及轻烃原料裂解<石脑油及加氢尾油原料裂解(表 6-24)。

表 6-24　不同原料裂解装置乙烯生产成本汇总　　单位：元/t

序号	名称	石脑油及加氢尾油原料	石脑油及轻烃原料	乙烷原料	丙烷原料
1	原料(扣除副产)	4835	4556	3461	4232
2	公用工程	240	150	161	172
3	其他固定成本	351	370	406	328
4	生产成本小计	5426	5077	4028	4732

相比之下，以乙烷、丙烷为原料的乙烯生产成本较低，以石脑油为原料的装置烯烃生产成本较高。由此可见，就乙烯的生产成本而言，原料轻质化所起的作用非常大。结合乙

烯装置所在地的区域特点，获取轻质的价格低廉的原料是提高产品竞争力的重要因素。

表6-25中的内部收益率指标表明，上述乙烯裂解装置单独建设，其内部收益率均大于基准收益率10%，经济上都是可行的。

表6-25 不同原料裂解装置经济指标

序号	项目	石脑油及加氢尾油原料	石脑油及轻烃原料	乙烷原料	丙烷原料
1	报批总投资，万元	441908	423023	333118	417485
1.1	建设投资，万元	405000	390000	310000	385000
1.2	建设期利息，万元	20271	19520	15516	19270
1.3	铺底流动资金，万元	16637	13503	7602	13215
2	资本金，万元	138137	130503	100602	128715
3	销售收入，万元	1230306	1033327	709300	1066803
4	流转税金及附加，万元	37592	31662	36792	33656
5	总成本，万元	1126189	905343	494775	884453
6	利润总额，万元	88876	120172	209459	177814
7	所得税，万元	22219	30043	52365	44453
8	税后利润，万元	66657	90129	157094	133360
9	项目投资税后回收期，a	7.64	6.62	4.97	5.70
10	项目投资税后财务内部收益率，%	17.67	22.67	39.30	30.01
11	项目投资税后财务净现值，万元	207870	349310	763034	595123

从财务净现值看，乙烷裂解和丙烷裂解装置的净现值高于石脑油路线，而石脑油及轻烃原料路线的净现值高于石脑油及加氢尾油原料路线，说明在乙烯裂解项目中，原料轻质化是决定项目经济性的重要因素。

参考文献

[1] 国家发展改革委建设部．建设项目经济评价方法与参数[M].3版．北京：中国计划出版社，2006.

[2] 全国咨询工程师(投资)职业资格考试参考教材编写委员会．现代咨询方法与实务[M]．北京：中国计划出版社，2017.

第七章　乙烯技术展望

国内乙烯工业历经半个多世纪的发展，不仅在技术上有重大突破，而且在降低装置投资、能耗和推进装备国产化等方面也取得了显著进步。随着技术进步，装置大型化、原料多元化和智能化等还需进一步开展相关工作，同时由于中国“双碳”目标的提出，对乙烯生产减少碳排放提出了新的挑战。

第一节　装置大型化

进入21世纪，乙烯装置大型化的趋势加速，截至2020年底，已投产单系列液体原料的乙烯装置达到150×10^4t/a乙烯产量规模。但要实现装置的更大规模，需解决设备大型化带来的设计、制造和施工等困难。

一、大型转动设备

转动设备，特别是作为乙烯装置核心装备的三大压缩机组，一直是乙烯装置大型化关注的重点。转动设备大型化，不仅仅是设备几何尺寸的放大，还涉及基本理论、材料、机械设计、加工装配、检验试验、运输安装、运行维护等方面的技术研发和革新。国内外主要供货商一直从事转动机组大型化的研发工作。

近年来，国产大型转动机组在工程实际应用中表现良好，市场认可度和占有率不断提高。截至2020年底，中国石油广东石化乙烯装置的三大压缩机组最大产能可达140×10^4t/a，是目前最大规模的国产机组应用。

1. 压缩机组大型化技术

随着装置大型化，裂解气压缩机、乙烯压缩机和丙烯压缩机单台设备尺寸相应增大，技术挑战增多，主要体现在以下方面。

1）大型叶轮气动技术

压缩机大型化的流场特性和大叶轮等需要在已有小型叶轮模型级基础上进行拓展研究，包括新一代模型级研制应用。建立二次流损失的定量分析技术，以二次流损失最小化为优化目标，对叶轮叶片型线、厚度以及盖盘倾角等参数进行优化。拓展新模型级马赫数范围，开发丙烯压缩机高马赫数专用模型级系列，同时保留较高的效率。提高单个叶轮的能头，减少丙烯机组的叶轮数量。这些技术的难度不亚于新压缩机研制，需要多次验证优化。

2）大型转子动力学技术

转子动力学技术包括转子横向振动分析技术、扭转振动分析技术、稳定性分析技术和不平衡响应验证技术等。影响大型转子不稳定的因素复杂、多样、多变，难以进行数学化处理，该项技术不仅需要理论技术，还要结合压缩机厂商自身经验。随着转子的大型化，超大、重型转子的静挠度增加，满足要求的动平衡试验装置少，这是大型离心压缩机组的技术难点之一。需要开发相关技术并进行试验验证，消除或降低这些不利因素的影响。

3）大型压缩机结构设计技术

压缩机的动、静部件大型化会产生静挠度变大、刚度不足等问题，动、静部件的间隙需要做相应调整，需要有相关技术进步。部分压缩机厂商为提升压缩机壳的刚度，增加了大型机壳厚度，曾发生过大型机壳的刚度在设计中能满足要求，但在实际水压试验中，上下机壳的中分面还存在泄漏的情况，这些均需要有技术积累和验证的过程。

4）大型工业驱动汽轮机技术

工业驱动汽轮机技术是基于过去小型高速驱动技术而研发的，速度可调、适用蒸汽条件较宽、高可靠性等是其显著优点，但其功率范围及对应转速范围等也受到一定限制。以前国产工业驱动汽轮机功率大都在 5×10^4kW 以下，后来随着乙烯装置大型化等的需要变化，国产工业驱动汽轮机的技术也在不断发展，实际应用产品功率可做到 10×10^4kW，更大型的汽轮机需要有相应的气动、材料、制造和稳定性等成熟技术支撑。

5）大轴径干气密封技术

干气密封的动压槽深度和非接触密封面的间隙均是以微米计，这对密封面的平面度、粗糙度以及与轴中心线的垂直度等形位公差要求极高。密封直径大型化后，技术上要保证有相同的形位公差精度，这对加工设备的加工精度要求大幅增加。当干气密封直径过大时，现有的加工手段很难满足要求。另外，大直径干气密封在运转中受内外压差作用，对密封在苛刻运转环境中的整体可靠性要求更高，越大越容易变形。此外，大直径密封蓄能圈等弹性部件变形的一致性和重复性等技术难度增大。这些部件的加工技术和整体性配合技术如果不成熟，可能导致密封面发生局部直接摩擦，损坏密封。

6）大轴径重载轴承技术

大型重载转子的质量很大，对轴承的承载能力提出更高要求，并且这种大型重载轴承的动载特性、阻尼特性、动载适应性等需要和转子载荷特性等相结合，才能保障压缩机运行长周期平稳可靠，这需要发展大型重载轴承技术。

7）大型压缩机组运行维护技术

大型机组系统更庞大复杂，操作技术要求更高。例如，大型机组转子重，稍有不慎更可能发生永久性弯曲，所以对机组盘车时间和频次、润滑油量和应急保证能力等都有较高要求。

大型机组一旦发生故障，产生的影响大，所以机组运行条件保障、运行状态监测和故障预警等技术需要提高，运行状态监测和故障预警需要应用先进可靠的机组检测和控制技术。采用机组在线故障监测技术，在机组振动过大时提供在线的原因分析和解决建议；机组喘振防控技术在机组有喘振趋势时提前预判，并能及时调整运行参数。这些技术的开发应用需要机组制造商、乙烯工艺工程技术方和用户共同协作完成，以保证大型机组长周期正常运行。

2. 三大泵组大型化技术

从流量和扬程两个参数衡量，乙烯装置中较大的泵有急冷油泵、急冷水泵和超高压锅炉给水泵，称为装置的三大泵组。与压缩机组类似，泵大型化后也会受到其基本理论、制造加工、外购件保障、系统稳定、维护检修等方面制约，需要做相应技术研发和革新。

1）大型泵水力学技术

工艺泵大型化首先是泵水力学技术的先进性和可靠性。大型泵的流场特性更复杂、不均匀，需要开发相关技术对泵效率、汽蚀、扬程、稳定性等特性进行研究和验证，研制定型泵的新模型级叶轮。随着装置的大型化，泵制造厂商缺乏相应大型急冷水泵和高压锅炉给水泵的成熟技术，一般通过增设更多的泵并联运行以满足工艺要求。

2）大型泵转子动力学技术

大型泵的流场存在不均匀现象，发生局部汽蚀可能性大，大型泵转子的刚度也难以达到相应技术要求。另外，有些工艺介质可能对泵产生磨损，使密封间隙堵塞，发生结焦附着等。这些因素对泵的稳定性、效率和扬程等会造成不利影响，消除或降低上述不利因素的影响是大型泵转子动力学技术的重点发展方向。

3）大型泵制造技术

离心泵的叶轮及其大部分壳体通常是铸造金属件，其中一些工艺离心泵的部件为高承压、耐极端温度和耐腐蚀磨蚀的合金铸件或不锈钢铸件，这种合金铸件或不锈钢铸件的铸造流动性差、铸造难度大，保证大型部件形位公差要求难度也大，是大型泵制造技术的难点。

4）大轴径机械密封技术

机械密封的原理与上述压缩机干气密封相似，均对密封面等形位公差有极高要求，机械密封直径大型化后，也带来了加工设备难以保证密封形位公差的难题。另外，超高压锅炉给水泵等的机械密封承受的内外压差大，对密封部件的刚度要求也大，若刚度达不到要求，则会引起密封面变形而发生密封故障。

5）大型泵组及其管道稳定性技术

离心泵叶片周期性通过泵的隔舌和扩压腔体，对泵内流场产生周期性压力脉动，这种脉动是以叶频脉动为主，并随着泵流量和压力增加而大幅增加。压力脉动在泵内产生，并在流体中传播，影响到泵体及与泵相连压力管道的稳定性。这种系统性稳定技术涉及泵稳定性和泵进出口管道稳定性，应综合考虑泵的结构特性、刚度、振动特性和管道的布置、刚度、支撑、阻尼等特性。需要采用先进计算技术，结合已有经验，避开同频振动，最大限度地对振动产生阻尼作用，让泵和管道系统平稳运行。

随着大型乙烯泵用汽轮机功率增大，汽轮机的进排汽管道整体刚度、热应力、热位移等也会增大，汽轮机容易被蒸汽管道顶偏而振动过大，无法运行。削减这类应力需要有相关工程技术和经验，通过计算调整管道布置、支撑形式及位置等，降低蒸汽管道作用在汽轮机上的力。

6）大型泵组维护检修技术

泵组大型化后，用户现场检修拆装的难度增加。另外，大型泵叶轮或泵芯质量增大，并受其他部件阻挡，检修操作空间小，现场拆装难度大。大型泵组应考虑增设检修用导轨、导杆或优化泵的结构设计，方便大泵组维护检修。

二、大型塔器

塔器是乙烯分离的关键设备，部分塔器由于尺寸大，承受的荷载大，运输限制多。塔径增大后，塔盘的强度和水平度不易保证，将影响分离效果，因此，塔器的制造、内件设计和安装等是乙烯装置大型化的难点。

1. 制造和安装技术

随着乙烯单套规模的不断扩大，设备尺寸随之加大。在 120×10^4t/a 乙烯装置中，按一般陆地运输，超出运输极限的大型设备有 40 台左右，尺寸大的典型塔设备有急冷油塔、急冷水塔、丙烯塔、乙烯塔等。

设备大型化后，对设备制造、热处理、试验、运输、吊装等都带来了新的挑战。对于大型塔设备的制造，由于需要满足塔的圆度、直线度、塔盘支撑圈的水平度等公差以及塔的安装垂直度要求等，制造厂的加工能力、车间空间、制造经验、热处理设施、水压试验场地和运输码头等都必须满足要求，因此，选择制造厂时要考虑上述因素，以保证设备质量。对于具有码头的项目，大型塔设备应优先考虑整体制造和运输；对于没有码头的项目现场，应考虑在项目现场附近建设临时厂房，尽量做到设备整体制造、整体吊装。

对于大型塔器的吊装，为了节省安装时间、节约安装成本，应优先考虑将塔连带梯子平台、大型顶管、保温等一起吊装。另外，对于在沿海的项目，梯子平台与塔设备一起吊装，可避免设备在大风作用下可能引起的共振。

2. 内件技术

装置大型化后，为减小塔径、降低制造安装难度，通量更大、效率更高的高效塔盘和填料的技术不断被应用。适应大直径塔器的流体分布、支撑等技术的开发和应用，有助于塔器大型化的发展。

对精馏塔体、塔内件和支撑结构在外界载荷的作用下以及不同操作工况下的强度、刚度、稳定性和可靠性等，可利用计算流体力学、有限元分析等数值模拟软件进行精确的校核计算，这些计算结果还能用于优化精馏塔和塔内件的结构。

三、大型换热器

伴随着乙烯装置的大型化，换热器的设计和制造面临着多方面挑战，对换热器的方案设计、结构设计及性能改善等优化问题提出越来越高的要求。换热器大型化和高效换热管的应用，以及低温差设计和低压损设计是换热器大型化的发展方向。随着节能、降耗要求的提高，需对污垢形成机理、生长速度、影响因素进行研究，预测污垢曲线，从而控制结垢。如提高传热效率，可有效保证装置低耗能、长周期运行。研究的防垢技术主要为超声防垢技术、换热器防腐蚀技术、金属防腐镀层技术、电化学防腐技术等。

选用适宜的材料是解决腐蚀的最直接办法，强度高、制造工艺简单、防腐效果好、质量轻的新材料不断被应用到换热器的设计中，以解决装置运行中遇到的腐蚀、结垢等问题。

在大型换热器设计中，利用计算流体力学、有限元分析等数值模拟软件进行精确的校核计算，以优化换热器的内部结构。利用流程动态模拟技术，对换热器的运行进行优化，以得到最小能耗和最佳过渡过程。

总之，随着乙烯装置的大型化，传统换热器的设计和制造将面临诸多困难，需不断研究新技术、提出新方案。

四、大型管道设计

乙烯装置规模大型化导致管道口径增加，进而造成管道布置、壁厚计算及管道应力分析的难度增大，采用常规的设计方法已不能满足大型化要求，需引入压力容器的设计及分析技术，以保证工程设计的安全性、可靠性和经济性。

由于管道口径大型化，流体在管道内的流场分布发生较大变化，也使管道振动问题变得复杂。常规静应力分析不能解决大型化带来的管道振动问题，需要采用动态分析技术，对管道系统进行动态分析，包括管道固有频率分析、响应谱分析、脉动分析、流致振动分析、声致振动分析等，以解决低汽化率的两相流管道振动、最小回流阀管道振动、调节阀前后压差引起的管道振动、离心压缩机出口管道高频振动、往复压缩机管道振动等管道振动问题。

管道口径增加给管道布置带来诸多难题，应充分考虑管线自然补偿，有效解决管系整体布置及支撑难题，同时综合考虑工艺要求、设备布置、管道应力及设备管口受力诸因素，形成尽可能短而简洁、合理的布置方案。

第二节 原料与生产技术多元化

乙烯技术多元化体现在两大方面：一是蒸汽裂解制乙烯装置原料的多元化，可称为传统乙烯的原料多元化，这主要体现在为乙烯装置提供丰富和优质的原料；二是开发新的乙烯生产技术，如甲烷制乙烯、合成气直接制乙烯以及二氧化碳制乙烯等。

一、甲烷制乙烯

天然气是仅次于石油和煤炭的世界第三大化石能源，其主要成分为甲烷，甲烷比现有蒸汽裂解制乙烯的其他原料廉价易得，因此，近年来多家研究机构开展了甲烷制乙烯的工艺研究。但由于甲烷分子具有四面体对称性，是自然界中最稳定的有机小分子，它的选择活化和定向转化是化工领域的技术难题。目前，对外公布的甲烷制乙烯的技术主要为甲烷氧化偶联制乙烯和甲烷无氧催化制乙烯。

1. 甲烷氧化偶联制乙烯

甲烷氧化偶联反应是一个高温(高于600℃)、强放热(大于293kJ/mol 甲烷)过程，其总反应式可表示为：

$$CH_4+O_2 \xrightarrow{\text{催化剂，}>600℃} C_2H_6+C_2H_4+CO_x(x=1,\ 2)+H_2O+H_2$$

该反应的主要产物为乙烯，同时还有氢气、乙烷、CO 和 CO_2，技术关键在于采用适宜的催化剂实现甲烷的选择活化，从而提高甲烷转化率和乙烯收率，抑制混合产物中乙烯和乙烷的深度氧化。该技术自 1982 年首次提出以来，就受到全球石油天然气领域的重点关注，但一直受制于催化剂的研制，还没有实现工业化[1]。

2010 年，Siluria 公司使用生物模板精确合成纳米限催化剂，开发出工业可行的甲烷直接制乙烯催化剂。该催化剂可在 200~300℃、5~10atm❶ 情况下，将甲烷催化转化生产乙烯。由于甲烷转化率较低、乙烯收率不高，Siluria 公司设计了两种反应器：一种用于将甲烷转化成乙烯和乙烷；另一种用于将副产物乙烷裂解成乙烯，裂解反应所需的热量来自甲烷转化反应放出的热量。2014 年 6 月，德国 Linde 公司与 Siluria 公司达成合作协议，双方在得克萨斯州的试验工厂合作进行该技术 1t/d 规模的放大和验证过程，2015 年装置投产，但尚未看到技术成功推广应用的报道[2]。

2. 甲烷无氧催化制乙烯

2014 年，中科院大连化物所包信和院士团队在 *Science* 刊文报道了“纳米限域催化”新概念，并基于此开发出硅化物晶格限域的单中心铁催化剂，实现了甲烷在无氧条件下一步生产乙烯、芳烃和氢气等高值化学品。目前与中国石油共同开展该技术的单管实验室研究[3]。

二、合成气直接制乙烯

甲醇制烯烃是以煤或天然气为原料，先生产合成气，合成气经变换、净化后合成甲醇，然后再由甲醇生产烯烃。而合成气直接制烯烃，省略了合成气变换、甲醇合成等生产过程，流程短，既降低了能耗，也降低了水耗。合成气制乙烯有两种工艺路线。

1. 费托合成工艺路线

合成气通过费托合成反应(Fischer-Tropsch to Olefins，FTO)过程获得乙烯，反应在温度为 250~350℃、压力低于 2.1MPa 下进料。由于受 Anderson-Scholz-Flory(ASF)分布规律的限制，FTO 过程不能生成单一或某几种组分的烯烃产物，会生成大量甲烷和二氧化碳等副产物；此外，初级产物烯烃容易发生二次反应。因此，FTO 过程需要解决的主要问题是在提高烯烃选择性的同时，减少副产物甲烷和二氧化碳的生成。该技术未见工业试验的报道[4]。

2. 复合氧化物和分子筛耦合路线

2016 年 3 月，中科院大连化物所包信和院士和潘秀莲研究员领导的研究团队创制了一种新型双功能复合催化剂，采用复合氧化物和分子筛耦合(OX-ZEO)的催化新策略，实现了合成气直接转化制取低碳烯烃等高质化学品。双功能催化剂中包含两种成分：一种为能够将 CO 转化为 C_1 中间体(CH_3O 或 CH_3OH 中间体)的活性组分；另一种为能够有效地将 C—C 键偶联，从中间体出发得到 C_2—C_4 烯烃[5]。该技术在陕西延长中煤榆林能源化工有限公司建设了千吨级中试装置。

三、二氧化碳制乙烯

将二氧化碳转化为乙烯，实现碳资源的循环利用，是一种环保的乙烯生产方法，同时，由于其反应装置简单、反应过程环保、能量利用率高等优点成为众多学者的研究方向。

从热力学角度来看，平衡电位的移动导致产物多样性，微小的热力学电势改变就会改变还原产物。因此，实现二氧化碳高选择性还原为乙烯面临巨大的挑战。二氧化碳由于其

❶ 1atm=101325Pa。

特殊的直线型结构而非常稳定，许多学者常通过光化学还原、热化学还原和电化学还原的方式去打破它的杂化键，并将其转化为其他含碳化学品。电化学方法自 20 世纪 80 年代日本科学家用过渡金属电催化还原二氧化碳后，由于其反应条件温和、装置简单、操作便捷和方向可控等优点开始被广泛关注。

近些年来，部分研究机构开展了电催化还原二氧化碳制乙烯的技术研究和开发工作，由于受催化剂、反应条件、反应器设计及生产成本的限制，该技术距离工业化生产还存在一定的差距[6]。

四、乙炔制乙烯

乙炔在工业中用途广泛，除用以照明、焊接及切割金属外，能与许多试剂发生加成反应，是有机合成的重要原料之一。乙炔和氢气在特定催化剂作用下，可进行选择加氢反应生成乙烯。

近年来，国内乙炔加氢制乙烯工艺也有一定的进展。2017 年 9 月，由国内某公司开发的“乙炔加氢制乙烯工艺及装备”通过了中国石油和化学工业联合会组织的科技成果鉴定。该技术提供了一种乙炔制乙烯的反应系统，如图 7-1 所示，包括加氢反应器、换热器、气液分离器、提氢装置、再生塔等，反应温度可以控制在 250℃以下，避免了催化剂高温引发的床层飞温、乙炔自聚、乙烯进一步加氢等副反应的发生。同时，催化剂可低温再生，避免了高温焙烧再生过程的高能耗以及燃烧有机物带来的烟气排放。

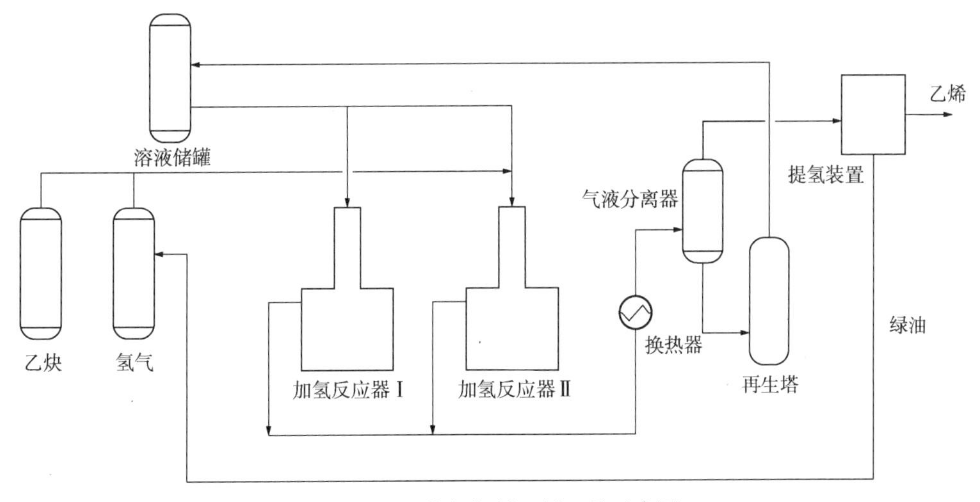

图 7-1　乙炔加氢制乙烯工艺示意图

美国得克萨斯州 A&M 大学 Kenneth R. Hall 等公开了一种天然气经乙炔生产烯烃的方法，即天然气首先在高温下反应生成乙炔，然后将乙炔选择性加氢生成乙烯(图 7-2)。

在此基础上，Synfuels 公司与 A&M 大学合作开发了乙炔液相加氢制乙烯方法，建立了中试装置，形成了天然气—乙炔—乙烯—聚乙烯—燃料油成套技术(图 7-3)。与传统的石脑油裂解工艺相比，GTE 工艺具有一次性投资少、适合中小规模气田的特点，为页岩气或煤层气的开发利用提供了一条较好的途径[7]。

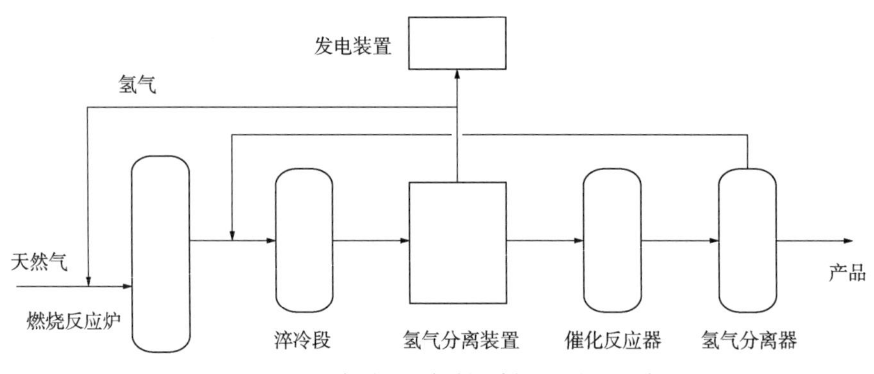

图 7-2　A&M 大学天然气制乙烯工艺流程示意图

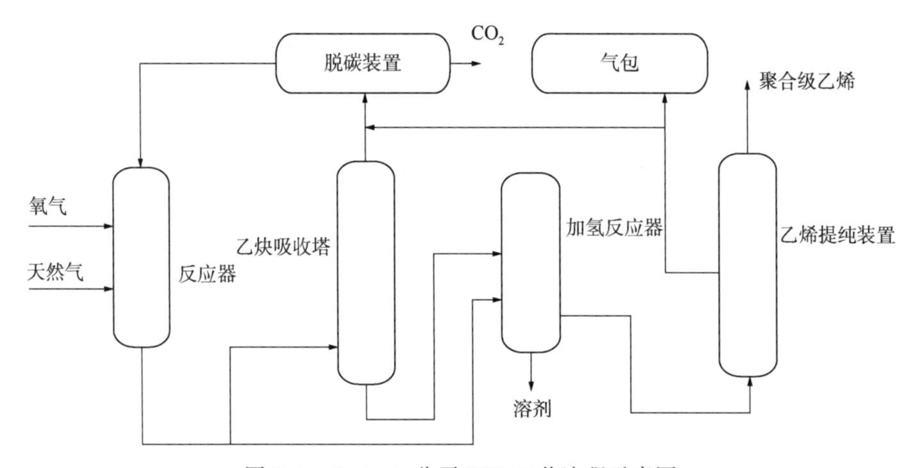

图 7-3　Synfuels 公司 GTE 工艺流程示意图

虽然乙炔选择性加氢是当前的关注热点，国内外的报道也比较多，但其研究内容主要应用于除去石油烃裂解制备乙烯工艺过程中微量的乙炔[0.01%～5%(摩尔分数)]，而对于专门以高浓度乙炔为原料的催化选择加氢制乙烯技术则少有探索，相应的工业化大规模应用更是未见报道[8]。

五、乙烷脱氢和氧化

乙烷在湿天然气、油田伴生气、炼厂气中广泛存在，价格低廉，是生产乙烯的优质原料。为了充分利用这一资源，近年来对乙烷制乙烯新工艺的研究日益活跃。乙烷制乙烯的方法，除了蒸汽裂解外，还有乙烷催化脱氢制乙烯和乙烷催化氧化脱氢制乙烯两种技术。

1. 乙烷催化脱氢制乙烯

低碳烷烃脱氢技术(丙烷脱氢)已经实现工业化，但乙烷脱氢反应为强吸热反应，为了使反应正向移动，需要高反应温度为之提供大量能量。由于是体积增大的反应过程，降低反应压力有利于反应进行。目前，乙烷脱氢相关研究多处于实验室阶段，工业化生产相对不成熟[9]。

2. 催化膜反应器脱氢

金属或陶瓷膜反应器不仅耐高温，而且具有物质选择性透过的特性。利用膜反应器进行乙烷催化脱氢的同时可以使反应产物之一氢气迅速分离出去，从而打破了化学平衡，有利于乙烷的转化，提高了目的产物的收率[10]。

膜反应器中的乙烷催化脱氢研究刚刚起步，还处于探索之中，膜的制备技术、膜的通透性能、膜的传热传质以及膜反应器的动力学特征等问题都有待于进一步研究。尽管如此，膜反应器在较低的反应温度下，已显示出其特有的优越性，可以预见，膜反应器对于受热力学平衡限制反应收率的提高具有很大的潜力，是很有希望的研究方向。

3. 乙烷氧化脱氢

催化氧化脱氢反应是通过在反应体系中引入氧化剂，使反应成为具有较低 Gibbs 自由能的放热反应，从而在较低的温度下获得较高的平衡转化率。催化氧化脱氢反应按反应温度可分为低温催化氧化脱氢反应和高温催化氧化脱氢反应。低温乙烷催化氧化脱氢反应(300~550℃)为典型的多相表面反应，包含了催化剂活性中心典型的氧化还原循环过程。高温乙烷催化氧化脱氢反应(高于 550℃)，一般认为是乙烷在催化剂上经多相反应生成乙基自由基，自由基脱离催化剂后经气相反应生成烯烃，所以催化剂只作用于 C—H 键异裂生成自由基的过程，不存在传统的氧化还原过程[11]。

乙烷氧化脱氢反应中引入的氧化剂一般为氧气、二氧化氮或二氧化碳，大都采用常压反应，其中以氧气和二氧化碳的研究最为广泛，使用催化剂种类最多。

虽然近年来国内外学者对二氧化碳氧化乙烷脱氢制乙烯反应做了大量的实验工作，但到目前为止依然还没有开发出一种适合工业化生产的催化剂，关于这一领域的研究仍然任重而道远，有待科技工作者继续研究、探索。

六、新单元技术

随着材料科学、测控科学等科学技术的发展，近年来在乙烯行业涌现出一些新技术，这些新技术应用于乙烯装置单元设备的设计和操作，可显著地提高生产效率。下面就裂解炉炉膛温度监控技术、隔壁精馏塔技术、膜分离技术及燃气轮机与乙烯裂解炉集成技术进行介绍。

1. 裂解炉炉膛温度监控

乙烯热裂解过程中，炉管是乙烯装置中操作温度最高的构件，由于裂解炉炉管处于高温火焰的气氛和烟气中，其运行条件十分苛刻，在裂解炉的运行中易出现炉膛火嘴燃烧负荷不均匀、火焰扑管及炉管内部结焦造成的炉管局部过热等现象。

因此，乙烯生产企业在生产过程中极为重视对裂解炉炉管的温度监测。依据温度数据对裂解炉炉管的结焦趋势进行科学的判断，根据数据库积累的炉管温度数据，对裂解炉炉管温度在整个运行周期的变化规律进行归纳拟合，形成经验曲线，在运行过程中依据炉管的温度变化状况，对裂解炉的运行周期进行预测。

国内乙烯裂解炉炉管表面温度测量采用比较多的是红外测温枪、热电偶、高温辐射计等，但它们最大的问题是只能对测量目标进行点测量，随机性比较大，很难全面掌握炉管温度的分布以及在一段时间内温度的变化情况和趋势，容易疏忽炉管局部过烧造成对炉管的损伤和危害，如炉管弯曲变形、火焰舔炉管等现象，一旦出现上述问题将增加炉管结焦的速度，严重影响装置的长周期运行[12]。

针对加热炉炉管全方位监测的需求，近些年，内窥式三维红外监控系统开始兴起，基于红外辐射谱分析原理，可对裂解炉炉膛的运行状态进行监测与分析。根据光电转换器件(CCD)的光电特性，两个不同波长测温时显示的两个不同亮度光谱，通过辐射亮度之比与温度之间的函数关系，设备拍摄的图像参数就可以转换为温度数据[13]。

内窥式三维红外监控系统测温精确度高，能够更为真实地反映实际温度，并可依据历史数据进行计算机分析，计算出裂解炉生产周期和装备使用寿命，对实时监视炉管温度变化、掌控炉管表面温度分布、监测炉管结焦状况、指导裂解炉安全运行均具有重要的实用价值[14]。

2. 隔壁精馏塔

精馏过程是耗能较高的分离过程。为了减少精馏过程能耗，因此开发出多效精馏技术。对隔壁塔的研究早在20世纪中叶就开始了，直到80年代，BASF公司才首次实现了隔壁塔在工业上的应用。

隔壁塔是指在精馏塔中放置一块竖直板，将常规的精馏塔分为左右两部分。对于三元混合物ABC的分离，常规的直接分离方法是先在塔1将A分出，随后在塔2将B和C分开；常规的间接分离方法是先在塔1将C分出，随后在塔2将A和B分开。如图7-4至图7-6所示，由于隔壁塔在热力学原理上和热耦合塔并无本质区别，因此，隔壁塔可看作是一个热耦合塔，即带有进料侧有预分离塔的组合塔(图7-5)。在普通精馏塔中，中间组分B浓度由塔顶至塔底逐渐升高，但由于组分C浓度也在增加，在塔釜某处以下，组分C增加比组分B多，反而使组分C浓度下降，形成拐点，这意味着此处返混严重。由于隔壁塔减少了返混，传质传热有序进行，因此隔壁塔能够大幅节能。

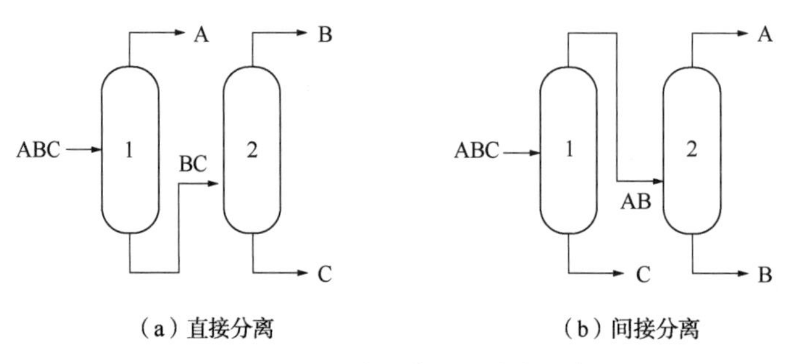

图7-4 三组分混合物的分离顺序

隔壁塔适用于三种以上混合物的分离，由于中间隔板的作用，避免了中间组分的返混，可得到纯度较高的中间产品。此外，隔壁塔还有诸多益处：

(1) 节能。由于减少了组分之间的返混，分离能耗降低，据统计，相比常规精馏，隔壁塔一般可降低能耗10%~50%。

(2) 降低投资。设备结构紧凑，对于三组分分离可减少包括再沸器、冷凝器和泵等相关设备和管件的一个塔系统。

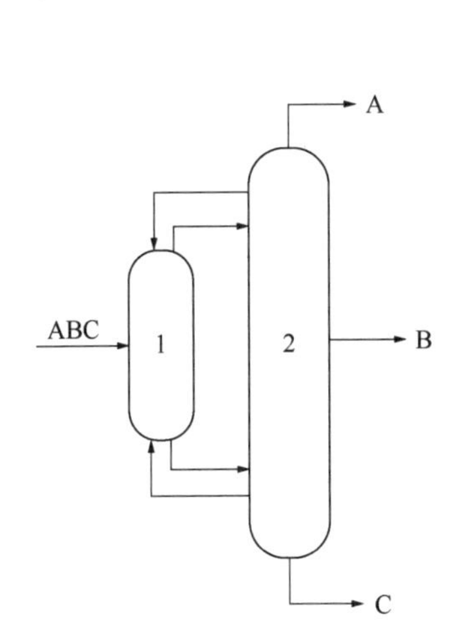

图 7-5 热耦合塔示意图

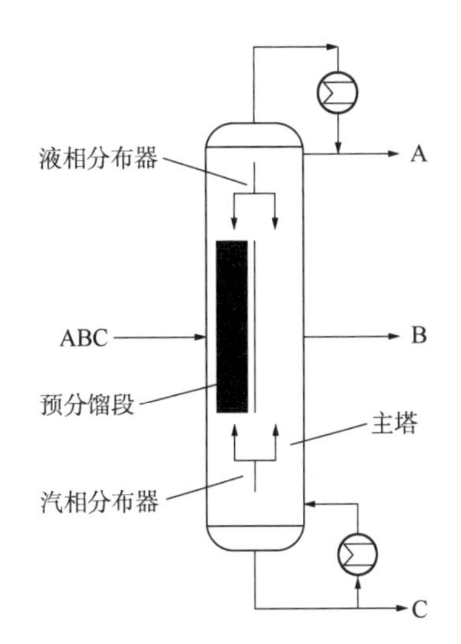

图 7-6 隔壁塔示意图

(3) 减少占地面积。

任何技术都有其局限性，隔壁塔也不能适用于所有精馏，它对原料组成、组分之间相对挥发度、产品的分离纯度、塔的操作压力等都有一定要求。

隔壁塔在炼油、化工、医药、精细化工等领域均有应用，如催化重整装置中的石脑油分离塔、芳烃抽提装置中的苯—甲苯—二甲苯混合物(BTX)分离塔。寰球公司经过对乙烯分离系统特点的研究，将隔壁塔技术应用于乙烯装置的脱乙烷塔，并申请了专利。

研究学者提出了各种形式的隔板结构，隔壁塔在某些领域已得到广泛应用，隔壁塔成为过程强化的研究热点。随着技术的发展，有学者预测未来 50 年内，隔壁塔的计算方法将和普通精馏塔一样，成为精馏领域里的标准工具。

3. 膜分离技术

膜分离现象早在 250 多年以前就被发现，但其工业应用是在 20 世纪 60 年代以后[15]。膜分离技术是利用膜材料对混合物中各组分的渗透率不同的特性来分离气(液)相混合物的方法[16]。与传统分离方法(蒸馏、分馏、结晶)相比，膜分离过程的特点是没有相变，在常温下操作，设备简单，操作方便。

膜分离技术用于分离烯烃—烷烃的研究在 20 世纪 80 年代才逐渐兴起[17]。由于膜分离技术是一种“提纯不提浓”的工艺，单独使用膜分离系统分离排放气，不能得到可以直接循环使用的高纯度回收气体，为解决这一难题，需要将膜分离与其他方法相结合才能完成气体分离[18]。为此，分离工艺发展的另一个趋势是开发复合分离技术，如膜与蒸馏的结合、蒸馏与吸附的结合等。只要开发出合适的工艺流程，复合分离技术在轻质烯烃—烷烃分离工艺中具有一定的优势。

4. 燃气轮机与乙烯裂解炉集成技术

燃气轮机与裂解炉集成技术可以提高燃料的利用率与裂解炉效能利用率。此技于 20 世纪 80 年代中期在苏格兰埃索化学乙烯装置上实现应用。主要的技术提供商为 Lummus 公司。国内目前还没有此项技术的应用[19]。

在常规的乙烯裂解炉设计中，燃烧器的助燃气体就是环境空气。裂解炉在10%的过量空气条件下工作，燃烧后的烟气中约含有2%氧气，裂解炉的热效率通常在94%左右。锅炉给水在裂解炉的对流段预热、回收烟气余热，并在蒸汽发生系统产生高压蒸汽(12.5MPa，525℃)。裂解炉如图7-7所示。

常规的燃机发电是用天然气或其他燃料气与压缩空气在燃烧室里混合后燃烧，燃烧后的高温气体经膨胀机膨胀做功，膨胀机驱动发电机把机械能转换成电力输出。膨胀机排出的尾气一般设置废热锅炉回收余热后排入大气。燃机发电如图7-8所示。

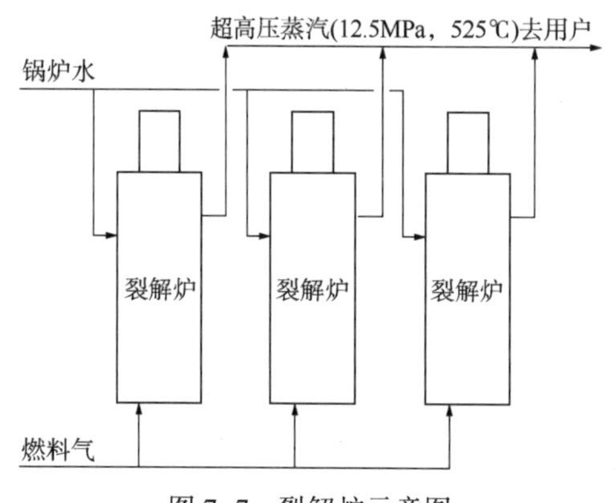

图7-7 裂解炉示意图

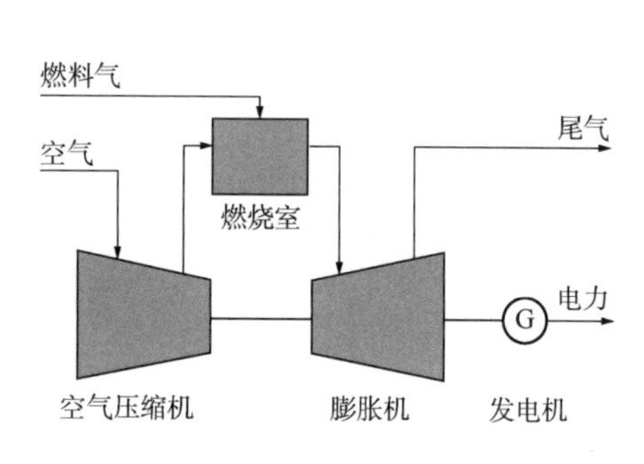

图7-8 燃机发电示意图

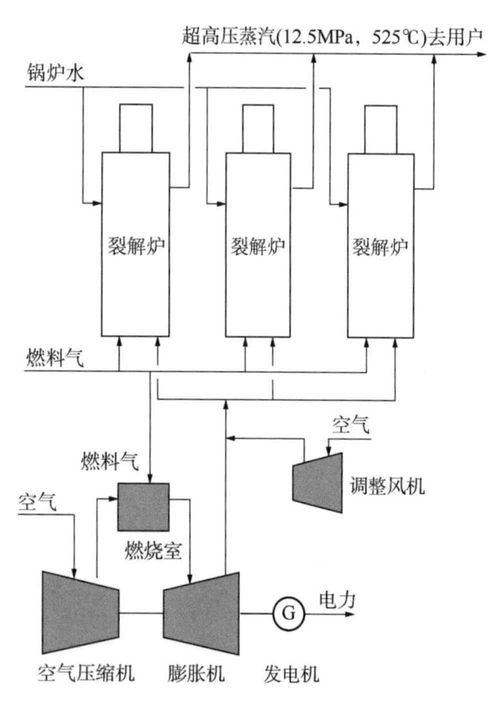

图7-9 燃气轮机与裂解炉集成技术示意图

由于燃气轮机的尾气温度高达480～540℃，并含富氧13%～15%，这样就可以用这股“热气体”作为裂解炉的部分热源，替代部分燃料和助燃的“冷气体”(环境空气)，从而节省燃料消耗，降低乙烯能耗。燃气轮机与乙烯裂解炉集成后，为了平衡氧气的需求，需要配备一台调整风机补充少量空气，补充量大约是燃气轮机尾气量的10%。燃气轮机与裂解炉集成技术如图7-9所示。

除了燃气轮机带动发电机外，燃气轮机也可驱动裂解气压缩机(或丙烯压缩机、乙烯压缩机)。这种方式的优点是乙烯装置不必设置开工锅炉，又可避免使用汽轮机驱动所损失的大量冷凝热和需用的大量冷却水，节能效果更好，缺点是燃气轮机若发生故障就会引起装置停车。

在采取燃气轮机与裂解炉集成技术之前，应重点考虑以下四点：

(1) 工艺和经济最佳化。除了考察节能效果外，项目投资、投资回报以及经济效益分析等都需要认真研究。

（2）合理选择燃气轮机。

（3）系统设计和控制的整合。

（4）动力系统的特性。

我国在合成氨、煤化工等化学工业中有使用燃气轮机的经验，但在乙烯工业中尚没有实际使用的产业经验，未来此项技术可作为降低乙烯装置能耗的措施之一[20]。

第三节　低　碳　化

2020 年 9 月 22 日，中国政府在第七十五届联合国大会上提出：“中国将提高国家自主贡献力度，采取更加有力的政策和措施，二氧化碳排放力争于 2030 年前达到峰值，努力争取 2060 年前实现碳中和。”化工行业的碳排放总量虽然不及电力、钢铁、水泥等行业，但不同区域由于经济结构、能源结构及发展水平的不同，使得以乙烯为代表的化工行业在部分地区可能会面临着来自碳排放的发展桎梏。下面从三个角度对乙烯行业中的减碳需求进行思考。

一、裂解原料低碳化

碳氢转化带来的碳排放是能化产品生产流程中最重要的过程排放，不同工艺生产单位乙烯的碳排放量不同。以石脑油和乙烷原料为例：

仅考虑燃料气燃烧产生的二氧化碳，对于典型的石脑油裂解制乙烯，其排放量约为 1.2t(CO_2)/t(乙烯)；对于乙烷裂解制乙烯，其排放量约为 0.8t(CO_2)/t(乙烯)。通过以上数据可知，石脑油裂解制乙烯的碳排放量大于乙烷裂解制乙烯的碳排放量。因此，从减碳的角度出发，选择低碳原料制备乙烯是未来乙烯行业从源头上减碳的有效方法之一。

二、裂解技术减碳

在传统的乙烯裂解装置中，很大一部分碳排放来自化石能源燃烧所产生的，例如裂解炉是通过燃烧燃料气对炉管进行加热，燃烧产生大量的二氧化碳排放至大气中；三大压缩机组和三大泵组通过汽轮机驱动，动力蒸汽是通过燃烧化石燃料加热获得的。如果将化石燃料升级为利用电能甚至氢能的绿色技术，将对乙烯装置的减碳起到巨大的作用。

1. 电力驱动“碳零排”蒸汽裂解技术

2021 年，巴斯夫、沙特阿拉伯基础工业公司和 Linde 公司签订开发电加热蒸汽裂解装置的协议，三方将向欧盟创新基金和“工业脱碳”自主项目申请财政拨款，开发和演示用于电加热蒸汽裂解炉的解决方案，该项目旨在通过发电来减少二氧化碳排放。寰球公司结合自身丰富的裂解炉研发和设计经验，也已开展了这方面的研究。

以自产甲烷氢为燃料的 100×10^4t 蒸汽裂解装置为例，每年烟气中的二氧化碳排放量约 120×10^4t。如果用电力替代传统化石燃料，可降低 90%以上蒸汽裂解过程中二氧化碳排放量，这将是实现“碳中和”的重大创新举措。另外，采用电加热，可以通过精准的多级电控温系统保证炉膛温度分布更符合裂解反应过程的吸热曲线，同时由于无烟气排放，生产过程中的氮氧化物排放也将大幅降低。通过使用来自可再生能源的电力，这项根本性的新技术有潜力减少高达90%的二氧化碳排放。

可预见的是，此项技术也会带来一系列挑战。蒸汽裂解是强吸热过程，热负荷高，需电量大，电力供应和输送等将面临挑战。一台$20×10^4$t/a裂解炉热负荷约为110MW，一套$100×10^4$t/a乙烯装置需电量达到600MW左右。同时，裂解炉的设计理念将发生根本性的改变，需要结合电力加热的特点来确定裂解方案。

2. 压缩机与泵的减碳

在乙烯装置中，压缩机组和大型泵组通常采用汽轮机驱动，消耗大量蒸汽，同样是碳排放的大户。利用电力等绿色能源替代传统汽轮机驱动，也可以达到减碳的目的。

利用电动机驱动压缩机组和大型泵组本身就是一项成熟的技术，利用电动机驱动完全可以替换传统的汽轮机驱动的设计方案，但是需考虑事故状态下对装置的影响。

另外，随着氢能产业发展，氢气生产成本逐渐降低，用氢气代替传统燃料气、氢气燃气轮机替代传统的汽轮机驱动也许在未来会成为一项碳减排的手段。

三、碳捕集利用和封存技术

二氧化碳捕集利用与封存(CCUS)是指将二氧化碳从工业过程、能源利用或大气中分离出来，直接加以利用或注入地层以实现二氧化碳永久减排的过程。碳中和目标下，大力发展CCUS技术不仅是未来我国减少二氧化碳排放、保障能源安全的战略选择，而且是构建生态文明和实现可持续发展的重要手段。CCUS技术作为我国实现碳中和目标技术组合的重要组成部分，将是我国化石能源低碳利用的技术选择之一[21]。

对于现有乙烯装置，裂解炉烟气为二氧化碳的最大排放源，其二氧化碳浓度和压力都很低，导致二氧化碳捕集的投资成本与运行维护成本高。未来仍需通过持续的技术研发，开发低成本且高效率的二氧化碳捕集技术，对于实现国家的碳减排目标有重要意义。

第四节　智　能　化

以网络技术、大数据、云计算和人工智能等新一代信息技术与经济社会各领域深度融合为特征的第四次工业革命迅猛发展，深刻改变着人类的生产生活方式。产业变革和重构正加速演进，数字化、网络化、智能化正在重塑全球社会、政治、经济格局。以美国、德国为首的发达国家先后提出了《德国工业4.0》《先进制造业国家战略计划》等振兴工业发展的国家战略[22-23]，我国也于2015年提出了《中国制造2025》，正式拉开了我国制造工业智能化发展的序幕。

乙烯行业作为传统产业，面对能源革命和能源转型的新发展趋势，必须有效利用新一代信息技术，插上“工业互联网+”的翅膀、植入智能的基因，驱动业务模式重构、管理模式变革、商业模式创新与核心能力提升，实现乙烯行业的转型升级和智能化发展。

随着对乙烯工艺过程机理的深刻认知与解析、精确表达与建模水平的提高，加持新一代信息技术的赋能作用，乙烯工业未来的智能化发展将由乙烯工厂的单体智能迈向乙烯工业的生态智能。

一、乙烯智能工厂

随着数字工厂的蓬勃发展，生产要素从传统的“人、机、料、法、环”转向数字工业的“人、机、料、法、环、数据”，未来数据将作为最基本的生产要素参与生产，而且以数据为驱动的生产运营逐渐替代人对生产运营的干预。

众多信息与通信技术(ICT)厂商以乙烯工厂(装置)为单元，结合数字双胞胎技术、全流程智能控制、智能设备技术、设备预测预警故障诊断技术、分子管理快评技术、计划调度优化技术、RTO&APC、能源优化管控技术和应急指挥技术等提出许多智能化应用场景的解决方案，动态优化乙烯工厂的资源配置，逐渐提升乙烯工厂的智能化水平，实现“提升质量、降低成本、提高效率、绿色环保、健康安全”的生产管理目标。

随着这些智能化应用覆盖整个乙烯生产经营领域，未来其实时性、可靠性大幅提升，人在未来乙烯智能工厂中的操作和干预的行为将越来越少，最终进化为无人工厂。

二、乙烯工业智能服务生态

在乙烯工厂的范围内，当资源配置已达最优时，则发展上限已达“天花板”。若想破除“天花板”，必须从单体智能迈向群体智能，即利用工业技术软件化手段将先进的乙烯生产、管理技术封装和集成，并迁移至云端，逐渐形成以数据服务为运营模式的乙烯工业智能云服务生态。乙烯工厂是数据的产生者和消费者，乙烯智能云服务商作为数据的专业加工者，将面向诸多乙烯工厂提供更加专业、先进、廉价、稳定、可靠的线上运营管理服务，实现乙烯工厂的云上智能运营。同时，乙烯智能云服务商可利用其在数据链中的特殊位置，将乙烯工业作为智能化服务对象，打通乙烯工业的价值链、企业链、供需链和空间链，实现乙烯工业整体智能优化运营。乙烯工业将随着工业技术和信息技术的不断革新与深度融合而进步，智能化永远在路上！

参考文献

[1] Guo Xiaoguang, Fang Guangzong, Li Gang. Direct, nonoxidative conversion of methane to ethylene, aromatics, and hydrogen[J]. Science, 2014, 344(6184): 616-619.

[2] 庞晓华. Siluria公司甲烷制乙烯示范装置投产[J]. 炼油技术与工程, 2015, 45(7): 46.

[3] 中科院大连化物所甲烷高效转化相关研究获重大突破[J]. 石油石化节能与减排, 2014, 4(3): 45-46.

[4] 王野, 康金灿, 张庆红. 费托合成催化剂的研究进展 [J]. 石油化工, 2009, 38(12): 1255-1263.

[5] Jiao F, Li J, Pan X, et al. Selective conversion of syngas to light olefins [J]. Science, 2016, 351(6277): 1065-1068.

[6] 谭捷. 我国乙烯生产新技术研究进展[J]. 上海化工, 2019, 44(3): 37-40.

[7] 吕绍洁, 邱发礼. 乙炔加氢制乙烯高选择性催化剂的研究[J]. 天然气化工(C_1化学与化工), 1996(2): 31-34.

[8] 储伟, 陈慕华, 张雄伟, 等. 一种乙炔选择加氢制乙烯反应用催化剂及其制备方法: CN1511634A[P]. 2004-07-14.

[9] 张珊，张焕玲，李春义，等．乙烷脱氢催化剂研究进展[J]．化工进展，2020，39(6)：362-370.
[10] 高伟，张瑜．乙烷脱氢制乙烯工艺及发展研究[J]．化工管理，2017(26)：61.
[11] 李艳．乙烷催化氧化脱氢制乙烯催化剂研究进展[J]．化工生产与技术，2011，18(1)：38-42.
[12] 应珠微，吴加伦，吴方亮，等．浅谈乙烯裂解炉 COT 的有效测温方法[J]．仪器仪表用户，2016，23(12)：62-64.
[13] 弓云峰，周鹏涛．乙烯裂解炉测温新技术研究与应用[J]．广东石油化工学院学报，2016(6)：44-46.
[14] 周春．炉膛监控系统在裂解炉上的应用[J]．石油化工技术与经济，2017，33(5)：42-44.
[15] 王华，刘艳飞，彭东明．膜分离技术的研究进展及应用展望[J]．应用化工，2013，42(3)：532-534.
[16] 李晓峰，李东风．乙烯分离技术进展 [J]．石油化工，2007，36(12)：1287-1294.
[17] 杨学萍．轻质烯烃—烷烃分离新工艺开发进展[J]．化工进展，2006，24(4)：367-371.
[18] 张朝换，刘潇，李轩．聚乙烯装置驰放气的回收利用[J]．化工进展，2017，36(1)：560-563.
[19] 瞿国华．燃气轮机热电联供技术和乙烯节能[J]．当代石油石化，2012(2)：17-22.
[20] 曹家天，王积欣，郭小丹．燃气轮机与乙烯裂解炉集成技术的节能效果及经济性分析[J]．当代化工，2016(9)：2137-2140.
[21] 蔡博峰，李琦，张贤，等．中国二氧化碳捕集利用与封存(CCUS)年度报告(2021)——中国 CCUS 路径研究[R]．生态环境部环境规划院，中国科学院武汉岩土力学研究所，中国 21 世纪议程管理中心，2021.
[22] 国家制造强国建设战略咨询委员会．中国制造 2025 蓝皮书(2018)[M]．北京：电子工业出版社，2018.
[23] 张曙．工业 4.0 和智能制造[J]．机械设计与制造工程，2014，43(8)：1-5.